Einführung in die Finanzstatistik

Rafael Weißbach

Einführung in die Finanzstatistik

Marktrisiken verstehen und
Modellparameter schätzen

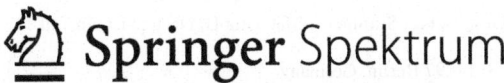

Rafael Weißbach
Lehrstuhl Statistik und Ökonometrie
Universität Rostock
Rostock, Deutschland

ISBN 978-3-662-57639-7   ISBN 978-3-662-57640-3   (eBook)
https://doi.org/10.1007/978-3-662-57640-3

Die Deutsche Nationalbibliothek verzeichnet diese Publikation in der Deutschen Nationalbibliografie; detaillierte bibliografische Daten sind im Internet über http://dnb.d-nb.de abrufbar.

Springer Spektrum
© Springer-Verlag GmbH Deutschland, ein Teil von Springer Nature 2019
Das Werk einschließlich aller seiner Teile ist urheberrechtlich geschützt. Jede Verwertung, die nicht ausdrücklich vom Urheberrechtsgesetz zugelassen ist, bedarf der vorherigen Zustimmung des Verlags. Das gilt insbesondere für Vervielfältigungen, Bearbeitungen, Übersetzungen, Mikroverfilmungen und die Einspeicherung und Verarbeitung in elektronischen Systemen.
Die Wiedergabe von Gebrauchsnamen, Handelsnamen, Warenbezeichnungen usw. in diesem Werk berechtigt auch ohne besondere Kennzeichnung nicht zu der Annahme, dass solche Namen im Sinne der Warenzeichen- und Markenschutz-Gesetzgebung als frei zu betrachten wären und daher von jedermann benutzt werden dürften.
Der Verlag, die Autoren und die Herausgeber gehen davon aus, dass die Angaben und Informationen in diesem Werk zum Zeitpunkt der Veröffentlichung vollständig und korrekt sind. Weder der Verlag, noch die Autoren oder die Herausgeber übernehmen, ausdrücklich oder implizit, Gewähr für den Inhalt des Werkes, etwaige Fehler oder Äußerungen. Der Verlag bleibt im Hinblick auf geografische Zuordnungen und Gebietsbezeichnungen in veröffentlichten Karten und Institutionsadressen neutral.

Verantwortlich im Verlag: Iris Ruhmann

Springer Spektrum ist ein Imprint der eingetragenen Gesellschaft Springer-Verlag GmbH, DE und ist ein Teil von Springer Nature
Die Anschrift der Gesellschaft ist: Heidelberger Platz 3, 14197 Berlin, Germany

Vorwort

Das Buch geht auf die Suche nach Parametern auf dem Finanz- und Kapitalmarkt, um diese aus typischen Datenlagen des Marktes zu schätzen. Ausgangspunkt ist die Vermutung, dass der Dialog zwischen staatlicher Aufsicht und Finanzinstituten über interessierende Parameter Aufschluss gibt. Dabei stellt sich heraus, dass die Preisbildung von Produkten auf dem Markt ein wichtiges Thema ist. Der Aspekt der Finanzaufsicht spiegelt sich auf der Seite der Banken in den Aufgaben ihres Risiko- und Kreditmanagements wider. Und die mathematischen und statistischen Methoden, die bei der Risikoquantifizierung weltweit in Großbanken Verwendung finden, scheinen – zumindest für die quantifizierbaren Aspekte – wesentlich zu sein. Aus akademischer Sicht ist dann z. B. interessant, dass die Möglichkeit, eine Aktie zu kaufen, mit der stochastischen Integration und Doobs Ungleichung zu tun hat. Auch der Zusammenhang zwischen Ratings und dem Martingalgrenzwertsatz von Rebolledo liegt zunächst nicht auf der Hand. Überraschend ist vielleicht auch, dass die Bessel-Funktion zur Bestimmung des ökonomischen Kapitals einer Bank Verwendung finden kann.

Die vorliegende Darstellung richtet sich an Studierende der Wirtschaftswissenschaften, -mathematik und -statistik sowie an Risikoanalysten der Finanzwelt. Vorausgesetzt wird lediglich Wissen der üblichen Statistikausbildung an deutschen Hochschulen auf Bachelorniveau. Hilfreich sind Kenntnisse der Finanzmärkte, wobei die Produkte auch gründlich eingeführt werden. Es gehen Lehrerfahrungen an den Fakultäten für Mathematik, Statistik, Volkswirtschaftslehre sowie Wirtschafts- und Sozialwissenschaften der Universitäten Bochum, Dortmund, Mannheim und Rostock und praktische Erfahrungen im Risiko- und Kreditmanagement einer Großbank ein. Es ist kaum möglich, eine Gesamtdarstellung der Finanzstatistik zu verfassen – zumal dieser Versuch jede Lehrveranstaltung sprengen würde. Daher möchte dieses Buch eine fundierte Einführung bieten und es dem Leser ermöglichen, sich weiterführende Literatur selbst zu erschließen.

Das Buch beschränkt sich dabei auf drei wesentliche Komponenten der quantitativen Finanzwirtschaft. Das *Marktpreisrisiko* ist bedingt durch kontinuierliche Änderungen von Kapitalmarktpreisen. Schwankungen etwa von Aktien- oder Wechselkursen können den Portfoliowert unmittelbar oder mittelbar über derivative Produkten verringern. Beim

Kreditrisiko sind abrupte Änderungen das vorherzusehende Risiko. Ratingübergänge, oder im Extremfall die Insolvenz, eines Schuldners führen zu Verlusten beim Gläubiger. Das *Portfoliorisiko* entsteht, wenn die Bemühungen des Portfolioeigners, Einzelverluste in einem Portfolio zu diversifizieren oder zu versichern, ihn zwingen, Abhängigkeiten zu quantifizieren und zu modellieren. Hier sind das Modellrisiko und die seit Langem bekannte Schätzunsicherheit ein limitierender Faktor. Zwei einleitende Kapitel fassen zum einen die *stochastischen Grundlagen* knapp zusammen und stellen zum anderen grundlegende *Finanzprodukte* vor. Das Flussdiagramm stellt die Abhängigkeiten der beiden grundlegenden Kapitel und der *drei* darauf aufbauenden Fachkapitel dar.

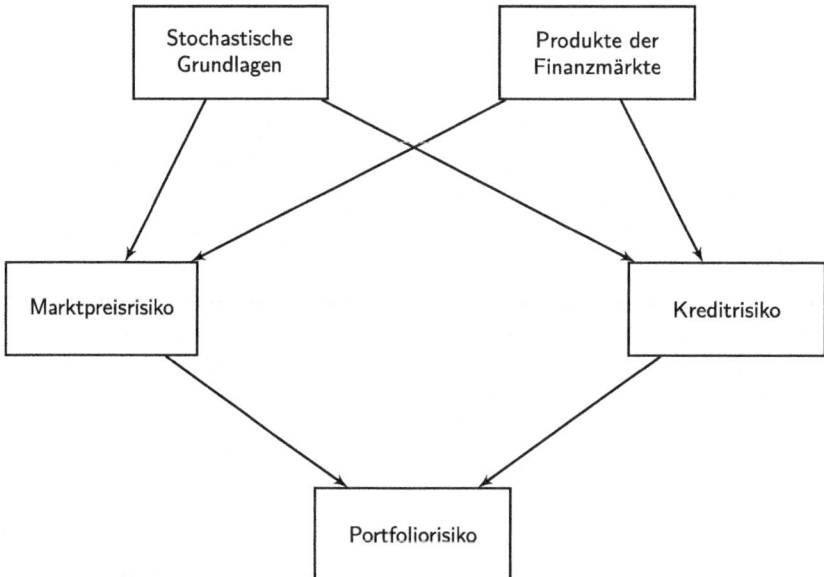

Im *ersten* Fachkapitel werden die mathematisch-statistischen Methoden dargelegt, die im Handelsgeschäft von Banken, dem Investmentbanking, derzeit zugrunde liegen. In der klassischen Finanzmathematik beschäftigen wir uns mit dem Marktpreisrisiko am Einzelgeschäft. Wir wollen Finanzprodukte, insbesondere derivative Finanzprodukte, bewerten. Das Grundproblem ist die Unsicherheit der Zukunft. Diese hat Auswirkungen auf Finanzprodukte, die immer Zahlungsströme in der Zukunft beinhalten. Wir modellieren diese Unsicherheit, etwa fluktuierende Wechselkurse, die den Wert des Fremdwährungsbestands einer Bank beeinflussen, im Sinne der Wahrscheinlichkeitstheorie als Zufallsvariable. Können wir uns für die Definition des Risikos auf einen Zeithorizont festlegen, reicht hier die (uni- oder multivariate) Normalverteilung. Ist der Risikohorizont nicht fest und möchten wir ein finanzökonomisches Modell für eine Finanzmarktgröße verwenden, ist die Behandlung der Brown'schen Bewegung notwendig. Da die Schwankungsbreite sich als wichtigste Risikodeterminante des Markpreisrisikos herausstellt, führt der letzte Abschnitt in die statistische Schätzung der Volatilität (σ)

aus Zeitreihen ein. Im *zweiten* Fachkapitel betrachten wir das ursprünglichste Risiko eines Investierenden. Als Kreditrisiko bezeichnet man das Risiko des Verfalls von Bankgeschäften im Konkursfall von Geschäftspartnern. Es geht zunächst um die Modellierung des Ausfalls und dessen Quantifizierung im Portfoliokontext. Darauf aufbauend werden das Risiko des Ausfalls eines Schuldners, parametrisiert durch die „Probability of Default" (PD) und die entstehenden Standardrisikokosten erörtert. Bei der Bewertung von (derivativen) Einzelgeschäften geht es dann um die Annahme von Ausfallmöglichkeiten, wobei nun dem Marktpreisrisiko simultan Rechnung getragen wird. Wie im Fall des Marktpreisrisikos muss unterschieden werden, ob ein fester Risikohorizont vorliegt, oder ob die zeitliche Bewegung wichtig ist. Somit unterteilt sich die statistische Schätzung des Kreditrisikoparameters PD in den Fall des Bernoulli-Modells und den Fall des Sprungprozesses. „Schwache" Kreditereignisse wie Ratingübergänge werden hier berücksichtigt, indem auch Markov-Prozesse mit mehreren Zuständen behandelt werden. Das *dritte* Fachkapitel stellt das Portfoliorisiko vor, also die im unbekannten Ausmaße beschränkte Möglichkeit, sein Risiko im Portfolio zu diversifizieren. Neben dem Portfoliomarktpreisrisiko mit der multivariaten Normalverteilung als einfachem Modell stehen Mischungsmodelle für das Portfoliokreditrisiko im Fokus. Des Weiteren sind Sicherheitsaufschläge für Schätzunsicherheit der Korrelation (ρ), also die Fehlerfortpflanzung ein Thema. Die Prozesssicht unterbleibt hier aus Komplexitätsgründen.

Rostock   Rafael Weißbach
im September 2018

Danksagung

An dieser Stelle möchte ich allen danken, die zur Umsetzung des Buches beigetragen haben, Walter Krämer, der den Freiraum bereitgestellt hat und sich für Vorlesung und Seminar zum Thema an der Fakultät Statistik der Universität Dortmund eingesetzt hat; Frank Altrock, der die Fragestellung in der WestLB AG maßgeblich in interessante Richtungen lenkte; Holger Dette und Dirk Erdmann, die sich für die Vorlesung zu dem Thema an der Fakultät Mathematik der Ruhr-Univeristät Bochum in Kooperation mit der WestLB AG eingesetzt haben; Carsten von Lieres und Wilkau, der mir CreditRisk$^+$ (uvm.) erklärt hat; Ørnulf Borgan, der mir bei der Asymptotik von Zählprozessen auf die Sprünge half; Claudia Lawrenz, die mir beim Thema der Ratingmethodik immer hilfreich war; Enno Mammen, der mir die Möglichkeit gab, die Inhalte in der volkswirtschaftlichen Lehre zu erproben, und Olaf Gefeller, der mich für das Kreditrisiko zu begeistern wusste und ganz konkret für das Zahlbeispiel in Tab. 4.8. Philipp Sibbertsen danke ich für seine Erklärungen zu Abschn. 3.4. Alexander Erb, Fynn Strohecker und Gordon Frank danke ich für die gründliche Durchsicht, Pavel Stoimenov und Frederik Kramer für Hilfestellung bei der sprachlichen Gestaltung respektive der Programmierung von Portfoliomodellen. Natalie Reckmann und Christina Pieth halfen mir bei der Darstellung zur Zeitreihenanalyse, allgemeinen Strukturfragen und einigen Abbildungen weiter. Christoph Rothe bin ich für einen kurzen Beweis des Satzes 2.1 dankbar. Für ihre andauernde Unterstützung danke ich Iris Ruhmann und Agnes Herrmann vom Springer-Verlag.

Rostock
im September 2018

Rafael Weißbach

Inhaltsverzeichnis

1	**Stochastische Grundlagen**		1
	1.1 Verteilungen		1
		1.1.1 (Multivariate) Normalverteilung	2
		1.1.2 Poisson-Verteilung	6
		1.1.3 Weibull-Verteilung	8
	1.2 Filtration und Stoppzeit		10
	1.3 Stochastische Prozesse		14
		1.3.1 Elementare Eigenschaften und Beispiele	15
		1.3.2 Zeitreihen	21
		1.3.3 Zählprozesse	27
		1.3.4 Weitere Eigenschaften und Integration	36
	Literatur		47
2	**Produkte der Finanzmärkte**		49
	2.1 Grundbegriffe und Beispiele		49
		2.1.1 Kredit	52
		2.1.2 Waren- und Aktientermingeschäft	53
	2.2 Devisen- und Zinstermingeschäft		55
	2.3 Swap		62
	2.4 Aktienoption		67
	Literatur		69
3	**Marktpreisrisiko**		71
	3.1 Einperiodische Modelle		71
		3.1.1 Bernoulli-Ansatz	73
		3.1.2 Ansatz mit stetigem Zustand	77
		3.1.3 Zusammenhang mit der stochastischen Integration	82
	3.2 Zeit- und zustandsstetige Modellierung		84
	3.3 Value-at-Risk		95
		3.3.1 Einzelgeschäft – univariat	96
		3.3.2 Einzelgeschäft – multivariat	100

3.4	Schätzen des Volatilitätsparameters	105
	3.4.1 Beobachtung einer Brown'schen Bewegung	106
	3.4.2 Trend und saisonale Komponente	108
	3.4.3 MA-Prozess	112
	3.4.4 AR-Prozess	118
	3.4.5 ARMA-Prozess	120
Literatur		129

4 Kreditrisiko 131
- 4.1 Modellierung des Kreditereignisses 132
- 4.2 Bewertung von Finanzprodukten 134
  - 4.2.1 Kredit 134
  - 4.2.2 Derivative Finanzprodukte mit Kreditrisiko 145
- 4.3 Schätzen des Ausfallparameters 150
  - 4.3.1 Schätzung aus Verweildauern 150
  - 4.3.2 Das Problem des „Confounding" 166
  - 4.3.3 Schätzen aus Ratinghistorien 171
  - 4.3.4 Theoretischer Ansatz 181
- Literatur 183

5 Portfoliorisiko 187
- 5.1 Portfoliomarktpreisrisiko 188
- 5.2 Portfoliokreditrisiko 190
  - 5.2.1 Verlustmodell auf Basis der Poisson-Verteilung 191
  - 5.2.2 Strukturelles Modell 195
  - 5.2.3 Asymptotische Approximationen 196
  - 5.2.4 Abhängigkeiten und ihre Modellierung 202
  - 5.2.5 Risikoattribution 212
- 5.3 Schätzen des Diversifikationsparameters 216
  - 5.3.1 Ausfallkorrelation 218
  - 5.3.2 Varianzanalyse 222
  - 5.3.3 Bootstrap von Schätzfehlern 228
- Literatur 234

Sachverzeichnis 237

Stochastische Grundlagen

Zukünftige Zahlungen eines Finanzprodukts können als Zufallsexperiment modelliert werden. In diesem Kapitel werden stochastische Grundlagen dargestellt, die insbesondere in Kap. 3 und 4 Anwendung finden werden. Das Kapitel führt die Begriffe und Ergebnisse mit Verweis auf ihre spätere Verwendung ein. Ziel ist es zum einen, den fachlichen Hintergrund schon in diesem Kapitel anzudeuten, und zum anderen, die Notation für späteren Rückverweis so einfach wie möglich zu gestalten. Das Modell des Zufallsexperiments zur Anwendung auf Produkte der Finanzmärkte sowie seine Ausweitung auf stochastische Prozesse ist auch Thema in Shorack und Wellner (1986), Elliott und Kopp (1999) und Shreve (2004).

Nachdem Verteilungen für die Finanzmärkte typischer Merkmale vorgestellt wurden, formulieren wir die landläufigen Begriffe Information und Vorhersage als „Filtration". Auf Basis der Filtration kann dann der stochastische Prozess vorgestellt werden. Dazu ist bei unterschiedlichen Skalen von Zeit und Merkmalsausprägung auf diskrete und stetige Modellierung einzugehen. Schlussendlich soll über den Begriff der stochastischen Integration eine erste direkte Brücke zu Entscheiden in Finanzportfolios geschlagen werden.

1.1 Verteilungen

Die Unsicherheit über die Ausprägung eines finanzwirtschaftlichen Merkmales, wie etwa dem Zins oder einer Kreditrückzahlung, betrifft mitunter *einen* Zeitpunkt in der Zukunft. Das Merkmal als zufällig zu modellieren bedeutet die Verteilung von Wahrscheinlichkeiten auf die möglichen Ausprägungen. Es werden nur Verteilungen bzw. ihre Eigenschaften zur späteren Verwendung diskutiert, die nicht allgemein als bekannt vorausgesetzt werden können (siehe z. B. Bleymüller und Weißbach 2015a, Kap. 9 und 10).

1.1.1 (Multivariate) Normalverteilung

Eine typische stetige univariate Verteilung ist die Normalverteilung. Neben ihrem Wert für die Modellierung erfährt sie eine Rechtfertigung als Verteilung von Schätzern in Abschn. 3.4.5 und 4.3.3. Die standardnormalverteilte Zufallsvariable $Z \sim N(0, 1)$ hat bekanntermaßen die Dichte (siehe Johnson et al. 1994, Kap. 13)

$$f_N(z) = \frac{1}{\sqrt{2\pi}} e^{-\frac{z^2}{2}}.$$

Sie wird z. B. ein Modell für die kontinuierliche Veränderung von Wechselkursen sein. Der zeitliche Verlauf des Kurses, verstanden als Summe der Änderungen, führt auf die Brown'sche Bewegung als Modell. Transformationen davon werden wichtig werden, und mit dem folgenden Ergebnis kann die Regularitätseigenschaft von einer von ihnen gezeigt werden. Mit $\lambda \in \mathbb{R}$ ist die momenterzeugende Funktion

$$E\left(e^{\lambda Z}\right) = \frac{1}{\sqrt{2\pi}} \int_{\mathbb{R}} e^{\lambda z} e^{-\frac{z^2}{2}} dz = \frac{1}{\sqrt{2\pi}} \int_{\mathbb{R}} e^{-\frac{1}{2}(z-\lambda)^2} e^{\frac{\lambda^2}{2}} dz = e^{\frac{\lambda^2}{2}}. \quad (1.1)$$

Dabei wird genutzt, dass das Integral der Dichte einer Normalverteilung mit Erwartungswert λ (und Varianz eins) eins beträgt. In dem Zusammenhang wird auch die zufällige Erzeugung einer Realisierung notwendig werden, die in gängiger Software aber etabliert ist.

Basiert ein Datensatz auf T normalverteilten Beobachtungen, so ist die Stichprobenvarianz üblicherweise proportional zu einer Summe $T-1$ unabhängiger quadrierter standardnormalverteilter Zufallsvariablen, Y. Damit besitzt sie – grob – eine Chi-Quadrat-Verteilung (siehe Bleymüller und Weißbach 2015a, Abschn. 10.4). Für $Z := Y/a$, mit positivem a, ist zunächst, wegen

$$F_Z(z) = P\left(\frac{Y}{a} \leq z\right) = P(Y \leq az) = F_{Ch}(az/T - 1),$$

die Dichte $f_Z(z) = F'_Z(z)$, also

$$f_Z(z) = \frac{d}{dz} F_{Ch}(az/T - 1) = a f_{Ch}(az/T - 1). \quad (1.2)$$

Es gibt Beziehungen zwischen der Chi-Quadrat-Verteilung und der Bessel-Funktion (siehe Johnson et al. 1994, Abschn. 12.4.4 und 19.9). Die folgende Beziehung wird bei der Erstellung des Standardfehlers der Stichprobenvarianz hilfreich sein, weil wir die Darstellung der Bessel-Funktion (sowie ihrer Inversen) als geschlossen bezeichnen wollen. Um die Allgemeinheit nicht über Gebühr zu betonen, beschränken wir uns auf einen für uns nötigen Fall von $T = 6$ und definieren $a := 5/\mu$ für beliebiges positives μ:

1.1 Verteilungen

$$E\left(\frac{1}{\sqrt{1+Z}}\right) = \int_0^\infty \frac{1}{\sqrt{1+z}} \frac{5}{\mu} f_{Ch}\left(\frac{5}{\mu}z/5\right) dz$$

$$= \int_0^\infty \frac{1}{\sqrt{1+\eta\frac{\mu}{5}}} f_{Ch}(\eta/5) d\eta = \frac{1}{\Gamma(\frac{5}{2})2^{5/2}} \int_0^\infty \frac{\eta^{3/2} e^{-\eta/2}}{\sqrt{1+\frac{\mu}{5}\eta}} d\eta$$

$$= \frac{25}{6}\sqrt{\frac{5}{2\pi}} \mu^{-5/2} e^{5/(4\mu)} \left[K_0\left(\frac{5}{4\mu}\right) + \left(-1 + \frac{2\mu}{5}\right) K_1\left(\frac{5}{4\mu}\right)\right] \quad (1.3)$$

Benutze für die zweite Gleichheit die Substitutionsregel $\int_0^\infty g(j(z))j'(z)dz = \int_0^\infty g(\eta)d\eta$ (siehe z. B. Grauert und Lieb 1992, Satz 9.1) mit

$$g(\cdot) := \frac{1}{\sqrt{1+\frac{\mu}{5}\cdot}} f_{Ch}(\cdot/5) \quad \text{und} \quad j(z) := \frac{5}{\mu}z.$$

Wegen der positiven Monotonie von $j(\cdot)$ brauchen die Integrationsgrenzen nicht beachtet zu werden, ferner ist $j'(z) = 5/\mu$. Die dritte Gleichheit setzt die Dichtedefinition der Chi-Quadrat-Verteilung ein. Dass die vierte Gleichheit aus einer Integraldarstellung der Bessel-Funktion folgt, wird hier nicht ausgeführt. Es bezeichnet $\Gamma(x)$ die Gammafunktion (siehe Abramowitz und Stegun 1970, Abschn. 6.1)

$$\Gamma(\alpha) := \int_0^\infty e^{-y} y^{\alpha-1} dy \quad (1.4)$$

sowie $K_\nu(x)$ die modifizierte Bessel-Funktion zweiter Ordnung (siehe Abramowitz und Stegun 1970, Abschn. 9.6).

Da Finanzprodukte später häufig gemeinsam auftreten werden, entweder als Portfolio oder als gemeinsame Risikofaktoren, wird auch eine vektorwertige, d. h. mehrdimensionale, Version der Normalverteilung benötigt (siehe Kotz et al. 2000, Kap. 45 und 46). Konkret findet die multivariate Normalverteilung in Abschn. 3.3.2 und 5.1 und insbesondere Abschn. 5.2.4 Anwendung. Eine p-variate Standardnormalverteilung, $\mathbf{Z} \sim N_p(\mathbf{0}, \mathbf{I})$, entspricht p unabhängigen standardnormalverteilten Zufallsvariablen, Z_i $i = 1, \ldots, p$. Abhängigkeit entsteht durch lineare Transformation mit einer $k \times p$-Matrix $\mathbf{A}$ (siehe Anderson 2003, Abschn. 2.4):

$$\mathbf{X} = \mathbf{AZ} \sim N_k(\mathbf{0}, \mathbf{AA}') \quad (1.5)$$

Dabei bezeichnet $\mathbf{A}'$ die transponierte Matrix und $\mathbf{\Sigma} := \mathbf{AA}'$ die Kovarianzmatrix. Die Dichte von $\mathbf{X}$ lautet:

$$f(\mathbf{x}; \mathbf{\Sigma}) = (2\pi)^{-\frac{N}{2}} \det(\mathbf{\Sigma})^{-\frac{1}{2}} e^{-\frac{1}{2}\mathbf{x}'\mathbf{\Sigma}^{-1}\mathbf{x}} \quad (1.6)$$

Manchmal will man – für eine gegebene Varianz-Kovarianz-Matrix Σ – Ausprägungen aller Koordinaten mittels eines Zufallsgenerators der univariaten Normalverteilung realisieren. Weil Σ mindestens positiv semidefinit ist, können wir die Nichtnegativität der Eigenwerte nutzen. Sei $\mathbf{b}_j$ der Eigenvektor zum Eigenwert λ_j, d. h. $\Sigma \mathbf{b}_j = \lambda_j \mathbf{b}_j$. Bezeichne mit $\mathbf{B} = (\mathbf{b}_1, \ldots, \mathbf{b}_p)$ die Matrix der Eigenvektoren zu den Eigenwerten $\lambda_1, \ldots, \lambda_p$. Es folgt

$$\Sigma \mathbf{B} = (\lambda_1 \mathbf{b}_1, \ldots, \lambda_p \mathbf{b}_p) = \mathbf{B} \begin{pmatrix} \lambda_1 & & 0 \\ & \ddots & \\ 0 & & \lambda_p \end{pmatrix}.$$

Nun ist $\mathbf{B}$ orthonormal, d. h. $\mathbf{B}\mathbf{B}' = \mathbf{I}$ und somit

$$\Sigma = \mathbf{B} \begin{pmatrix} \lambda_1 & & 0 \\ & \ddots & \\ 0 & & \lambda_p \end{pmatrix} \mathbf{B}' = \mathbf{B} \begin{pmatrix} \sqrt{\lambda_1} & & 0 \\ & \ddots & \\ 0 & & \sqrt{\lambda_p} \end{pmatrix} \begin{pmatrix} \sqrt{\lambda_1} & & 0 \\ & \ddots & \\ 0 & & \sqrt{\lambda_p} \end{pmatrix} \mathbf{B}'.$$

Also ist Σ zerlegbar in $\mathbf{A}\mathbf{A}'$ mit

$$\mathbf{A} = \mathbf{B}\, trace(\sqrt{\lambda_1}, \ldots, \sqrt{\lambda_p}), \tag{1.7}$$

wobei mit $trace(\cdot)$ die Spurmatrix bezeichnet ist, deren Hauptdiagonale das Argument enthält und sonst null ist.

Für die Generierung von zufälligen Ausprägungen wird üblicherweise zunächst genutzt, dass $P(U \leq \Phi(x)) = \Phi(x) = P(\Phi^{-1}(U) \leq x)$ für eine stetige Verteilungsfunktion Φ und gleichverteiltes $U \sim U[0,1]$. Das heißt, $\Phi^{-1}(U)$ hat die Verteilung Φ. Somit kann jede beliebige Verteilung, deren inverse Verteilungsfunktion geschlossen gegeben ist, simuliert werden. $U \sim U[0,1]$ simuliert man z. B. mit einem n-seitigen Würfel oder der „Zeit mod(m)"-Mechanik (siehe Glasserman 2004, Kap. 2). Für die Normalverteilung ist aber weder die Verteilungsfunktion noch deren Inverse geschlossen gegeben.

Es fehlt noch ein Algorithmus zur Bestimmung der Eigenwerte und -vektoren.

Satz 1.1 *Folgende Aussagen sind äquivalent.*

1. λ *ist Eigenwert von* Σ.
2. $det(\Sigma - \lambda \mathbf{I}) = 0$.

Einen Beweis findet man z. B. in Fischer (1980, S. 136 ff.).

Gemäß der Weierstraß'schen Definition ist die Determinante für eine symmetrische Matrix durch die folgenden drei Eigenschaften festgelegt.

1. $det(\cdot)$ ist linear in den Zeilen a_i von A. Das heißt, aus $a_i = a_i' + a_i''$ und $a_i = \lambda a_i'$ folgen

$$det\begin{pmatrix}\vdots\\a_i\\\vdots\end{pmatrix} = det\begin{pmatrix}\vdots\\a_i'\\\vdots\end{pmatrix} + det\begin{pmatrix}\vdots\\a_i''\\\vdots\end{pmatrix} \quad \text{bzw.} \quad det\begin{pmatrix}\vdots\\a_i\\\vdots\end{pmatrix} = \lambda det\begin{pmatrix}\vdots\\a_i'\\\vdots\end{pmatrix}.$$

2. $det(\cdot)$ alterniert, d.h., hat A zwei gleiche Zeilen, so ist $det(A) = 0$.
3. $det(\cdot)$ ist normiert, d.h. $det(\mathbf{I}) = 1$.

Die Berechnung der Determinanten erfolgt z. B. rekursiv mit dem Satz von Laplace über die Entwicklung in der i-ten Zeile oder Spalte. Auf die Darstellung zur Ermittelung der Eigenvektoren wird hier verzichtet.

Neben der paarweisen Unabhängigkeit univariater Zufallsvariablen ist auch Unabhängigkeit von Zufallsvektoren von Interesse. Folgendes Lemma dazu wird in Abschn. 5.2.4 genutzt (siehe Gouriéroux und Monfort 1995, Abschn. A.2.2 d). Bezeichne mit $Cov(\cdot)$ die Matrix der Varianzen und paarweisen Kovarianzen eines Zufallsvektors. Eine kurze Einführung in partitionierte Zufallsvektoren findet sich im ersten Kapitel von Theil (1971). Der Unterschied von vertikalen Balken für die Partitionierung von Blockmatrizen und als Symbol der stochastischen Bedingtheit sowie die Dimensionen der Matrizen ergeben sich aus dem Zusammenhang.

Lemma 1.1 (Schur-Komplement) *Sei* $\mathbf{X} = (\mathbf{X}_1'|\mathbf{X}_2')' \sim N_p(\boldsymbol{\mu}, \boldsymbol{\Sigma})$ *mit* $\mathbf{X}_1 \sim N_{p_1}(\boldsymbol{\mu}_1, \boldsymbol{\Sigma}_{11})$ *und* $\mathbf{X}_2 \sim N_{p_2}(\boldsymbol{\mu}_2, \boldsymbol{\Sigma}_{22})$ *und bezeichne* $\boldsymbol{\Sigma}_{12} = \boldsymbol{\Sigma}_{21}'$ *die nebendiagonale Blockmatrix von* $\boldsymbol{\Sigma}$*, so ist*

$$Cov(\mathbf{X}_2|\mathbf{X}_1) = \boldsymbol{\Sigma}_{22} - \boldsymbol{\Sigma}_{21}\boldsymbol{\Sigma}_{11}^{-1}\boldsymbol{\Sigma}_{12}.$$

Beweis Bemerke, dass $(\mathbf{I}_{p_1}|\mathbf{0})(\mathbf{X}_1'|\mathbf{X}_2')' = \mathbf{X}_1$ und definiere p_2-dimensionales

$$\mathbf{X}_{2\cdot 1} := \underbrace{(-\boldsymbol{\Sigma}_{21}\boldsymbol{\Sigma}_{11}^{-1}}_{\in \mathbb{R}^{p_2 \times p_1}}|\mathbf{I}_{p_2})(\mathbf{X}_1'|\mathbf{X}_2')' \in \mathbb{R}^{p_2}.$$

Es berechnet sich dessen Varianz-Kovarianz-Matrix als

$$\begin{aligned}Cov(\mathbf{X}_{2\cdot 1}) &= (-\boldsymbol{\Sigma}_{21}\boldsymbol{\Sigma}_{11}^{-1}|\mathbf{I}_{p_2})\boldsymbol{\Sigma}(-\boldsymbol{\Sigma}_{21}\boldsymbol{\Sigma}_{11}^{-1}|\mathbf{I}_{p_2})' \\ &= (\underbrace{-\boldsymbol{\Sigma}_{21} + \boldsymbol{\Sigma}_{21}}_{=\mathbf{0}}|-\boldsymbol{\Sigma}_{21}\boldsymbol{\Sigma}_{11}^{-1}\boldsymbol{\Sigma}_{12} + \boldsymbol{\Sigma}_{22})(-\boldsymbol{\Sigma}_{21}\boldsymbol{\Sigma}_{11}^{-1}|\mathbf{I}_{p_2})' \\ &= -\boldsymbol{\Sigma}_{21}\boldsymbol{\Sigma}_{11}^{-1}\boldsymbol{\Sigma}_{12} + \boldsymbol{\Sigma}_{22}.\end{aligned}$$

Die erste Gleichheit nutzt die Verallgemeinerung zu (1.5) (siehe Anderson 2003, Formel (32)), für die zweite ist $\boldsymbol{\Sigma}$ in seiner partitionierten Form zu schreiben. Nun sind $\mathbf{X}_1$ und

$\mathbf{X}_{2\cdot 1}$ unabhängig, was man wie folgt ausrechnet (ähnlich zu Anderson 2003, Formel (24)). Wie $\mathbf{X}_{2\cdot 1}$, kann auch $\mathbf{X}_1$ als Lineartransformation von $\mathbf{X}$ dargestellt werden. Stapelt man die beiden Vektoren übereinander, lautet die Darstellung

$$\begin{pmatrix} \mathbf{X}_1 \\ \mathbf{X}_{2\cdot 1} \end{pmatrix} = \begin{pmatrix} \mathbf{A}_1 \\ \mathbf{A}_2 \end{pmatrix} \mathbf{X}.$$

Unabhängigkeit der beiden Teilvektoren liegt vor, wenn die nebendiagonale Blockmatrix der gemeinsamen Varianz-Kovarianz-Matrix, $\mathbf{A}\boldsymbol{\Sigma}\mathbf{A}'$, null ist:

$$\mathbf{A}_1 \boldsymbol{\Sigma} \mathbf{A}_2' = (\mathbf{I}_{p_1}|\mathbf{0}) \boldsymbol{\Sigma} (-\boldsymbol{\Sigma}_{21}\boldsymbol{\Sigma}_{11}^{-1}|\mathbf{I}_{p_2})' = (\boldsymbol{\Sigma}_{11}|\boldsymbol{\Sigma}_{12})(-\boldsymbol{\Sigma}_{21}\boldsymbol{\Sigma}_{11}^{-1}|\mathbf{I}_{p_2})' = \mathbf{0}$$

Es ist per Konstruktion $\mathbf{X}_2 = \mathbf{X}_{2\cdot 1} + \boldsymbol{\Sigma}_{21}\boldsymbol{\Sigma}_{11}^{-1}\mathbf{X}_1$. Somit ist $Cov(\mathbf{X}_2|\mathbf{X}_1) = Cov(\mathbf{X}_{2\cdot 1})$, weil die Kovarianz invariant unter deterministischer Verschiebung ist. □

1.1.2 Poisson-Verteilung

Definition 1.1 Als *wahrscheinlichkeitserzeugende Funktion* (engl. *Probability Generating Function*) (PGF) einer diskreten Zufallsvariablen N bezeichnet man

$$G(z) := \sum_{n=0}^{\infty} P(N = n) z^n = E\left(z^N\right).$$

Lemma 1.2 *Die PGF ist isomorph zur Wahrscheinlichkeitsverteilung.*

Beweis $P(N = n) = G^{(n)}(0)/n!$. □

Lemma 1.3 *Die PGF einer Summe unabhängiger Zufallsvariablen ist das Produkt der einzelnen PGF.*

Beweis Seien X und Y unabhängig. Bezeichne $G^X(z) = E(z^X)$, somit ist $G^{X+Y}(z) = E(z^{X+Y}) = E(z^X z^Y) = E(z^X)E(z^Y) = G^X(z)G^Y(z)$. Für mehr Summanden folgt die Aussage induktiv. □

Beispiel 1 *Aus Sicht eines Gläubigers zeige $\mathbb{1}_A$ den Ausfall eines Schuldners A in einem gewissen Zeitraum an. Zu Beginn des Zeitraums ist der einzelne Ausfall eine Bernoulli-Zufallsvariable mit Ausfallwahrscheinlichkeit p_A (siehe Bleymüller und Weißbach 2015a, Abschn. 9.3). Für die PGF des Ausfalls gilt*

$$G^{\mathbb{1}_A}(z) = \sum_{n=0}^{1} P(\mathbb{1}_A = n)z^n = (1 - p_A) + p_A z = 1 + p_A(z-1).$$

Bezeichne N die Anzahl aller Ausfälle im Portfolio $\mathcal{A}$ des Gläubigers. Unter der Annahme der Unabhängigkeit einzelner Ausfälle ist die PGF der Verlustanzahl wegen Lemma 1.3:

$$G^N(z) = \prod_{A \in \mathcal{A}} G^{\mathbb{1}_A}(z) = \prod_{A \in \mathcal{A}} [1 + p_A(z-1)],$$

Für nicht-negative z existiert $\log G^N(z) = \sum_{A \in \mathcal{A}} \log[1 + p_A(z-1)]$. Setze in die Taylor-Entwicklung des Logarithmus um eins,

$$\log(x) = \sum_{\nu=0}^{\infty} \frac{\log^{(\nu)}(1)}{\nu!}(x-1)^\nu = 0 + \frac{1}{1}(x-1) + \frac{1}{2!}(-1)(x-1)^2$$
$$+ \frac{1}{3!}2(x-1)^3 + \ldots,$$

für $x = 1 + p_A(z-1)$ ein. Damit ist ungefähr

$$\log[1 + p_A(z-1)] = p_A(z-1) - \frac{1}{2}p_A^2(z-1)^2 + \ldots \approx p_A(z-1)$$

mit dem Argument, dass mit kleinem p_A dessen Quadrat für nicht zu große z vernachlässigbar ist. Also ist

$$\log G^N(z) \approx \sum_{A \in \mathcal{A}} p_A(z-1) \quad \text{und damit} \quad G^N(z) \approx e^{\mu(z-1)},$$

mit $\mu := \sum_{A \in \mathcal{A}} p_A$. Wegen der Reihendarstellung der Exponentialfunktion,

$$e^x = \sum_{n=0}^{\infty} \frac{x^n}{n!}, \tag{1.8}$$

ist

$$G^N(z) \approx e^{-\mu} e^{\mu z} = \sum_{n=0}^{\infty} e^{-\mu} \frac{\mu^n}{n!} z^n.$$

Wir können diese Darstellung als PGF und wegen Lemma 1.2 deren Koeffizienten als Wahrscheinlichkeiten interpretieren. Wie oben erwähnt, ist $z = 0$, also insbesondere „klein". Man erkennt in der Poisson-Approximation wegen

$$P(N = n) \approx e^{-\mu} \frac{\mu^n}{n!} \quad n = 0, \ldots, \infty. \tag{1.9}$$

die Poisson-Verteilung wieder (siehe Bleymüller und Weißbach 2015a, Abschn. 9.5).

Lemma 1.4 *Varianz und Erwartungswert der Poisson-Verteilung sind identisch.*

Beweis Es ist

$$EN = \sum_{n=0}^{\infty} n e^{-\mu} \frac{\mu^n}{n!} = \mu e^{-\mu} \sum_{n=1}^{\infty} \frac{\mu^{n-1}}{(n-1)!} = \mu,$$

wobei für die letzte Gleichheit die Summe umnummeriert wurde und wieder bei null beginnt. Betrachte

$$E[N(N-1)] = \sum_{n=0}^{\infty} [n(n-1)] e^{-\mu} \frac{\mu^n}{n!} = e^{-\mu} \mu^2 \sum_{n=2}^{\infty} \frac{\mu^{n-2}}{(n-2)!} = \mu^2.$$

Somit ist

$$Var(N) = E(N^2) - [E(N)]^2 = E[N(N-1)] + EN - [E(N)]^2$$
$$= \mu^2 + \mu - \mu^2 = \mu.$$

□

Mitunter wird für Anzahlen auf Finanzmärkten festgestellt, dass die Varianz den Erwartungswert übersteigt. Für diese Überdispersion genannte Eigenschaft kann man die Negative Binomialverteilung nutzen, auf die wir später auch kurz eingehen wollen (siehe Johnson et al. 2005, Kap. 5).

1.1.3 Weibull-Verteilung

Die Weibull-Verteilung, $W(h, \gamma)$, kann man über die Verteilungsfunktion $F(t) = 1 - \exp(-ht^\gamma)$ definieren (siehe Johnson et al. 1994, Kap. 21). Sie verallgemeinert die in Abschn. 4.1 zur Modellierung des Kreditereignisses eingesetzte Exponentialverteilung, $Exp(h)$, für $\gamma = 1$ (siehe Bleymüller und Weißbach 2015a, Abschn. 10.2). Mit der Definition der Gammafunktion (1.4) ist der Erwartungswert offensichtlich $h^{-1/\gamma} \Gamma(1 + 1/\gamma)$. In Kap. 5 wird die stochastische Abhängigkeit unterschiedlicher Verluste in einem Portfolio interessant werden. Ziel wird sein, bei der konsolidierten Bewertung von Verlusten, den Abhängigkeiten Rechnung zu tragen. Ein typisches Modell ist, die Annahme einer bedingten Unabhängigkeit, sodass unbedingt Abhängigkeit entsteht. Dafür werden Verluste in Abschn. 5.2.4 auf einen gammaverteilten, einen normalverteilten oder einen Weibull-verteilten Faktor bedingt. Die Gammaverteilung wollen wir erst später vorstellen. Die Wahl der Weibull-Verteilung kann die Berechnung des Erwartungswerts vereinfachen. Die

1.1 Verteilungen

allgemeine Eigenschaft bei Unabhängigkeit, dass der Erwartungswert eines Produkts zweier Zufallsvariablen das Produkt der beiden Erwartungswerte ist, kann erhalten bleiben.

Lemma 1.5 *Sei* $W \sim Weibull(1, \gamma)$ *und* Y *eine zweite Zufallsvariable, dann gilt* $E(Y^{-1/\gamma} W) = E(Y^{-1/\gamma}) E(W)$.

Beweis Für $U \sim W(h, \gamma)$ ist für einen positiven Skalar c wegen

$$P(cU > t) = P\left(U > \frac{t}{c}\right) = e^{-h\frac{t^\gamma}{c}} = e^{-hc^{-\gamma}t^\gamma}$$

$cU \sim W(hc^{-\gamma}, \gamma)$. Weiter gilt mit dem Satz vom iterierten Erwartungswert $EX = E[E(X \mid Y)]$ (siehe für diskrete Zufallsvariablen z. B. Bickel und Doksum 2007, (B.1.20), oder Feller 1968, Formel (2.9), und für stetige Zufallsvariablen z. B. Feller 1971, Formel (10.6)):

$$\begin{aligned}
E\left(Y^{-\frac{1}{\gamma}} W\right) &= E\left[E\left(Y^{-\frac{1}{\gamma}} W \mid Y\right)\right] \\
&= E\left[Y^{-\frac{1}{\gamma}} \Gamma\left(1 + \frac{1}{\gamma}\right)\right], \quad \text{da} \quad Y^{-\frac{1}{\gamma}} W \mid Y \sim W\left[\left(Y^{-\frac{1}{\gamma}}\right)^{-\gamma}, \gamma\right] \\
&= E\left(Y^{-\frac{1}{\gamma}}\right) E(W), \quad \text{wegen} \quad W \sim W(1, \gamma)
\end{aligned}$$

$\square$

Generell ist neben dem Erwartungswert statistisch die Varianz von Interesse.

Lemma 1.6 *Für Potenzen einer Weibull-verteilten Zufallsvariablen,* $U \sim W(h, \gamma)$, *sind die Erwartungswerte* $E(U^q) = h^{-q/\gamma} \Gamma(1 + q/\gamma)$ *für* $q > -\gamma$.

Beweis Weil $S(t) = e^{-ht^\gamma}$ ist, gilt $U^\gamma \sim Exp(h)$, denn $P(U^\gamma > y) = P(U > y^{1/\gamma}) = e^{-hy}$. Wegen der Dichte einer Exponentialverteilung von he^{hy} ist somit

$$E(U^\gamma) = E\left((U^\gamma)^{\frac{q}{\gamma}}\right) = \int_0^\infty y^{\frac{q}{\gamma}} h e^{hy} dy.$$

Substituiere nun $z := hy$, damit ist $dz = hdy$ und mit (1.4)

$$E(U^\gamma) = h^{-\frac{q}{\gamma}} \int_0^\infty z^{\frac{q}{\gamma}} e^{-z} dz = h^{-\frac{q}{\gamma}} \Gamma\left(\frac{q}{\gamma} + 1\right).$$

$\square$

1.2 Filtration und Stoppzeit

Die Modellierung der Ausprägung eines finanzwirtschaftlichen Merkmales betrifft mitunter *mehrere* Zeitpunkte. Schon für die univariate Zufallsvariable ist der Begriff der Verteilung in Abschn. 1.1 eng verknüpft mit einem Wahrscheinlichkeitsraum, dessen σ-Algebra die Information modelliert. Abschn. 3.3.2 wird klarmachen, dass die multivariate Normalverteilung des letzten Abschnitts nicht so sehr begründet ist durch die Messung *eines* Merkmals an einer *Vielzahl* von Zeitpunkten, sondern vielmehr durch die Messung *mehrerer* Merkmale an *einem* Zeitpunkt. Ich möchte die Information der Zeit in diesem Abschnitt thematisieren (siehe Elliott und Kopp 1999, Abschn. 6.1). Wie bei der univariaten Zufallsvariable hat auch eine als multivariate Zufallsvariable aufgefasste, zeitlich wiederholte Messung eines Merkmals einen Wahrscheinlichkeitsraum $(\Omega, \mathcal{F}, P)$. Die Zeit bezeichne ein Index t, deren Zustandsraum nun aber nicht mehr als multivariat und damit endlich, sondern als stetig aufzufassen ist, $t \in \mathcal{T} := [0, T]$ (mit $T \leq \infty$).

Die in der Zeit zunehmende Information, etwa über einen gegenwärtigen Zins und dessen vergangene Entwicklung, beschreibt $\mathcal{F}_t$ als Menge von Ereignissen, die in t beurteilt werden können. Es sind die Ereignisse, für die im Zeitpunkt t bekannt ist, ob sie eingetreten sind oder eben nicht. Die σ-Algebra $\mathcal{F}_t$ ist damit die Menge von Ereignissen, die in einem $t_0 < t$ vorhergesagt werden können. Ihnen kann für t jeweils eine Eintrittswahrscheinlichkeit zugewiesen werden.

Definition 1.2 Eine Filtration ist eine Menge von aufsteigenden σ-Algebren, $\{\mathcal{F}_t, t \in \mathcal{T}\}$, mit $\mathcal{F}_t \subset \mathcal{F}$ und folgenden Eigenschaften:

1. Die Menge ist vollständig, d. h., jede Nullmenge in $\mathcal{F}$ gehört auch zu $\mathcal{F}_0$ und damit zu jedem $\mathcal{F}_t$.
2. Die Menge ist rechtsstetig, d. h. $\mathcal{F}_t = \bigcap_{s>t} \mathcal{F}_s$.

$\mathcal{F}_t$ stellt die Geschichte eines Merkmals, also einen Prozess, bis zum Zeitpunkt t dar. Ist ein Ereignis (eine Menge) A aus $\mathcal{F}$ $\mathcal{F}_t$-messbar, kurz $A \in \mathcal{F}_t$, dann hängt es nur davon ab, was bis zum Zeitpunkt t passiert ist. Zum Beispiel ist das Ereignis „Der Wechselkurs von Euro zum US-Dollar (EUR/USD) liegt bis zum 1.1.2018 über eins." *nicht* messbar für $t = $ 1.1.2016. Das Tripel $(\Omega, \mathcal{F}_t, P)$ muss übrigens wieder ein Wahrscheinlichkeitsraum sein.

1.2 Filtration und Stoppzeit

Beispiel 2 *Man betrachte die Zustände eines Merkmals an drei Zeitpunkten (stochastischer Prozess). Die drei Pfade mit jeweils drei Zeitpunkten sind in Abb. 1.1 dargestellt. Der Grundraum Ω ist die Menge der drei Elemente $\omega_1, \omega_2, \omega_3$ (von oben nach unten durchnummeriert), die jeweils einen vollständigen Pfad bezeichnen. Die Potenzmenge von Ω bezeichnet $\mathcal{F}$. Definiere als Filtration:*

- *Im Zeitpunkt $t = t_1$ entscheidet sich nichts, d.h. $\mathcal{F}_1 := \{\Omega, \emptyset\}$.*
- *Im Zeitpunkt t_2 entscheidet sich, ob der obere Ast, bestehend aus ω_1 und ω_2, genommen wird oder der untere, d.h. $\mathcal{F}_2 := \{\Omega, \{\omega_1, \omega_2\}, \omega_3, \emptyset\} = \mathcal{F}_1 \cup \{\{\omega_1, \omega_2\}, \{\omega_3\}\}$.*
- *In t_3 steht dann auch fest, ob ω_1 oder ω_2 sich realisiert, d.h. $\mathcal{F}_3 = \{\Omega, \{\omega_1, \omega_2\}, \omega_1, \omega_2, \omega_3, \emptyset\} = \mathcal{F}_2 \cup \{\{\omega_1\}, \{\omega_2\}\}$.*

Die zusätzliche Information, die im Zeitpunkt t_2 nun vorliegt, führt z. B. zu einer veränderten Prognose für die Ausprägung des Prozesses im Zeitpunkt t_3, dahingehend, dass, wenn der obere Ast genommen wurde, ω_3 unmöglich ist.

Für eine zweidimensionale Zufallsvariable sind gemeinsame und bedingte Verteilungen sowie die Randverteilung definiert (siehe Bleymüller und Weißbach 2015a, Kap. 8). Damit definieren auch bedingter und unbedingter Erwartungswert Prognosen von finanzwirtschaftlichen Messungen zu zwei Zeitpunkten. Bei mehr Zeitpunkten definiert der auf einen mittleren Zeitpunkt bedingte Erwartungswert für einen späteren Zeitpunkt aus Sicht eines früheren Zeitpunkts eine zufällige Erwartung.

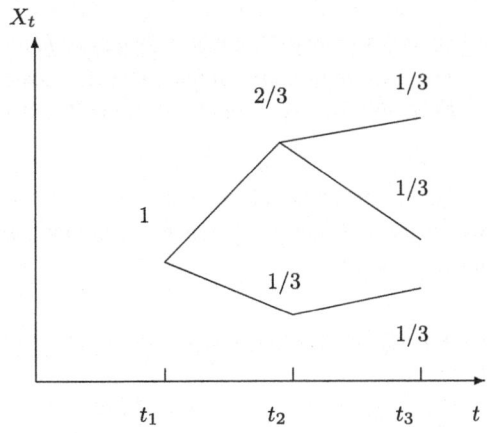

Abb. 1.1 Zustände eines Merkmals zu drei Zeitpunkten (stochastischer Prozess) und Wahrscheinlichkeiten der Randverteilungen

Beispiel 2 (1. Fortsetzung) *Wir verknüpfen nun die Mengen der Filtration mit Wahrscheinlichkeiten eines Maßes P. Bezeichne dafür die einzig mögliche Ausprägung zum Zeitpunkt $t = t_1$ mit x_{11}. Die beiden Möglichkeiten in $t = t_2$ sind x_{21} und x_{22} und die drei in t_3 sind x_{31}, x_{32} und x_{33}. Wir wollen hier das Maß P betrachten, das jedem ω dieselbe Wahrscheinlichkeit, also $P(\omega_i) = 1/3, i = 1,2,3$, zuweist. Wir wollen die zufälligen Ausprägungen des Merkmals zu den Zeitpunkten t_1, t_2 und t_3 mit X_1, X_2 und X_3 bezeichnen. Die möglichen Ausprägungen sind also Funktionswerte der Zufallsvariablen, $X_1(\omega) = x_{11}$, $X_2(\omega) \in \{x_{21}, x_{22}\}$ und $X_3(\omega) \in \{x_{31}, x_{32}, x_{33}\}$. Der Prozess wird messbar bezüglich der oben definierten Filtration, die wir nun in Ereignissen formulieren können:*

- $\mathcal{F}_1 = \{\{X_1 = x_{11}\}, \emptyset\}$
- $\mathcal{F}_2 = \{\underbrace{\{X_1 = x_{11}\}}_{\Omega}, \underbrace{\{X_1 = x_{11}, X_2 = x_{21}\}}_{\{\omega_1, \omega_2\}}, \underbrace{\{X_1 = x_{11}, X_2 = x_{22}\}}_{\{\omega_3\}}, \emptyset\}$
- $\mathcal{F}_3 = \{\underbrace{\{X_1 = x_{11}\}}_{\Omega}, \ldots, \underbrace{\{X_1 = x_{11}, X_2 = x_{21}, X_3 = x_{32}\}}_{\{\omega_2\}}, \ldots\}$

Eine Information im Zeitpunkt t_2 führt z. B. zu einer veränderten Prognose für die Ausprägung des Merkmals im Zeitpunkt t_3. Wenn X_2 den Wert x_{21} angenommen hat, kommen für X_3 nur noch x_{31} und x_{32} (mit gleicher Wahrscheinlichkeit) infrage. Wenn X_2 den Wert x_{22} angenommen hat, kommt für X_3 nur noch x_{33} infrage. Somit gilt als Prognose für t_3 in t_2 ein bedingter Erwartungswert:

$$E(X_3 \mid \mathcal{F}_2) = \mathbb{1}_{\{X_2 = x_{21}\}} \left(\frac{1}{2} x_{31} + \frac{1}{2} x_{32}\right) + \mathbb{1}_{\{X_2 = x_{22}\}} x_{33} \tag{1.10}$$

Dabei ist der Indikator $\mathbb{1}_{\{\cdot\}}$ eins, wenn das Ereignis im Index eintritt (und sonst null). Häufig schreibt man auch $E(X_3 \mid X_2)$, wenn die σ-Algebra $\mathcal{F}_2$, wie hier, die kleinste ist, die X_2 messbar macht. Das unterscheidet sich von $E(X_3 | X_2 = x_{22}) = x_{31}/2 + x_{32}/2$ sowie vom unbedingten Erwartungswert $E(X_3) = x_{31}/3 + x_{32}/3 + x_{33}/3$, die beide, im Gegensatz zu (1.10), keine Zufallsvariablen sind.

Auf dem Finanzmarkt kann man sich leicht vorstellen, dass die Zeit selbst zufällig ist, etwa wenn zu einem unvorhergesehenen Zeitpunkt ein Finanzprodukt gekauft oder ein Schuldner insolvent wird.

Definition 1.3 Eine Zufallsvariable T auf Ω mit Werten in $\mathcal{T}$ heißt *Stoppzeit*, falls für alle $t \geq 0$ gilt[1]

$$\{\omega : T(\omega) \leq t\} = \{T \leq t\} \in \mathcal{F}_t.$$

---

[1] T ist hier zu unterscheiden von T als rechter Grenze von $\mathcal{T}$.

1.2 Filtration und Stoppzeit

Die σ-Algebra im Wertebereich von T, $\mathcal{T}$, ist die Borel'sche. Anschaulich hängt das Ereignis $\{T \leq t\}$ ausschließlich von dem ab, was bis zum Zeitpunkt t passiert ist.

> **Beispiel 3** *Beginne die Zeitskala mit dem Datum 01.01.2014, das $\mathcal{F}_0$ definiert, sodass $\mathcal{T} = [0, \infty]$. Sei T das erste Mal, dass der Wechselkurs EUR/USD kleiner als eins ist.*
>
> - *Der Wertebereich ist in $\mathcal{T}$.*
> - *Die Frage „Ist $T \leq t$?" kann in t beantwortet werden, also kann ihr aus Sicht t eine Wahrscheinlichkeit $P(\{\omega : T(\omega) \leq t\})$ zugewiesen werden. Damit ist T $\mathcal{F}_t$-messbar.*

Die Aussage $T :=$ „Der DAX wird immer unter 10.000 bleiben." ist ein Gegenbeispiel, schon weil T nicht nach $\mathcal{T}$ abbildet. Zwar ist seit Juli 2014 diese Frage mit Nein zu beantworten. Vorher aber hatte die Frage keinen Zeitbezug.

Einen Zeitbezug hat zwar die Definition von T als dem letzten Mal vor einem Datum (in der Zukunft), dass ein anderes Ereignis eintreten wird, z. B. das letzte Mal vor 2020, dass der DAX über 10.000 liegt. Die gleichlautende Frage kann *vor* 2020 aber nicht beantwortet werden, T ist nicht $\mathcal{F}_t$-messbar für $t < 2020$.

Ähnlich wie bei der Frage nach der Reproduktivität von Verteilungen kann man die Frage stellen, welche Verknüpfungen von Stoppzeiten möglich sind, ohne dass das Resultat die Eigenschaft einer Stoppzeit verliert.

Satz 1.2

1. $T(\omega) \equiv t$ für alle $\omega \in \Omega$ ist eine Stoppzeit.
2. Falls T Stoppzeit ist, dann sind auch $T + s$ mit $s \in \mathbb{R}^+$ Stoppzeit.
3. Falls T und S Stoppzeiten sind, dann auch $T \vee S$ ($\max(T, S)$) und $T \wedge S$ ($\min(T, S)$).

Beweis

1. $\{T \leq t\} = \Omega \in \mathcal{F}_t$.
2. Fall $t \geq s$: Wegen $s > 0$ ist $\{T + s \leq t\} = \{T \leq t - s\} \in \mathcal{F}_{t-s} \in \mathcal{F}_t$.
   Fall $t < s$: Wegen $s > 0$ ist $t - s < 0$ und damit $\{T + s \leq t\} = \{T \leq t - s\} = \emptyset \in \mathcal{F}_t$.
   Also gilt für alle t, dass $\{T + s \leq t\} \in \mathcal{F}_t$.
3. Wegen 1. und der Abgeschlossenheit von σ-Algebren gegen Schnitte und Komplemente gilt
$$\{T \vee S \leq t\} = \{T \leq t\} \cap \{S \leq t\} \in \mathcal{F}_t \text{ und}$$
$$\{T \wedge S \leq t\} = \{T \leq t\} \cup \{S \leq t\} = \big\{\{T \leq t\}^c \cap \{S \leq t\}^c\big\}^c \in \mathcal{F}_t.$$

□

Naheliegend ist nun die Verknüpfung des Zufalls im Raum der Zustände einer zeitlich indizierten Messung und des Zeitindexes.

Definition 1.4 Sei T eine Stoppzeit bezüglich $\{\mathcal{F}_t\}$. Dann ist die σ-Algebra $\mathcal{F}_T$ die Menge der Ereignisse, die bis zur Zeit T passieren, d. h. $A \in \mathcal{F}$, sodass

$$A \cap \{T \leq t\} \in \mathcal{F}_t \quad \text{für alle } t.$$

Dass sowohl A eintritt als auch $\{T \leq t\}$, wird jeweils symbolisiert durch Mengen von ω, die in Ω enthalten sind. Man kann leicht zeigen, dass $\mathcal{F}_T$ eine σ-Algebra ist. Man kann sich aber nicht vorstellen, dass $\mathcal{F}_T$ sequenziell erzeugt ist. Falls $T(\omega_1) = s_1$, so folgt nicht $\mathcal{F}_T = \mathcal{F}_{s_1}$. Dass sich die Eigenschaft der Filtration einer aufsteigenden Menge auch auf einen zufälligen Index überträgt, zeigt folgender Satz.

Satz 1.3 *Seien S und T Stoppzeiten. Wenn $S \leq T$ für alle ω, dann ist $\mathcal{F}_S \subset \mathcal{F}_T$.*

Beweis Es ist zu zeigen, dass, falls $B \in \mathcal{F}_S$, dann auch $B \in \mathcal{F}_T$. Wenn nun $T(\omega) \leq t$, dann ist erst recht $S(\omega) \leq t$. Also ist $\{T \leq t\} \subset \{S \leq t\}$, und es gilt die Darstellung $\{T \leq t\} = \{S \leq t\} \cap \{T \leq t\}$. Wegen der Assoziativität des Schnitts, $B \cup (A^S \cap A^T) = (B \cap A^S) \cap A^T$, ist

$$B \cap \{T \leq t\} = (B \cap \{S \leq t\}) \cap \{T \leq t\}.$$

Die linke Seite fordert, Definition 1.4 in $\mathcal{F}_t$ zu sein. Auf der rechten Seite ist das Argument der ersten Klammer in $\mathcal{F}_t$, weil $B \in \mathcal{F}_S$ ist. Das Argument der zweiten Klammer ist in $\mathcal{F}_t$, weil T eine Stoppzeit ist. Und der Schnitt der beiden Mengen ist in $\mathcal{F}_t$, weil $\mathcal{F}_t$ als σ-Algebra abgeschlossen gegen Schnitte ist. □

1.3 Stochastische Prozesse

Der Verlauf von Zinsen, Wechsel- und Aktienkursen, aber auch von Ausfallanzahlen in einem Portfolio, *über die* Zeit, kann als funktionaler Zusammenhang *in der* Zeit, mit Zeit als x-Achse, aufgefasst werden. In Abschn. 3.2 wird so ein Aktienkurs modelliert, um den Preis einer Aktienoption zu ermitteln. In Abschn. 4.2.1 werden wir sehen, dass selbst das Ausfallereignis in der vertraglichen Beziehung eines Kreditgeschäfts zwischen Gläubiger und Schuldner als solch ein funktionaler Zusammenhang aufgefasst werden kann. Aus Sicht des Gläubigers ist der Verlust aus dem Kredit über die Zeit variabel. Als grundlegende Eigenschaft einer Funktion werden wir immer wieder verwenden, dass ein Funktionswert zu einem späteren Zeitpunkt sich berechnen lässt als Funktionswert zu einem früheren Zeitpunkt, zuzüglich aller Veränderungen von Funktionswerten bis zum späteren Zeitpunkt.

1.3 Stochastische Prozesse

Da zumindest die zukünftigen Ausprägungen als zufällig modelliert werden können, liegt immer eine zufällige Funktion vor. Eingeschränkt auf *einen* Zeitpunkt ist es nur noch eine, meist univariate, Zufallsvariable. Wir werden die funktionale Abhängigkeit in Abschn. 3.4 bei der Schätzung der Varianz etwa eines Wechselkurses berücksichtigen müssen.

1.3.1 Elementare Eigenschaften und Beispiele

Definition 1.5 Ein stetiger *stochastischer Prozess* **X** nimmt Werte im Maßraum $(E, \mathcal{E})$ an und ist eine Familie von Zufallsvariablen $\{X_t\}$ auf $(\Omega, \mathcal{F}, P)$ mit Index t und Werten in $(E, \mathcal{E})$.

> **Beispiel 4** *Für jedes ω gibt es einen Ölpreisverlauf (Pfad) in $\mathcal{T}$. Für jedes t stellt $X_t(\omega)$ eine mögliche Realisation des Ölpreises im Punkt t dar.*

Zum Zweck der Arithmetik musste schon bei Zufallsvariablen die Frage nach der Gleichheit zweier Mengenelemente unterschieden werden zwischen Gleichheit in Verteilung und fast sicherer Gleichheit. Bei zwei stochastischen Prozessen unterscheiden wir deren *Äquivalenz* in drei verschieden starken Definitionen. Wir beschränken uns auf $E = \mathbb{R}$ und die Borel'sche σ-Algebra, $\mathcal{E} = \mathcal{B}$. Bezeichne für die finit-dimensionale Fraktion $X_{t_1}, \ldots, X_{t_n}, t_i \in \mathcal{T}$ und $A \subset \mathbb{R}^n$

$$\Phi^{\mathbf{X}}_{X_{t_1}, \ldots, X_{t_n}}(A) := P(\{\omega \in \Omega \mid (X_{t_1}(\omega), \ldots, X_{t_n}(\omega)) \in A\})$$

die n-dimensionale Wahrscheinlichkeitsverteilung auf der Familie $\{t_1, \ldots, t_n\}$.

Definition 1.6 Es seien **X** und **Y** stochastische Prozesse, und es gelte

$$\Phi^{\mathbf{X}}_{t_1, \ldots, t_n}(A) = \Phi^{\mathbf{Y}}_{t_1, \ldots, t_n}(A) \quad \text{für alle } \{t_1, \ldots, t_n\}.$$

Dann sind **X** und **Y** äquivalent oder auch „haben dieselbe Verteilung".

Das ist, anders als in den folgenden beiden Definitionen, nicht sehr stark, da wir uns auf (endliche) abzählbare Teilmengen des $\mathcal{T}$ beschränken.

Definition 1.7 Es seien **X** und **Y** stochastische Prozesse auf $(\Omega, \mathcal{F}, P)$ mit Werten in $(E, \mathcal{E})$. **X** und **Y** heißen ununterscheidbar (engl. *indistinguishable*), falls für fast alle $\omega \in \Omega$ gilt, dass $X_t(\omega) = Y_t(\omega)$ für alle $t \in \mathcal{T}$.

Definition 1.8 Es seien **X** und **Y** wie in der letzten Definition. Gilt $X_t = Y_t$ fast sicher für alle t, so nennt man **Y** Modifikation von **X**.

Die beiden Definitionen unterscheiden sich in den Nullmengen. Im letzten Fall darf die Nullmenge von t abhängen, im ersten Fall nicht. Bei abzählbarer Zeitmenge (Indexmenge) unterscheiden sich die Definitionen nicht.

Definition 1.9 Sei $\{\mathcal{F}_t\}, t \geq 0$, eine Filtration auf dem messbaren Raum $(\Omega, \mathcal{F})$ und sei $\mathbf{X} = \{X_t\}$ ein stochastischer Prozess auf $(\Omega, \mathcal{F})$ mit Werten in $(E, \mathcal{E})$. Dann heißt **X** adaptiert an $\{\mathcal{F}_t\}$ falls X_t für alle t $\mathcal{F}_t$-messbar ist.

Für einen Prozess, der die Entwicklung eines Merkmals darstellt, sollten die – zur Zufallsvariablen vereinfachten – Zustände zweier Zeitpunkte stochastisch abhängig sein. Eine Eigenschaft, die die Unabhängigkeit aufgibt, ist die Markov-Eigenschaft (siehe einführend etwa Webel und Wied 2012). Wir betrachten zunächst einen Prozess, der die Entwicklung eines nominalen, ordinalen oder diskreten Merkmals darstellt, also zu jedem Zeitpunkt einen diskreten Zustandsraum hat.

Definition 1.10 (Markov-Kette) Sei $(\Omega, \mathcal{F}, P)$ ein Wahrscheinlichkeitsraum mit Filtration $\{\mathcal{F}_t\}, t = 0, 1, \ldots$. Ein zeitdiskreter und diskretwertiger adaptierter stochastischer Prozess $\{X_t\}$ heißt *Markov-Kette* bezüglich der Filtration $\{\mathcal{F}_t\}$, wenn für alle $t \in \mathbb{N}_0$ und alle Zustände $i_0, \ldots, i_{t-1}, i, j, \in E$ gilt

$$P(X_{t+1} = j | X_t = i, X_{t-1} = i_{t-1}, \ldots, X_0 = i_0) = P(X_{t+1} = j | X_t = i).$$

Beispiel 2 (2. Fortsetzung) *Weil im ersten von drei Zeitpunkten nur eine Ausprägung möglich ist, gilt – mit Verschiebung des Zeitindex um eins – die Markov-Eigenschaft:*

$$P(X_3 = j | X_2 = i, X_1 = i_1) = P(X_3 = j | X_2 = i)$$

Für alle $t \in \mathbb{N}_0$ und alle Zustände $i, j, \in E$ heißen die Wahrscheinlichkeiten $P(X_{t+1} = j | X_t = i) =: p_{ij}(t)$ *Übergangswahrscheinlichkeiten* von **X**. Unbedingte Wahrscheinlichkeiten der Randverteilung des Zustands h im Zeitpunkt t seien mit $m_h(t) := P(X_t = h)$ bezeichnet.

1.3 Stochastische Prozesse

Beispiel 2 (3. Fortsetzung) *Alle Übergangswahrscheinlichkeiten sind 0,5, z. B. ist nach den Angaben in Abb. 1.1*

$$p_{x_{21}x_{31}}(t_2) = P(X_3 = x_{31}|X_2 = x_{21}) = \frac{P(X_3 = x_{31}, X_2 = x_{21})}{m_{x_{21}}(t_2)} = \frac{\frac{1}{3}}{\frac{2}{3}} = 0{,}5.$$

Eine konkrete Zeitskala kann das Alter eines Individuums sein. Da beispielsweise in Abschn. 4.3.1 die Zeit seit Kreditvergabe, also das Alter seit Eintritt in ein Kreditportfolio, betrachtet wird, soll hier schon konkretisiert werden.

Definition 1.11 Ein homogener *altersstetiger* zustandsdiskreter Markov-Prozess $\mathbf{X} = \{X_t, t \in \mathcal{T}\}$ mit Zuständen $1, \ldots, k$ ist neben $m_h(0)$ parametrisiert im infinitesimalen Generator $\mathbf{Q} = (q_{hj})_{h,j=1,\ldots,k}$ mit Übergangsintensitäten

$$q_{hj} := \lim_{u \to 0^+} \frac{P(X_u = j|X_0 = h)}{u}.$$

Ein Markov'scher Prozess kann ausgehend von $X_0 = h$ konstruktiv beschrieben (und simuliert) werden. Auf dem Intervall $t \in [0, T_1)$ bleibt $X_t = h$ für ein T_1 mit kumulativer Hazardrate $H_h.(t)$, die im Falle des zeitstetigen Prozesses stetig und für den Fall der Kette diskret ist. In $t = T_1$, geht $\mathbf{X}$ von h nach $j \neq h$ mit einer (multinomialen) Wahrscheinlichkeit $p_{hj}(T_1) = P(X_{T_1} = j|X_{T_1-} = h, T_1)$. Weiter ist $X_t = j$ auf $t \in [T_1, T_1 + T_2)$, und T_2 hat eine kumulative Hazardrate von $A_j.(t + T_1) - A_j.(T_1)$. Im Alter des zweiten Übergangs geht $\mathbf{X}$ von j nach l über. Weitere Schritte sind induktiv. Im homogenen Fall ist $H_h.(t)$ linear und die Wartezeiten damit exponentialverteilt.

Für den Fall eines *stetigen* Zustandsraumes, wie beim Aktienkurs in Abschn. 3.2, stellen wir uns eine Funktion als Summe ihrer Zuwächse vor, also einen stochastischen Prozess als Summe seiner zufälligen Zuwächse. Damit sind die Zustände zwischen unterschiedlichen Zeitpunkten, selbst für stochastisch unabhängige Zuwächse, abhängig.

Definition 1.12 (Brown'sche Bewegung) Eine Standard-Brown'sche Bewegung $\{B_t\}$, $t \geq 0$ ist ein reellwertiger, stochastischer Prozess mit stetigem Pfad und stationären, normalverteilten, unabhängigen Zuwächsen.

1. Fast sicher gilt $B_0 = 0$.
2. Die Funktion $t \to B_t(\omega)$ ist stetig für fast alle $\omega \in \Omega$.
3. Für $t > s$ ist $B_t - B_s$ eine Gauß-Variable mit Erwartungswert 0 und Varianz $t - s$, die unabhängig von $\mathcal{F}_s = \sigma\{B_u : u \leq s\}$ ist.

Die Brown'sche Bewegung erfüllt auch eine zeitstetige Version der Markov-Eigenschaft aus Definition 1.10 (siehe Feller 1971, Beispiel (a), S. 335).

Neben der Unabhängigkeit der Zustände und Zuwächse stellt sich die Frage nach der identischen Verteilung, oder zumindest dem identischen Erwartungswert, als Ausgangspunkt für realistische Modelle einer Merkmalsentwicklung, z. B. eines Aktienkurses in Abschn. 3.2. Betrachte die Martingaleigenschaft (siehe z. B. Musiela und Rutkowski 1997).

Definition 1.13 (Martingal) Sei $(\Omega, \mathcal{F}, P)$ ein Wahrscheinlichkeitsraum mit Filtration $\{\mathcal{F}_t\}$, $t \in \mathcal{T}$. Ein reellwertiger adaptierter stochastischer Prozess $\{M_t\}$ heißt *Supermartingal* (bzw. Submartingal) bezüglich der Filtration $\{\mathcal{F}_t\}$, wenn

1. $E(|M_t|) < \infty$ für alle t und
2. $E(M_t \mid \mathcal{F}_s) \leq M_s$ für $s \leq t$ (bzw. $E(M_t \mid \mathcal{F}_s) \geq M_s$).

Falls $E(M_t \mid \mathcal{F}_s) = M_s$ für $s \leq t$ ist, nennt man $\{M_t\}$ ein *Martingal*.

Die Martingaleigenschaft ist stärker als die – später Mittelwertstationarität genannte – Eigenschaft identischer Erwartungswerte für die Zustände, denn $E(M_t) = E[E(M_t \mid \mathcal{F}_0)] = E(M_0)$.

Beispiel 2 (4. Fortsetzung) *Die Martingaleigenschaft ist nicht erfüllt, $E(X_3|X_2) \neq X_2$. Etwa ist offensichtlich $E(X_3|X_2 = x_{21}) < x_{21}$.*

Beispiel 5 *Seien $Y_1, \ldots, Y_T$ unabhängige Bernoulli-Zufallsvariablen, z. B. Spiele zu aufeinander folgenden Zeitpunkten, mit*

$$P(Y_t = 1) = P(Y_t = -1) = \frac{1}{2}, \quad \textit{für } t = 1, \ldots, T.$$

Definiere $S_t := Y_1 + \ldots + Y_t = S_{t-1} + Y_t$. Der Maßraum $(\Omega, P, \mathcal{F})$ ist dann vorstellbar mit Ω als Menge aller möglichen Spielausgänge, $\mathcal{F}$ ist deren Potenzmenge. P weise jedem Ereignis aus $\mathcal{F}$ auf kanonische Weise eine Wahrscheinlichkeit zu. $\mathcal{F}_1$ und $\mathcal{F}_2$ haben hier also folgende Form:

$\mathcal{F}_1 = \{F^+, F^-\} \cup \{\emptyset, \Omega\}$
  mit $F^+ = \{\omega : Y_1 = 1\}$ und $F^- = \{\omega : Y_1 = -1\}$

$\mathcal{F}_2 = \{F^{++}, F^{+-}, F^{-+}, F^{--}\} \cup \{F^+, F^-\} \cup \{\emptyset, \Omega\}$
  mit $F^{++} = \{\omega : Y_1 = 1, Y_2 = 1\}, \ldots, F^{--} = \{\omega : Y_1 = -1, Y_2 = -1\}$
  (Zusätzlich zur ersten Menge sind Vereinigungen von zwei und drei Teilmengen anzufügen, also z. B. $\{Y_1 = Y_2\} = F^{++} \cup F^{--}$.)

1.3 Stochastische Prozesse

S_t stellt ein Martingal dar, da $E(S_{t+1} \mid \mathcal{F}_t) = E(S_t + Y_{t+1} \mid \mathcal{F}_t) = E(S_t \mid \mathcal{F}_t) + E(Y_{t+1} \mid \mathcal{F}_t)$. Nun ist $E(S_t \mid \mathcal{F}_t) = S_t$, weil S_t in t bekannt ist, d. h., S_t ist $\mathcal{F}_t$-messbar. Es ist anschaulich $E(Y_{t+1} \mid \mathcal{F}_t) = E(Y_{t+1})$, weil Y_{t+1} unabhängig vom Zeitpunkt $t < t+1$ ist und $E(Y_{t+1})$ null.

Wir wollen die bedingte Erwartung $E(Y_{t+1} \mid \mathcal{F}_t) = 0$ am Beispiel $t = 1$ konkretisieren. Es ist

$$E(Y_2 \mid \mathcal{F}_1) := 1 \cdot P(A^+ \mid \mathcal{F}_1) + (-1) \cdot P(A^- \mid \mathcal{F}_1) \tag{1.11}$$

mit $A^+ := \{\omega : Y_2 = 1\}$ und $A^- := \{\omega : Y_2 = -1\}$ (siehe Shiryaev 1996, S. 78, Formel (9)). Weiter sind

$$P(A^+ \mid \mathcal{F}_1) := P(A^+ \mid F^+) \mathbb{1}_{F^+}(\omega) + P(A^+ \mid F^-) \mathbb{1}_{F^-}(\omega) \quad \text{und}$$
$$P(A^- \mid \mathcal{F}_1) := P(A^- \mid F^+) \mathbb{1}_{F^+}(\omega) + P(A^- \mid F^-) \mathbb{1}_{F^-}(\omega).$$

(siehe Shiryaev 1996, S. 76, Gl. (1)). Es ist

$$P(A^i \mid F^j) = \frac{P(A^i \cap F^j)}{P(F^j)} = \frac{P(A^i)P(F^j)}{P(F^j)} = \frac{\frac{1}{4}}{\frac{1}{2}} = \frac{1}{2} \quad \text{für } i, j = +, -,$$

wegen der Unabhängigkeit von Y_1 und Y_2. Somit ist in (1.11)

$$E(Y_2 \mid \mathcal{F}_1) = 1 \left(\frac{1}{2} \mathbb{1}_{F^+}(\omega) + \frac{1}{2} \mathbb{1}_{F^-}(\omega) \right) + (-1) \left(\frac{1}{2} \mathbb{1}_{F^+}(\omega) + \frac{1}{2} \mathbb{1}_{F^-}(\omega) \right)$$
$$= \frac{1}{2} \mathbb{1}_\Omega - \frac{1}{2} \mathbb{1}_\Omega = 0 \quad \text{weil } F^+ \stackrel{.}{\cup} F^- = \Omega.$$

Wir können nun $t = 1$ durch ein beliebiges t ersetzen. Es ist

$$E(S_{t+1} \mid \mathcal{F}_t) = S_t + E(Y_{t+1} \mid \mathcal{F}_t)$$
$$= S_t + \sum_{i=-t}^{t} \mathbb{1}_{\{S_t = i\}}(\omega) \left(\frac{1}{2} \cdot 1 + \frac{1}{2} \cdot (-1) \right) = S_t,$$

weil die letzte Klammer null ist. S_t ist also ein (diskretes) Martingal bezüglich $\mathcal{F}_t$.

Die Standard-Brown'sche Bewegung aus Definition 1.12 ist ein weiteres Beispiel für ein Martingal.

Satz 1.4 *Sei $\{B_t\}$ Standard-Brown'sche Bewegung bezüglich der Filtration $\{\mathcal{F}_t\}$. Dann gilt:*

1. $\{B_t\}$ ist $\mathcal{F}_t$-Martingal.
2. $\{B_t^2 - t\}$ ist $\mathcal{F}_t$-Martingal.
3. $\{e^{\sigma B_t - \frac{\sigma^2}{2} t}\}$ ist $\mathcal{F}_t$-Martingal.

Beweis

1. Die erste Bedingung aus der Martingaldefinition wird hier nicht untersucht. Es ist $B_t = B_s + B_t - B_s$. Außerdem ist $E(B_t - B_s \mid \mathcal{F}_s) = 0$, da $B_t - B_s$ unabhängig von $\mathcal{F}_s$ und $E(B_t - B_s) = 0$ wegen der dritten Bedingung aus Definition 1.12 ist. Somit gilt $E(B_t \mid \mathcal{F}_s) = B_s$.

2. Mit B_t als Martingal ist $E|B_t| < \infty$ und damit $E(|B_t|^2) < \infty$ und schließlich $E(|B_t^2 - t|) < \infty$. Alternativ kann auch argumentiert werden, dass $E(|B_t^2 - t|) \leq E(|B_t^2|) + E(|t|) = t + t = 2t < \infty$. Außerdem ist

$$E(B_t^2 - B_s^2 \mid \mathcal{F}_s) = E[(B_t - B_s)^2 + 2B_s(B_t - B_s) \mid \mathcal{F}_s]$$
$$= E[(B_t - B_s)^2 \mid \mathcal{F}_s] + 2B_s E(B_t - B_s \mid \mathcal{F}_s).$$

Weil B_t ein Martingal ist, ist der letzte Faktor im zweiten Summanden, und damit der Summand, null. Wegen der Unabhängigkeit des Zuwachses (und damit auch dessen Quadrats) und der Normalverteilungsannahme ist der erste Summand $t - s$. Weil B_s messbar bezüglich $\mathcal{F}_s$ ist, folgt $E(B_t^2 - t \mid \mathcal{F}_s) = B_s^2 - s$.

3. Wegen (1.1) und weil $B_t - B_s \sim N(0, t-s)$ – unabhängig von $\mathcal{F}_s$ –, ist für $s < t$

$$E\left(e^{\sigma B_t - \frac{\sigma^2 t}{2}} \mid \mathcal{F}_s\right) = e^{\sigma B_s - \frac{\sigma^2 t}{2}} E\left(e^{\sigma(B_t - B_s)} \mid \mathcal{F}_s\right)$$
$$= e^{\sigma B_s - \frac{\sigma^2 t}{2}} E\left(e^{\sigma(B_t - B_s)}\right)$$
$$= e^{\sigma B_s - \frac{\sigma^2 t}{2}} e^{\frac{\sigma^2 (t-s)}{2}} = e^{\sigma B_s - \frac{\sigma^2 s}{2}}.$$

$\square$

Die Beschreibung der Streuung einer univariaten Zufallsvariablen durch die Varianz (siehe Bleymüller und Weißbach 2015a, Kap. 4 und Abschn. 12.3) findet ihre Entsprechung bei stochastischen Prozessen aufbauend auf dem Martingalbegriff. Für Zählprozesse werden wir das in Abschn. 1.3.3 betrachten. Wie die Varianz einer univariaten Zufallsvariablen der Erwartungswert der zentrierten und quadrierten Zufallsvariablen ist, so ist bei stochastischen Prozessen das Lokationsmaß des zentrierten und quadrierten Prozesses M_t^2 sein Streuungsmaß. Da nun $M_t^2 > 0$ und fast sicher $\neq 0$ ist, ist es sicher kein Martingal. Definiere für einen Prozess $dX_t := X_{(t+dt)-} - X_{t-}$, wobei $t-$ einen linksseitigen Grenzwert kennzeichne. Wegen

$$dM_t^2 = M_{(t+dt)-}^2 - M_{t-}^2 = (M_{t-} + dM_t)^2 - M_{t-}^2 = (dM_t)^2 + 2(dM_t)M_{t-}$$

und $E(dM_t M_{t-} \mid \mathcal{F}_{t-}) = M_{t-} E(dM_t \mid \mathcal{F}_{t-}) = 0$, ist

$$E(dM_t^2 \mid \mathcal{F}_{t-}) = E[(dM_t)^2 \mid \mathcal{F}_{t-}]. \qquad (1.12)$$

1.3 Stochastische Prozesse

Wir wollen in Erweiterung zur zweiten Eigenschaft in Definition 1.2 die Existenz des linksseitigen Grenzwerts, $\mathcal{F}_{t-}$, annehmen. Das heißt, die Zuwächse der bedingten Erwartungen von $\{M_t^2\}$ sind bedingte Varianzen der Zuwächse von $\{M_t\}$, da die bedingten Erwartungswerte null sind:

$$d\langle M_t\rangle := E(dM_t^2 \mid \mathcal{F}_{t-}) = Var(dM_t \mid \mathcal{F}_{t-})$$

Beispiel 6 *Die Brown'sche Bewegung $\{B_t\}$ aus Definition 1.12 ist wegen Satz 1.4 ein Martingal. Betrachte die Partition $\Pi = \{0 = t_0 \leq t_1 \leq t_2 \leq \ldots \leq t_N = t\}$, dann ist*

$$E\left(\sum_{i=0}^{N-1}(B_{t_{i+1}} - B_{t_i})^2\right) = t,$$

da B_t die Summe unabhängiger $N(0, t_{i+1} - t_i)$-verteilter Zufallsvariablen ist. Man kann mit dem Lemma von Borel-Cantelli (siehe Feller 1968, Abschn. VIII.3) zeigen, dass für $|\Pi| := \max_i(t_{i+1} - t_i) \to 0$ fast sicher $\sum_{i=0}^{N-1}(B_{t_{i+1}} - B_{t_i})^2 \to t$ gilt. Die Funktion $\langle B\rangle_t := v(t) = t$ heißt Varianzfunktion.

Allgemein existiert für ein stetiges Martingal $\{M_t, \ t \geq 0\}$ der Grenzwert

$$\langle M\rangle_t := \lim_{|\Pi|\to 0} \sum_{i=0}^{N-1}(M_{t_{i+1}} - M_{t_i})^2.$$

Es handelt sich dabei im Allgemeinen wieder um einen stochastischen Prozess. Man nennt $\langle M\rangle_t$ die *quadratische Variation* oder den *vorhersagbaren Variationsprozess*.

Zur Verallgemeinerung der Standard-Brown'schen Bewegung betrachte die dritte Eigenschaft in Definition 1.12. Erweitern wir die Varianz $t - s$ auf $v(t) - v(s)$, mittels einer allgemeineren Varianzfunktion $v(\cdot)$, so spricht man von einer Brown'schen Bewegung. Die Brown'sche Bewegung findet Anwendung beim Marktpreisrisiko als Modell in Abschn. 3.2 und 3.4.1, im Kreditrisiko als asymptotische Verteilung eines Schätzers (nach 4.42) sowie beim Portfoliokreditrisiko in Abschn. 5.2.3 wiederum bei der Modellierung.

1.3.2 Zeitreihen

Betrachte nun den Fall eines stetigen Merkmals, beobachtet zu diskreten Zeitpunkten.

Definition 1.14 Eine Zeitreihe ist ein stochastischer Prozess und eine Folge $\{X_t\}_{t\in\mathcal{T}}$ von Zufallsvariablen X_t mit Indexmenge $\mathcal{T} = \{1, 2, \ldots, n\}$. Seine Realisation wird mit $\{x_t\}_{t=1}^n$ bezeichnet.

Das Verhältnis eines Ausschnitts (einer Realisation), der Zeitreihe, zu dem zugrunde liegenden stochastischen Prozess ist dann vergleichbar mit dem Verhältnis einer Zufallsstichprobe zur Grundgesamtheit. Es gibt aber auch Unterschiede, so ist die Grundgesamtheit deterministisch und die Stichprobe eine Zufallsvariable. Nun ist schon der stochastische Prozess eine zufällige Funktion.

Die Zeitreihe besitzt eine n-dimensionale Verteilung, im einfachsten Fall eine multivariate Normalverteilung mit Dichte (1.6).

Beispiel 7 *Die u. i. v. Folge von $X_1, X_2, \ldots, X_n$ mit $X_t \sim \mathcal{N}(\mu_X, \vartheta^2)$ lässt sich auch unter Hinzunahme eines Erwartungswertvektors zu (1.5) darstellen als $\{X_t\}_{t=1}^n \sim \mathcal{N}(\mu_X \mathbf{1}_n, \vartheta^2 \mathbf{I}_n)$. Dabei bezeichnet $\mathbf{1}_n$ einen Spaltenvektor der Länge n aus Einsen.*

Beispiel 8 *Als weißes Rauschen oder reinen Zufallsprozess (engl. white noise) bezeichnet man eine Folge $\{\varepsilon_t\}_{t \in T}$ von identisch verteilten und unabhängigen Zufallsvariablen ε_t. Erwartungswert und Varianz der ε_t seien mit μ_ε und σ^2 bezeichnet.*

Hier ist $\mathcal{T}$ mitunter $\mathbb{N}$ oder $\mathbb{Z}$. Die Unterscheidung in endliche oder unendliche Zeitindexmenge wird aber ausschließlich in den Sätzen 1.5 und 3.7 von Bedeutung sein. Das weiße Rauschen wird z. B., als Störkomponente in der linearen Regression um ungleiche Erwartungswerte ergänzt (siehe Bleymüller und Weißbach 2015a, Kap. 21 und 23). Ein Modell abhängiger Messungen macht daraus die Irrfahrt.

Beispiel 9 *$\{\varepsilon_t\}_{t \in T}$ sei ein weißes Rauschen. Eine Irrfahrt (engl. random walk) $\{X_t\}_{t \in T}$ ist definiert durch die Rekursion*

$$X_t = \begin{cases} \varepsilon_1 & \text{für } t = 1 \\ X_{t-1} + \varepsilon_t & \text{für } t = 2, 3, \ldots \end{cases}.$$

Die Definition der Differenz, die allgemein und nicht nur für das Symbol X gemeint ist, lautet

$$\Delta X_t := X_t - X_{t-1}. \qquad (1.13)$$

Sie lässt etwa ε_t in Beispiel 9 als ΔX_t darstellen. Diese „rückblickende" Definition des Zuwachses ist in der angewandten Stochastik typisch (siehe Elliott und Kopp 1999, Abschn. 2.2 und 6.3), (siehe Hjort 1990, Abschn. 2). Denkt man die Filtration, so ist ΔX_t $\mathcal{F}_t$-messbar.

1.3 Stochastische Prozesse

Beispiel 9 (**1. Fortsetzung**) *Auf einem äquidistanten Gitter mit Schrittweite dt ist die Brown'sche Bewegung nach Definition 1.12 und mit den Bezeichnungen $\varepsilon_t := \Delta B_t \sim N(0, dt)$ eine Irrfahrt.*

Definition 1.15 Für jedes $t \in \mathcal{T}$ sind durch $\mu_X(t) := E(X_t)$ und $\vartheta^2(t) := Var(X_t)$ die Mittelwertfunktion und die Varianzfunktion des stochastischen Prozesses gegeben.

Die Mittelwertfunktion ist die durchschnittliche Zeitfolge, um welche die Realisierungen des Prozesses schwanken. Sie ist von der Mittlung über die Zeit, etwa bei der Betrachtung einer einzelnen Realisation, $\bar{x}$, zu unterscheiden.

Beispiel 8 (**1. Fortsetzung**) *Mittelwertfunktion und Varianzfunktion sind hier konstant, d. h. $\mu_X(t) = \mu_\varepsilon$ und $\vartheta^2(t) = \sigma^2$ für alle t.*

Ein Interesse bei Zeitreihen liegt darin, die Abhängigkeitsstruktur der Zustandsvariablen X_t zu modellieren.

Definition 1.16 Sei $\{X_t\}_{t \in \mathcal{T}}$ eine Zeitreihe. Die Kovarianzfunktion $\gamma(s, t)$ ordnet jedem Paar von Zeitpunkten $s, t \in \mathcal{T}$ die Kovarianz der Zufallsvariablen X_s und X_t zu (siehe Bleymüller und Weißbach 2015a, Abschn. 8.4):

$$\gamma(s, t) := \rho(X_s, X_t) = E\{[X_s - \mu_X(s)][X_t - \mu_X(t)]\}$$

Die Korrelationsfunktion $\rho(s, t)$ der Zeitreihe ordnet jedem Paar von Zeitpunkten $s, t \in \mathcal{T}$ die Korrelation

$$\rho(s, t) := Corr(X_s, X_t) = \frac{Cov(X_s, X_t)}{\sqrt{\vartheta^2(s)\vartheta^2(t)}}$$

der entsprechenden Zufallsvariablen zu.

Beispiel 8 (**2. Fortsetzung**) *Bei einem weißen Rauschen $\{\varepsilon_t\}$ sind für $s \neq t$ die Zufallsvariablen ε_s und ε_t stochastisch unabhängig. Damit gilt $E(\varepsilon_s \varepsilon_t) = E(\varepsilon_s)E(\varepsilon_t)$, woraus $Cov(\varepsilon_s, \varepsilon_t) = 0$ folgt. Die Kovarianzfunktion ist also*

$$\gamma(s, t) = \begin{cases} 0 & \text{für } s \neq t \\ \sigma^2 & \text{für } s = t \end{cases}.$$

Beispiel 9 (2. Fortsetzung) *Mittels vollständiger Induktion lässt sich für die Kovarianzfunktion der Irrfahrt zeigen:*

$$\gamma(s,t) = \min(s,t)\sigma^2$$

Die Varianzfunktion ist $\vartheta^2(t) = t\sigma^2$.

Wählt man endlich viele Zeitpunkte $t_1, t_2, \ldots, t_n$ aus $\mathcal{T}$, so lassen sich die entsprechenden Werte der Kovarianzfunktion $\gamma(t_i, t_j)$ in einer Matrix $\boldsymbol{\Sigma}$ einordnen, der Kovarianzmatrix $\gamma(t_i, t_j)$ von X_{t_i} und X_{t_j}. Es ist $\gamma(s,t) = \gamma(t,s)$.

Lemma 1.7 *Die Kovarianzmatrix $\boldsymbol{\Sigma}$ von $X_{t_1}, \ldots, X_{t_n}$ ist positiv semidefinit, d. h., für beliebige reelle Konstanten $\mathbf{c} = (c_1, c_2, \ldots, c_n)'$ gilt*

$$\mathbf{c}'\boldsymbol{\Sigma}\mathbf{c} = \sum_{i=1}^{n}\sum_{j=1}^{n} c_i c_j \gamma(t_i, t_j) \geq 0.$$

In den Anwendungen der Zeitreihenanalyse in Abschn. 3.4.3 bis 3.4.5 liegt nur *eine* Realisation des stochastischen Prozesses, $\{x_t\}$, der Länge n vor. Um die Schätzung der obigen Größen trotzdem zu ermöglichen, müssen Restriktionen formuliert werden, von denen bei der Modellbildung auszugehen ist. Wir nehmen an, dass die Mittelwert- und Varianzfunktion im Zeitablauf konstant sind und die Kovarianzen nur vom Abstand der Zeitpunkte abhängen.

Definition 1.17 Ein stochastischer Prozess $\mathbf{X} = \{X_t\}$ heißt

1. mittelwertstationär, wenn $\mu_X(t) =: \mu_X$ für alle $t \in \mathcal{T}$ konstant ist,
2. varianzstationär, wenn $\vartheta^2(t) =: \vartheta^2$ für alle $t \in \mathcal{T}$ konstant ist,
3. kovarianzstationär, wenn für alle $s, t \in \mathcal{T}$ die Kovarianzfunktion $\gamma(s,t) =: \gamma(t-s)$ nur von der Entfernung $t-s$ abhängt, und
4. schwach stationär, wenn er mittelwert- und kovarianzstationär ist.

Ein kovarianzstationärer Prozess ist übrigens auch varianzstationär, denn es gilt $\vartheta^2(t) = \gamma(t,t) = \gamma(0) = \gamma(s,s) = \vartheta^2(s)$. Und beim kovarianzstationären Prozess lässt sich auch die Korrelationsfunktion als Funktion des Lags τ, also der Zeitdifferenz $\tau = t - s$ beschreiben. Es ist $\rho(\tau) := \rho(s,t) = \gamma(\tau)/\gamma(0)$.

Beispiel 8 (3. Fortsetzung) *Das weiße Rauschen $\{\varepsilon_t\}_{t \in T}$ ist schwach stationär. Denn mit der identischen Verteilung aller ε_t folgen $E(\varepsilon_t) = \mu_\varepsilon$ und $Var(\varepsilon_t) = \sigma^2$. In nun vereinfachter Notation lauten Kovarianz- und Korrelationsfunktion*

$$\gamma(\tau) = \begin{cases} \sigma^2 & \text{für } \tau = 0 \\ 0 & \text{sonst} \end{cases} \quad \text{und} \quad \rho(\tau) = \begin{cases} 1 & \text{für } \tau = 0 \\ 0 & \text{sonst} \end{cases}$$

Beispiel 9 (3. Fortsetzung) *Die Irrfahrt ist nicht schwach stationär, weil etwa $\gamma(3,5) = 3\sigma^2 \neq 4\sigma^2 = \gamma(4,6)$ ist, obwohl in beiden Fällen $t - s = 2$ gilt.*

Lemma 1.8 $\{X_t\}_t \in T$ *sei eine schwach stationäre Zeitreihe mit Varianz $\vartheta^2 = Var(X_t)$, Kovarianzfunktion $\gamma(\tau)$ und Korrelationsfunktion $\rho(\tau)$. Dann haben $\rho(\tau)$ und $\gamma(\tau)$ folgende Eigenschaften:*

1. *Es sind $\gamma(0) = \vartheta^2$ und $\rho(0) = 1$.*
2. *Es ist $\rho(\tau) = \gamma(\tau)/\gamma(0)$.*
3. *Es gelten $-\gamma(0) \leq \gamma(\tau) \leq \gamma(0)$ und $-1 \leq \rho(\tau) \leq 1$.*
4. *$\gamma(\tau)$ und $\rho(\tau)$ sind symmetrische Funktionen bezüglich des Lags τ, d. h. $\gamma(-\tau) = \gamma(\tau)$ und $\rho(-\tau) = \rho(\tau)$.*
5. *$\gamma(\tau)$ und $\rho(\tau)$ sind positiv semidefinite Funktionen, in dem Sinne, dass $\gamma(s,t) = \gamma(t-s)$ und $\rho(s,t) = \rho(t-s)$ positiv semidefinit sind.*

Ein schwach stationärer Prozess ist dadurch gekennzeichnet, dass gewisse stochastische Charakteristika (Mittelwertfunktion, Kovarianzfunktion) invariant bleiben gegen Zeitverschiebung. Eine weit stärkere Form von Stationarität ist die Annahme, dass sämtliche stochastische Charakteristika des Prozesses im Zeitablauf invariant bleiben.

Definition 1.18 Ein stochastischer Prozess $\{X_t\}_{t \in \mathcal{T}}$ heißt streng stationär, wenn die gemeinsame Verteilungsfunktion jedes endlichen Systems von Zufallsvariablen $(X_{t_1}, \ldots, X_{t_n})$ des Prozesses identisch ist mit der gemeinsamen Verteilungsfunktion des um s Zeitpunkte verschobenen Systems

$$(X_{t_1+s}, X_{t_2+s}, \ldots, X_{t_n+s}).$$

Ein Mittelwert in einer einfachen Stichprobe ist eine Transformation der Daten mit dem Ziel einer Parameterschätzung. Genauso werden wir auch Zeitreihen transformieren mit dem Ziel, deren Parameter zu schätzen. In Beispiel 9 transformiert etwa ΔX_t die Irrfahrt in weißes Rauschen. Für Letzteres ist bekannt, wie Parameterschätzung passieren kann.

Definition 1.19 Eine lineare Transformation L einer Zeitreihe $\{x_t\}$ in eine andere $\{y_t\}$ gemäß

$$y_t = Lx_t := \sum_{u=-q}^{s} a_u x_{t-u}, \quad t = s+1, \ldots, n-q$$

heißt linearer Filter. Die Folge der Gewichte (a_u) eines linearen Filters heißt Impulsantwortfunktion. Ein Filter heißt absolut summierbar, wenn die Impulsantwortfunktion eine absolut summierbare Folge ist.

Ähnlich wie in der reellen Analysis, bei der nur Reihen über Nullfolgen von Interesse sind, weil die Reihen sonst „explodieren", sind auch nur absolut summierbare Filter von Interesse. Dass sich z. B. die Mittelwertfunktion in naheliegender Weise transformiert, zeigt folgender, hier unbewiesener Satz.

Satz 1.5 *Sei $\{X_t\}_{t \in \mathcal{T}}$ eine Zeitreihe und (a_u) ein absolut summierbarer Filter. Es gelte für eine endliche Konstante g und für alle $t \in \mathcal{T}$, dass $E(X_t^2) \leq g$ ist. Dann existiert eine Zeitreihe $\{Y_t\}_{t \in \mathcal{T}}$, sodass für alle $t \in \mathcal{T}$*

$$E\left(\left(Y_t - \sum_{u=-n}^{n} a_u X_{t-u}\right)^2\right) \xrightarrow{n \to \infty} 0,$$

$E(Y_t^2) < \infty$ *und* $E(Y_t) = \lim_{n \to \infty} \sum_{u=-n}^{n} a_u E(X_{t-u})$ *gilt. Für diese Zeitreihe* $\{Y_t\}_{t \in \mathcal{T}}$ *schreiben wir im Folgenden kurz* $Y_t = \sum_u a_u X_{t-u}$.

Definition 1.20 $\{\varepsilon_t\}_{t \in \mathcal{T}}$ sei das weiße Rauschen aus Beispiel 8 mit Erwartungswert μ_ε (und Varianz σ^2). Weiter sei (a_n) eine absolut summierbare Folge. Dann bezeichnet man den Prozess $\sum_{u=-\infty}^{\infty} a_u \varepsilon_{t-u}$ als *allgemeinen linearen Prozess*.

In einfachen Stichproben verändert die Mittelwertbildung bekanntermaßen nicht den Erwartungswert, wohl aber die Varianz. Wir wollen nun die Änderungen von Erwartungswert und Kovarianz einer Zeitreihe nach Anwendung eines Filters (a_n) festhalten. Für den Erwartungswert des Outputs $Y_t = \sum_u a_u X_{t-u}$ gilt $E(Y_t) = \sum_u a_u E(X_{t-u})$. Ist also $\{X_t\}_{t \in \mathcal{T}}$ mittelwertstationär mit dem Erwartungswert μ_X, so ist auch $\{Y_t\}_{t \in \mathcal{T}}$ mittelwertstationär mit dem Erwartungswert

$$\mu_Y = E(Y_t) = \left(\sum_u a_u\right) \mu_X \qquad (1.14)$$

Sei $\gamma_X(u, v)$ die Kovarianzfunktion von $\{X_t\}_{t \in \mathcal{T}}$. Dann ist die Kovarianzfunktion $\gamma_Y(s, t)$ von $\{Y_t\}_{t \in \mathcal{T}}$:

1.3 Stochastische Prozesse

$$\gamma_Y(s, t) = Cov(Y_s, Y_t) = Cov\left(\sum_v a_v X_{s-v}, \sum_u a_u X_{t-u}\right)$$

$$= \sum_u \sum_v a_u a_v Cov(X_{s-v}, X_{t-u})$$

$$= \sum_u \sum_v a_u a_v \gamma_X(s-v, t-u)$$

Anders als beim vergleichbaren Mittelwert einer einfachen Stichprobe, bei dem sich in Folgen von n Faktoren $1/n^2$ zu $1/n$ summieren, verhindert hier die Doppelsumme scheinbar eine Reduzierung der Varianz. Wir werden das Thema der Varianzreduktion in Beispiel 19 des Abschn. 3.4.2 wiedertreffen.

Ist $\{X_t\}_{t \in \mathcal{T}}$ kovarianzstationär mit $\gamma_X(\tau) = \gamma_X(t, t-\tau)$, dann hängt auch die Kovarianz von $\{Y_t\}$ nur vom Lag $\tau = s - t$ ab:

$$\gamma_Y(s, t) = \gamma_Y(\tau) = \sum_u \sum_v a_u a_v \gamma_X(s - t + u - v) \quad (1.15)$$

Damit ist $\{Y_t\}_{t \in \mathcal{T}}$ ebenfalls kovarianzstationär.

1.3.3 Zählprozesse

In Abschn. 5.2.3 werden wir Ausfälle abhängig von ihrer zeitlichen Abfolge zählen. Und bereits bei der Schätzung des Parameters für *ein* Kreditgeschäft werden wir in Abschn. 4.3.1 Ausfälle zählen, die sich seit dem Eintritt in ein Kreditportfolio ereignet haben. Die Prozesse sind keine Zeitreihen, d.h. stetige Merkmale zu diskreten Zeitpunkten beobachtet, sondern diskrete Merkmale beobachtet im stetigen Zeitverlauf. Und der einfachste dieser Prozesse ergibt sich, wenn wir – wie bereits in Abschn. 4.2.1 – lediglich bis zum Ausfall *eines* Schuldners beobachten. Sei also $\mathcal{T}$ nun eine stetige Zeitmenge.

Definition 1.21 Sei τ eine Zufallsvariable mit Werten in $\mathcal{T}$. Dann bezeichnen wir

$$N_t := \mathbb{1}_{[\tau, \infty[}(t) = \mathbb{1}_{\{\tau \leq t\}}$$

als *Sprungprozess*.

Man bemerke, dass (siehe Feller 1971, Abschn. X.3) den Begriff für einen anderen Prozess verwendet.

Definition 1.22 Mit dt als fallender Folge positiver Werte ($\searrow$) definiert

$$h(t) := \lim_{dt \searrow 0} \frac{P(\tau \in [t, t+dt[\mid \tau \geq t)}{dt}$$

die *Hazardrate* (engl. *hazard rate*), oder auch Hazardfunktion, zur Ausfallzeit τ. Die Hazardrate sei eine in t stetige Funktion.

Der Begriff der Hazardrate ist ebenfalls für diskrete Zeitmengen gebräuchlich (Hjort 1990). Wir wollen im diskreten Fall aber zur Abgrenzung von einer bedingten Ausfallwahrscheinlichkeiten sprechen (wie in Strohner und Weißbach 2016). Der stetige Zeitindex erlaubt die Frage nach der Stetigkeit in t. Offensichtlich ist $\{N_t\}$ nur rechtsstetig. Es existiert aber ein linksseitiger Grenzwert N_{t-}. Diese Unstetigkeit begründet, neben der diskreten Zuwachsdefinition (1.13), eine – bereits in (1.12) formulierte und mitunter auch Inkrement genannte – stetige Zuwachsdefinition (siehe Andersen et al. 1993, Abschn. II.1.):

$$dN_t := N_{(t+dt)-} - N_{t-} \tag{1.16}$$

Der Zuwachs an einer Unstetigkeitsstelle τ ist null aus Sicht eines Zeitpunkts t^*, der dt Einheiten vor τ liegt, $dN_{t^*} = 0$ (siehe Abb. 1.2), wohingegen $dN_\tau = 1$ ist.

Im Gegensatz zur „rückwärtsblickenden" Definition für die Zeitreihe ist die Definition im Falle des zeitstetigen und zustanddiskreten Prozesses nun „vorausschauend". Es werden aber durchaus beide Definitionen in der Literatur gemeinsam genutzt (siehe Hjort 1990, Abschn. 2 und 3).

Die Unstetigkeit des Prozesses überträgt sich auf eine Unstetigkeit der Filtration, an die der Sprungprozess adaptiert ist. Deren linksseitigen Grenzwert bezeichnen wir mit $\mathcal{F}_{t-}$. Es folgt nun aus der Definition der Hazardrate

$$E(dN_t \mid \mathcal{F}_{t-}) = \mathbb{1}_{\{\tau \geq t\}} h(t) dt. \tag{1.17}$$

Es ist dN_t, anders als ΔX_t, im Allgemeinen nicht $\mathcal{F}_t$-messbar, sondern aus Sicht von t eine Zufallsvariable. Der Indikator $\mathbb{1}_{\{\tau \geq t\}}$ ist als Ausnahme aber sehr wohl $\mathcal{F}_{t-}$-messbar, obwohl der Zeitpunkt t nicht im Definitionsbereich der σ-Algebra liegt. Es liegt aber im Wesen der

Abb. 1.2 Beispiel für Nullzuwachs an Unstetigkeitsstelle $dN_{t^*} = N_{\tau-} - N_{t^*-} = 0 - 0 = 0$

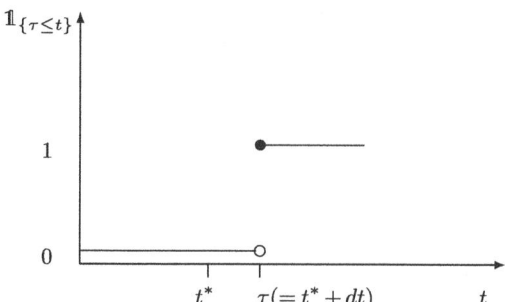

1.3 Stochastische Prozesse

Zeit, bzw. im Modell des Ausfalls als absorbierendem und unausweichlichem Ereignis, dass ein Ausfall, wenn er nicht bis kurz vor t stattgefunden hat, in t oder später stattfinden wird.

Definition 1.23 Der erwartete Zuwachs des Sprungprozesses N_t aus Definition 1.21, ohne dt, $\lambda(t) := \mathbb{1}_{\{\tau \geq t\}} h(t)$ heißt *(Ausfall-)Intensitätsprozess*.

Anders als bei der Mittelwertfunktion für Zeitreihen in Definition 1.15 stellt $\lambda(t)$ wegen des zufälligen $\mathbb{1}_{\{\tau \geq t\}}$ eine stochastische Beschreibung eines Zeittrends dar. Der Intensitätsprozess darf nicht mit der Übergangsintensität eines zeitstetigen Markov-Prozesses aus Definition 1.11 verwechselt werden. Als *Kompensator* des Prozesses N_t wird $\Lambda_t := \int_0^t \lambda(s) ds$ bezeichnet. Für den Beweis des folgenden Lemmas können wir einen bekannten Satz gebrauchen, den wir auch später noch einmal verwenden.

Satz 1.6 (Satz von Fubini) *Für eine bivariate Funktion sei die bivariate Integration mit $dm_1 * m_2$ bezeichnet. Dann ist:*

$$\int f dm_1 * m_2 = \int \int f dm_1 dm_2 = \int \int f dm_2 dm_1.$$

Lemma 1.9 *Es stellt $M_t := N_t - \Lambda_t$ ein Martingal im Sinne der Definition 1.13 dar.*

Beweis Für die Martingaleigenschaft reicht es zu zeigen, dass $E(M_\infty \mid \mathcal{F}_t) = M_t$, da dann

$$E(M_t \mid \mathcal{F}_s) = E(E(M_\infty \mid \mathcal{F}_t) \mid \mathcal{F}_s) = E(M_\infty \mid \mathcal{F}_s) = M_s.$$

Die zweite Gleichheit ergibt sich aus $E(E(M_\infty \mid \mathcal{F}_t) \mid \mathcal{F}_s) = E(E(M_\infty \mid \mathcal{F}_s) \mid \mathcal{F}_t)$. Denn allgemein gilt $E(E(X \mid Y) \mid Z) = E(E(X \mid Z) \mid Y)$ (siehe z.B. Doob 1967, Formel 10.8). Weiter wird genutzt, dass $E(M_\infty \mid \mathcal{F}_s)$ wegen $s \leq t$ nun $\mathcal{F}_t$-messbar ist.

1. Fall: $t = 0$. Der Wissensstand zum Zeitpunkt null, $\mathcal{F}_0$, ist minimal. Wir müssen zeigen, dass $E(M_\infty) = 0$. Nun ist fast sicher $N_\infty = 1$ und aus Sicht von $t_0 = 0$:

$$\begin{aligned} E(\Lambda_\infty) &= E \int_0^\infty \mathbb{1}_{\{\tau \geq t\}} h(t) dt = \int_0^\infty P(\tau \geq t) h(t) dt \\ &= \int_0^\infty S(t) \frac{f(t)}{S(t)} dt = \int_0^\infty f(t) dt = 1 \end{aligned} \quad (1.18)$$

Es gilt

$$\begin{aligned} E \int_0^\infty \mathbb{1}_{\{\tau \geq t\}} h(t) dt &= E \int_0^\tau h(t) dt = \int_0^\infty \int_0^s h(t) dt f(s) ds \\ &= \int_0^\infty \int_t^\infty f(s) ds h(t) dt = \int_0^\infty P(\tau \geq t) h(t) dt. \end{aligned}$$

Hier wurde der Integrationswechsel $\int_0^\infty \int_0^s f(s,t)dtds = \int_0^\infty \int_t^\infty f(s,t)dsdt$ mithilfe des Satzes 1.6 vollzogen (siehe Abb. 1.3). Alternativ kann man auch die Vorstellung von $\mathbb{1}(\tau \geq t)$ als $B[P(\tau \geq t)]$-verteilter Zufallsvariablen mit entsprechendem Erwartungswert verwenden und mit der Vertauschbarkeit von Erwartungswert und Integration argumentieren.

2. Fall: Das Resultat für $t \neq 0$ folgt aus dem für $t = 0$. Wenn wir auf die σ-Algebra $\mathcal{F}_t$ bedingen, heißt das, wir bedingen auf die Information, die im Zeitpunkt t verfügbar ist. In t wissen wir also, ob $\tau \leq t$ oder $\tau > t$. Betrachten wir zunächst den ersten Fall. Für alle $t \geq \tau$ ist $N_t = 1$ und $\Lambda_t = \int_0^\tau h(s)ds$ und damit $M_\infty = N_\infty - \Lambda_\infty = N_t - \Lambda_t = M_t$. Dann gilt aber insbesondere $E(M_\infty) = M_t$.

Betrachten wir nun den Fall, dass der Ausfall noch nicht eingetreten ist, also $\tau > t$. Nun ist

$$M_\infty - M_t = (N_\infty - \Lambda_\infty) - (N_t - \Lambda_t)$$
$$= \left(1 - \int_0^\infty \mathbb{1}_{\{\tau \geq s\}} h(s)ds\right) - \left(0 - \int_0^t \mathbb{1}_{\{\tau \geq s\}} h(s)ds\right)$$
$$= 1 - \int_t^\infty \mathbb{1}_{\{\tau \geq s\}} h(s)ds. \qquad (1.19)$$

Es ist nun zu zeigen, dass $E(M_\infty - M_t \mid \mathcal{F}_t, \tau \geq t) = 0$ beträgt. Das lässt sich auf den Fall $t = 0$ zurückführen, denn als Folge von (1.19) ist:

$$M_\infty - M_t = 1 - \int_t^\infty \mathbb{1}_{\{\tau \geq (s-t)+t\}} h[(s-t)+t]ds$$
$$= 1 - \int_t^\infty \mathbb{1}_{\{\tau \geq g(s)+t\}} h(g(s)+t)ds \quad \text{mit } g(s) := s-t$$
$$= 1 - \int_{g(t)=0}^{g(\infty)=\infty} \mathbb{1}_{\{\tau \geq y+t\}} h(y+t)dy$$

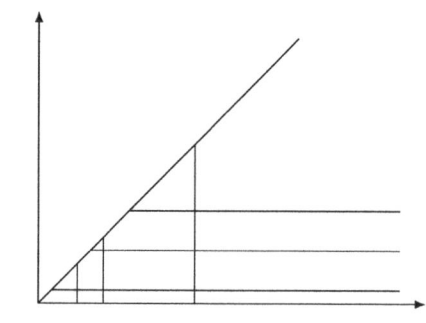

Abb. 1.3 Integrationsbereich mit Skizze der Transformation

1.3 Stochastische Prozesse

Dabei wurde in der Substitutionsregel $\int_a^b j[g(s)]g'(s)ds = \int_{g(a)}^{g(b)} j(y)dy$ (siehe Grauert und Lieb 1992, Satz 9.1) für $j(y)$ die Funktion $\mathbb{1}_{\{\tau \geq y+t\}} h(y+t)$ eingesetzt. Die Substitution von s mit $s+t$ ergibt also

$$M_\infty - M_t = 1 - \int_0^\infty \mathbb{1}_{\{\tilde{\tau} \geq s\}} h(s+t) ds,$$

mit $\tilde{\tau} := \tau - t$. Also ist $E(M_\infty - M_t \mid \mathcal{F}_t) = E(\tilde{M}_\infty) = E(\tilde{N}_\infty - \tilde{\Lambda}_\infty)$ für einen Sprungprozess bezüglich $\tilde{\tau}$ mit Hazardrate $\tilde{h}(\cdot) = h(\cdot + t)$. Dieser Erwartungswert ist aber null, wie wir in (1.18) schon für eine beliebige Hazardrate ausgerechnet haben. M_t ist also ein Martingal. □

Für die Charakterisierung von univariaten Zufallsvariablen sind Erwartungswert und Varianz von besonderem Interesse. Bei der Betrachtung funktionswertiger Zufallsvariablen, wie hier dem Sprungprozess und allen weiteren zählenden Prozessen, tritt der Kompensator Λ_t an die Stelle des Erwartungswertes. Da nun die Inkremente von N_t Bernoulli-Variablen sind, haben die Inkremente von M_t den Träger $\{-d\Lambda_t, 1 - d\Lambda_t\}$. Da sich die Varianz durch Verschiebung nicht ändert, $Var(X+a) = Var(X)$, addieren wir $d\Lambda_t$ auf dM_t. Dann ist der Erwartungswert der neuen Bernoulli-Variable $d\Lambda_t$, weil er vorher null war. Und somit ist die Varianz

$$Var(dM_t \mid \mathcal{F}_{t-}) = d\Lambda_t(1 - d\Lambda_t) \approx d\Lambda_t,$$

da $d\Lambda_t$ klein ist und $(d\Lambda_t)^2$ damit vernachlässigbar erscheint. Letztlich ist der vorhersagbare Variationsprozess (siehe (1.12)):

$$\langle \mathbf{M} \rangle = \mathbf{\Lambda} \tag{1.20}$$

Wie man in der Statistik die Prüfgröße für den Einstichprobentest auf den Mittelwert standardisiert, um die Verteilung zu ermitteln (siehe Bleymüller und Weißbach 2015a, Abschn. 17.1), werden wir in Abschn. 4.3.1 eine Prüfgröße mittels des Variationsprozesses standardisieren, um zu testen, ob der Parameter h von der Zeit, d. h. dem Alter abhängt.

Es fällt die Analogie zur Tatsache auf, dass für eine Poisson-verteilte Variable Erwartungswert und Varianz gleich sind. N_t verhält sich lokal (und bedingt auf die Vergangenheit) wie eine Poisson-Variable mit Rate $\lambda(t)dt$. Vergleiche hierzu die Definition des Poisson-Prozesses z. B. in Kingman (1993) oder Schönbucher (2003).

Im Kreditrisiko geht man mitunter davon aus, dass die ausgefallene Einheit ersetzt oder erneuert wird. Unter dem Begriff „Wiedereindeckung" werden wir das in Abschn. 4.2.2 wiedertreffen. Allerdings stellt es neben dem wirtschaftlichen Anlass sogar eine mathematische Vereinfachung dar, weil, anders als beim Sprungprozess, ein deterministischer Kompensator entsteht.

Definition 1.24 (Erneuerungsprozess) Seien $E_1, E_2, \ldots$ unabhängig $Exp(h)$-verteilte Zufallsvariablen und definiere

$$\tau_n := \sum_{i=1}^{n} E_i.$$

Mit der Interpretation der E_i als Wartezeiten zwischen dem i-ten und $(i-1)$-ten Ereignis, und E_1 als Wartezeit bis zum ersten Ereignis, ist τ_n die Zeit des n-ten Ereignisses. Es zählt

$$N_t := \sup\{n : \tau_n \leq t\} \qquad (1.21)$$

die Ereignisse, die bis zum Zeitpunkt t eingetreten sind.

N_t wird Erneuerungsprozess (auch Punkt- oder Zählprozess) genannt und z. B. in Sheldon (1996), Kingman (1993) oder (Feller 1971, Kap. XI) untersucht. Ein Verlauf von N_t ist in Abb. 1.4 skizziert.

Lemma 1.10 *Für einen Erneuerungsprozess $\{N_t\}$ gelten:*

1. $N_0 = 0$.
2. $\{N_t, t \geq 0\}$ *besitzt unabhängige Zuwächse.*
3. $N_{t+s} - N_t \sim Poisson(hs)$, *d. h., N_t hat auf der einen Seite stationäre, nicht von t abhängige Zuwächse, und auf der anderen Seite ist $N_t \sim Poisson(ht)$.*
4. $E(N_{t+u} - N_t) = hu = Var(N_{t+u} - N_t)$.
5. $N_t < \infty$ *und* $N_t/t \xrightarrow{P} h$ *für* $t \to \infty$.
6. $N_t - ht$ *ist ein Martingal.*
7. N_t *ist ein Markov-Prozess im verstetigten Sinne von Definition 1.11 mit $k = \infty$ und Übergangsintensität $q_{j,j+1} = h$ (und null sonst).*

Beweis 1. ist klar, 4. folgt direkt aus 3., und die Beweise der Punkte 2. und 7. unterbleiben.

Abb. 1.4 Skizze eines Erneuerungsprozesses

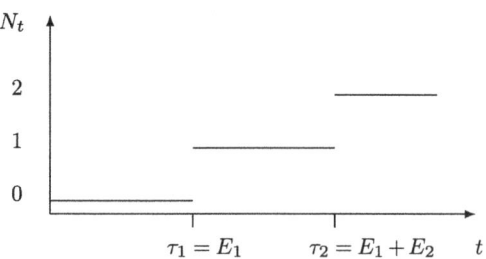

1.3 Stochastische Prozesse

3. Auf den Beweis der Stationarität wird hier verzichtet. Dann reicht es zu zeigen, dass $N_s \sim Poisson(hs)$, d.h. wegen (1.9) $P(N_s = n) = \frac{1}{n!}(hs)^n e^{-hs}$. Elementar kann für die Ausprägungen null und eins gezeigt werden: Wegen $E_1 \sim Exp(h)$ ist $P(N_s = 0) = P(E_1 > s) = e^{-hs} = (hs)^0 e^{-hs}/0!$. Und zum anderen ist

$$P(N_s = 1) = P(E_1 \leq s, E_1 + E_2 > s) = E[P(E_1 \leq s, E_1 + E_2 > s \mid E_1)]$$
$$= \int_0^s P(E_2 > s - y) f_{E_1}(y) dy = \int_0^s e^{-h(s-y)} h e^{-hy} dy$$
$$= \int_0^s h e^{-hs} dy = hs e^{-hs} = \frac{(hs)^1}{1!} e^{-hs}.$$

Die Summe von unabhängig und identisch exponentialverteilter Zufallsvariable, $\tau_n = \sum_{i=1}^n E_i$, ist gammaverteilt mit Parameter α als n (siehe Bickel und Doksum 2007, Satz B.2.3). Die Dichte vereinfacht sich wegen $n! = \Gamma(n+1)$ zu einer Erlang-Verteilung mit Parameter h und n (siehe Johnson et al. 1994, Formel (17.23)), d.h.

$$F_{\tau_n}(x) = \int_0^x \frac{h^n u^{n-1}}{(n-1)!} e^{-hu} du$$

für $x \geq 0$ und 0 sonst. Nun gilt wegen $N_s \geq n \Leftrightarrow \tau_n \leq s$:

$$P(N_s = n) = P(N_s \geq n) - P(N_s \geq n+1) = P(\tau_n \leq s) - P(\tau_1 n + 1 \leq s)$$
$$= \int_0^s \frac{h^n u^{n-1}}{(n-1)!} e^{-hu} du - \int_0^s \frac{h^{n+1} u^n}{n!} e^{-hu} du \qquad (1.22)$$
$$= \left[\frac{h^n u^n}{n!} e^{-hu}\right]_0^s + \int_0^s \frac{h^{n+1} u^n}{n!} e^{-hu} du - \int_0^s \frac{h^{n+1} u^n}{n!} e^{-hu} du$$
$$= \frac{(hs)^n}{n!} e^{-hs}$$

Die vierte Gleichheit folgt mittels partieller Integration, $\int j'g = [jg] - \int jg'$, für das erste Integral in (1.22) und in der Rolle von u^{n-1} als j' (siehe Grauert und Lieb 1992, Satz 8.1).

5. Wegen $E(N_t/t) = h$ und $Var(N_t/t) = h/t \to 0$, für $t \to \infty$, geht $N_t/t - h$ im quadratischen Mittel und damit in Wahrscheinlichkeit gegen null.
6. Wegen $N_{t+u} - N_t \sim Poisson(hu)$ und der Unabhängigkeit der Zuwächse ist $E(N_{t+u} - N_t) = hu$, insbesondere ist $EdN_t = hdt$, und damit ist der Kompensator $\int_0^t EdN_s = ht$. Also ist $N_t - ht$ ein Martingal.

Dass N_t einen deterministischen Kompensator hat, folgt aus Punkt 3. Die zweite Eigenschaft entspricht der in der Brown'schen Bewegung aus Definition 1.12. Während in der Brown'schen Bewegung die Reproduktivität der Normalverteilung die dritte Eigenschaft widerspiegelt, gilt es hier wegen der Reproduktivität der Poisson-Verteilung (siehe Bleymüller und Weißbach 2015a, Abschn. 11.6). Der Punkt 4 sagt aus, dass die zu erwartende Anzahl der Ereignisse in einem Interval, $[t, t + u]$ proportional zur Länge mit Faktor h ist, der *Intensitätsrate* genannt wird. Da h nicht in t variiert ist, heißt N_t homogener *Poisson-Prozess* (siehe Feller 1968, Abschn. XVII.2).

Definition 1.25 (inhomogener Poisson-Prozess) Man definiere für überall nicht-negative Intensitätrate $h(s) > 0$ ihr Integral $H(t) = \int_0^t h(s)ds$. Dann erfülle N_t die folgenden Bedingungen:

1. $N_0 = 0$.
2. $N_t, t \geq 0$, besitzt unabhängige Zuwächse.
3. $N_{t+u} - N_t \sim Poisson[H(t + u) - H(t)]$.

Die dritte Eigenschaft ist wegen (1.9) explizit

$$P(N_{t+u} - N_t = n) = \frac{1}{n!} \left(\int_t^{t+u} h(s)ds \right)^n e^{-\int_t^{t+u} h(s)ds}.$$

Wie sich die Standardisierung der Normalverteilung in der Statistik als nützlich erweist, wird es – wie gesagt – auch die Standardisierung für stochastische Prozesse in Abschn. 4.2.2.

Satz 1.7 *Wenn der inhomogene Poisson-Prozess $\{N_t\}$ die kumulative Intensitätsrate $H(t)$ besitzt, so hat $\{N_{H^{-1}(t)}\}$ die Intensitätrate $h \equiv 1$.*

Beweis Zunächst ist $N_{H^{-1}(0)} = 0$, da $H(0) = 0$ ist. Weiter ist $H(\cdot)$ streng monoton steigend wegen $h(s) > 0$. Sei eine Funktion $f(\cdot)$ streng monoton, d.h., es gilt $t > s \Rightarrow f(t) > f(s)$, damit ist („aus A folgt B" ist äquivalent zu „aus nicht B folgt nicht A") $f(t) \leq f(s) \Rightarrow t \leq s$. Sei $x := f(t)$ und $y := f(s)$, also $t = f^{-1}(x)$ und $s = f^{-1}(y)$, dann ist $x \leq y \Rightarrow f^{-1}(x) \leq f^{-1}(y)$. Also überträgt sich die Monotonie von $H(\cdot)$ für zwei geordnete Zeitpunkte auf die Inverse, $H^{-1}(t_i) \geq H^{-1}(t_{i-1})$. Nunmehr sind $N_{H^{-1}(t_i)} - N_{H^{-1}(t_{i-1})}$ Zuwächse, die gemäß Definition von N_t unabhängig sind. Es ist

$$P(N_{H^{-1}(t+u)} - N_{H^{-1}(t)} = n)$$
$$= \frac{1}{n!} \left(\int_{H^{-1}(t)}^{H^{-1}(t+u)} h(s)ds \right)^n \exp\left\{ -\int_{H^{-1}(t)}^{H^{-1}(t+u)} h(s)ds \right\}$$
$$= \frac{1}{n!} \left(\int_t^{t+u} 1 ds \right)^n \exp\left\{ -\int_t^{t+u} 1 ds \right\} = \frac{1}{n!} u^n e^{-u}.$$

Bei der letzten Gleichheit wurde die Substitutionsregel genutzt, die sich bei Invertierbarkeit von $g(\cdot)$ darstellt als $\int_{g^{-1}(a)}^{g^{-1}(b)} j[g(x)]g'(x)dx = \int_a^b j(y)dy$, sodass $j(x) \equiv 1, g(x) = H(x)$, $b = t + u$ und $a = t$ gesetzt werden. □

1.3 Stochastische Prozesse

Eine weitere Verallgemeinerung stellt der *Cox-Prozess* dar, bei dem h zusätzlich zu t auch noch von einem Prozess Z_t abhängt. Eine nun stochastische Intensitätsrate spiegelt nichtbeobachtete Einflüsse wider.

Definition 1.26 (Cox-Prozess) Sei $h(t), 0 \leq t < \infty$, eine potenziell zufällige nichtnegative Intensitätsrate. Ein Zählprozess $\{N_t, 0 \leq t < \infty\}$ mit $N_0 = 0$ heißt *Cox-Prozess*, falls für $0 \leq t_1 < t_2 < \ldots t_k < \infty$ gilt

$$P(N_{t_1} - N_0 = n_1, \ldots, N_{t_k} - N_{t_{k-1}} = n_k)$$
$$= E\left\{\frac{1}{n_1!\ldots n_k!} \prod_{i=1}^{k} \left[\int_{t_{i-1}}^{t_i} h(s)ds\right]^{n_i} \exp\left[-\int_0^{t_k} h(s)ds\right]\right\}$$

Im umgekehrter Richtung zu Satz 1.7 gilt Folgendes.

Satz 1.8 *Sei $h(t, Z_t) = h(t)\, 0 \leq t \leq \infty$ eine zufällige Intensitätsrate und $\mathbf{N}$ ein homogener Poisson-Prozess mit Parameter eins, welcher unabhängig von $h(\cdot)$ sei. Dann ist $\tilde{N}_t := N_{H(t)}$ ein Cox-Prozess mit Intensitätsrate $h(t)$.*

Bis hierher haben wir entweder Wechsel zwischen *verschiedenen* diskreten Zuständen in *einem* Markov-Prozess, d. h. für eine statistische Einheit, beschrieben (Definition 1.11) oder *gleichartige* Wechsel (zwischen zwei Zuständen) gezählt. Die Anzahlen waren dann wieder Prozesse. Wir wollen aber sowohl für *mehrere* statistische Einheiten, zur Berücksichtigung von fehlenden Daten in Abschn. 4.3.1, oder zum Zählen verschiedener Zustandsübergänge, genauer Übergänge zwischen verschiedenen Stufen an Kreditwürdigkeit, in Abschn. 4.3.3, multivariate Zählprozesse betrachten. Zähle $N_{hj}(t)$ die Übergänge von Zustand h in den Zustand j bis zum Zeitpunkt t.

Definition 1.27 (Zählprozess multiplikativer Intensität) Der Zählprozess mit multiplikativer Intensität ist definiert über seinen Intensitätsprozess (siehe Andersen et al. 1993, Abschn. III.1.2):

$$\lambda_{hj}^{\theta}(t) = h_{hj}^{\theta}(t) Y_h(t)$$

für $h, j = 1, \ldots, k$. Der typischerweise multivariate Parameter des Modells ist $\boldsymbol{\theta}$.

In Billingsley (1961) heißt dieser Prozess multipler Markov-Prozess. Wie für den Sprungprozess in (1.17) definiert $\Lambda_{hj}^{\theta}(t) := \int_0^t \lambda_{hj}^{\theta}(s)ds$ einen Kompensator des Prozesses $N_{hj}(t)$ und $M_{hj}(t) := N_{hj}(t) - \Lambda_{hj}^{\theta}(t)$ ein Martingal.

Wir werden Ausfälle in einem Portfolio zählen, sowohl bei der Bewertung der Kreditversicherung in Abschn. 4.2.2, als auch in Abschn. 4.2.2 für die Schätzung der individuellen Hazardrate. Im ersten Fall werden wir Verteilungsannahmen für die Zeiten *zwischen* den

Ereignissen und im zweiten Falle werden wir Verteilungsannahmen *der* Ereigniszeiten postulieren. Die Prozessbeschreibung der Ausfallzahl ist in beiden Fällen sehr unterschiedlich. Im nun endenden Abschnitt ging es darum, die Unterschiede zwischen Erneuerungsprozess, als Beispiel für Fall eins, und dem Zählprozess multiplikativer Intensität, als Beispiel für Fall Zwei, herauszuarbeiten.

1.3.4 Weitere Eigenschaften und Integration

Bei uni- oder multivariaten Zufallsvariablen spielen Eigenschaften wie die Existenz von Momenten eine Rolle bei der Anwendung des Zentralen Grenzwertsatzes (ZGWS). Neben Eigenschaften, die eher auf das Zentrum der Verteilung abzielen, können Eigenschaften in den Rändern der Verteilung eine Rolle spielen. So wird bei der *gleichgradigen Integrierbarkeit* für eine Zufallsvariable $X \in L^1(\Omega, \mathcal{F}, P)$, d.h. $E(|X|) = \int_{\mathbb{R}} |X| dP < \infty$, zusätzlich gefordert, dass (siehe Bauer 1992, Definition 21.1)

$$\int_{\{|X| \geq c\}} |X| dP \stackrel{c \to \infty}{\longrightarrow} 0.$$

Eine Menge von Zufallsvariablen heißt gleichgradig integrierbar, falls das für alle ihre Elemente gilt.

Idealerweise ist neben dem Erwartungswert und der Varianz, sowie deren Eigenschaften, für die Statistik eine umfassende Beschreibung von Zufallsvariablen mittels einer Verteilungsfunktion, einer Dichte oder einer erzeugenden Funktion (wie in Definition 1.1) nötig. Denn Konfidenzintervalle oder Tests werden üblicherweise aus der Verteilungsbeschreibung von Statistiken abgeleitet. Man denke insbesondere an die Rolle der Dichte bzw. der Wahrscheinlichkeitsfunktion bei der Konstruktion von Schätzfunktionen nach der Maximum-Likelihood-Methode (siehe Bleymüller und Weißbach 2015a, Abschn. 15.5).

Nachdem wir nun Kompensator $\{\Lambda_t\}$ und Variationsprozess $\{\langle M \rangle_t\}$ als Entsprechungen zu Erwartungswert und Varianz kennengelernt haben, sollten wir nach Entsprechungen für Dichte und Verteilungsfunktion bei einem stochastischen Prozess suchen. Nun ist die Dichte eine Abbildung von $\mathbb{R}$ nach $[0,1]$, hat also die möglichen Ausprägungen des Merkmals als Definitionsbereich. Für einen stochastischen Prozess, also eine funktionswertige Zufallsvariable, müsste eine entsprechende Beschreibung nun als Definitionsbereich einen Funktionenraum haben. Während wir von Kenntnissen über den Körper der reellen Zahlen ausgehen, können üblicherweise analytische Kenntnisse von Funktionenräumen nicht vorausgesetzt werden. Wir werden also schrittweise in Richtung einer umfassenden Beschreibung steuern, aber nicht bis zur Konstruktion einer allgemeinen Likelihood kommen (siehe Andersen et al. 1993, Abschn. II.7). Es sei aber erwähnt, dass beim Erneuerungsprozesses aus Definition 1.24 die Kenntnis von N_T – und dessen Wahrscheinlichkeitsfunktion – anstatt des gesamten $\{N_t\}$ ausreicht für die Schätzung des Parameters h. Wir werden nun ein Charakteristikum eines Prozesses beschreiben, nämlich sein Maximum. Und wir

1.3 Stochastische Prozesse

werden aus dessen Verteilung auch nur dessen Erwartungswert betrachten, und dafür auch nur Doob's Ungleichung angeben. Wir werden später aber immerhin die Nützlichkeit selbst dieser Beschreibung kennenlernen.

Ein Martingal $\{M_t\}$ $t \in [0, \infty[$ heißt natürlich gleichgradig integrierbar, falls es für $\{M_t\}$ als Menge von Zufallsvariablen gilt. Ohne Beweis sei bemerkt, dass in dem Falle fast sicher $M_\infty = \lim_{t \to \infty} M_t$ existiert mit $\lim_{t \to \infty} \|M_t - M_\infty\|_1 = 0$, d.h. $M_t \to M_\infty$ in $L^1(\Omega, \mathcal{F}, P)$. Dann ist $\{M_t\}$ Martingal auf $[0, \infty]$ und fast sicher für alle t $M_t = E(M_\infty \mid \mathcal{F}_t)$ (siehe Elliott und Kopp 1999, Abschn. 6.2). Bezeichne $\mathcal{M}$ die Menge der gleichgradig integrierbaren Martingale.

Sei weiter $\mathcal{C}$ eine Menge von stochastischen Prozessen. Dann bezeichnet $\mathcal{C}_{loc}$ die Menge der $X \in \mathcal{C}$ für die eine Folge $\{T_n\}$ von Stoppzeiten $T_1 \leq T_2 \leq T_3 \leq \ldots$ existiert, sodass fast sicher $\lim T_n = +\infty$ und für alle n $X_{t \wedge T_n} \in \mathcal{C}$ ist. Für festes ω gilt

$$X_{t \wedge T_n} = \begin{cases} X_t & \text{für } t \leq T_n(\omega) \\ X_{T_n(\omega)} & \text{für } t > T_n(\omega). \end{cases} \quad (1.23)$$

Beispiel 10 *Sei T_n der Zeitpunkt nach dem Jahr 2000, zu dem der Goldpreis (pro Unze) die Marke von 1000 € zum n-ten Mal überschreitet. Nun ist T_n eine Stoppzeit, weil $\{T_n \leq t\} \in \mathcal{F}_t$ für $T_1 < T_2 < T_3 < \ldots$ Bezeichne den Goldpreis im Zeitpunkt t mit X_t. Für $n = 4$ ist der Pfad von $X_{t \wedge T_i(\omega)}$ in Abb. 1.5 eingezeichnet.*

Um den Begriff der Lokalisierung auf die Menge der Martingale $\mathcal{M}$ anwenden zu können, müssen wir die Martingaldefinition $E(M_t \mid \mathcal{F}_s) = M_s$ auf den zufälligen Index in (1.23), hier ohne Beweis, erweitern.

Lemma 1.11 (Doob's Optional Stopping) *Sei $\{M_t\}$, $t \in [0, \infty]$, ein rechtsstetiges Supermartingal (bzw. Submartingal) bezüglich der Filtration $\{\mathcal{F}_t\}$. Falls S und T $\mathcal{F}_t$-Stoppzeiten sind mit fast sicher $S \leq T$, dann gilt fast sicher*

Abb. 1.5 Skizze des nach der vierten Überschreitung von 1000 € gestoppten Goldpreises

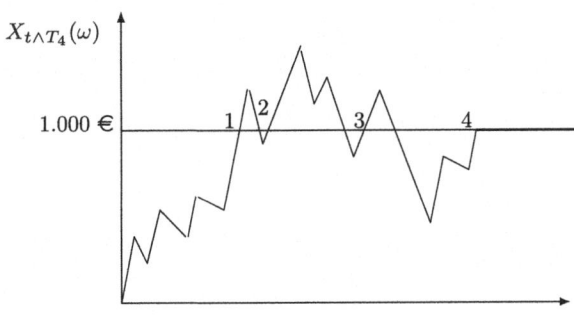

$$E(M_T \mid \mathcal{F}_S) \leq M_S \quad (bzw. \; E(M_T \mid \mathcal{F}_S) \geq M_S)$$

mit der Definition 1.4 von $\mathcal{F}_S$. Es folgt insbesondere, wenn M_t ein Martingal ist, dass $E(M_T \mid \mathcal{F}_S) = M_S$.

Es bezeichne also $\mathcal{M}_{loc}$ die wohldefinierte Menge der *lokalen Martingale*, also der Martingale für die $M_{t \wedge T_n}$ – für jedes $T_n \in \{T_1 < T_2 \ldots\}$ – wieder ein Martingal ist (für eine ökonometrische Anwendung siehe Barndorf-Nielsen und Shephard 2004). Mit der Notation $x^+ := \max(x, 0)$ und $x^- := \max(-x, 0)$ wollen wir eine erste Charakterisierung der Verteilung ohne parametrische Annahmen treffen.

Lemma 1.12 *Sei X_t, $t \in [0, \infty]$ rechtsstetiges Supermartingal, dann ist für jedes $\alpha \geq 0$*

$$\alpha P \left(\inf_{t \in [0,\infty]} X_t \leq -\alpha \right) \leq \sup_{t \in [0,\infty]} E(X_t^-).$$

Beweis Definiere $S(\omega)$ als Zeitpunkt, in dem $X_t(\omega)$ zum ersten Mal unter $-\alpha$ fällt, $\inf\{t : X_t(\omega) \leq -\alpha\}$ oder null, falls die Menge leer ist. Definiere $S_t := S \wedge t$, was mit S (und wegen Satz 1.2) eine Stoppzeit ist.

Nun ist fast sicher $S_t \leq t$, sodass wegen Satz 1.11 $E(X_t \mid \mathcal{F}_{S_t}) \leq X_{S_t}$ ist. Aus $EY = E[E(Y \mid \mathcal{A})]$ folgt weiter $E(X_{S_t}) \geq E(X_t)$.

Die Idee ist nun, die ω's aufzuspalten für ein festes t in

1. alle, sodass $S_t = S \;\Rightarrow\; X_v \leq -\alpha$ für ein $v \leq t$ $\;\Rightarrow\; X_{S_t} = X_S$
2. alle, sodass $S_t = t \;\Rightarrow\; X_v > -\alpha \; \forall \, v \leq t$ $\;\Rightarrow\; X_{S_t} = X_t$

Wir spalten Ω auf:

$$\Omega_1 := \{\omega : S_t = S\}$$
$$= \{\omega : X_v \leq -\alpha \text{ für mindestens ein } v \leq t\} = \left\{ \inf_{v \leq t} X_v \leq -\alpha \right\}$$
$$\Omega_2 := \{\omega : S_t = t\} = \{\omega : X_v > -\alpha \; \forall \, v \leq t\}$$

Nun ist Ω die disjunkte Vereinigung $\Omega_1 \cup \Omega_2$, und es folgt

$$\omega \in \Omega_1 \Rightarrow X_{S_t}(\omega) = X_S(\omega) \quad \text{und} \quad \omega \in \Omega_2 \Rightarrow X_{S_t}(\omega) = X_t(\omega).$$

Nun ist

1.3 Stochastische Prozesse

$$EX_{S_t} = \int_\Omega X_{S_t} dP = \int_{\Omega_1} X_{S_t} dP + \int_{\Omega_2} X_{S_t} dP = \int_{\Omega_1} X_S dP + \int_{\Omega_2} X_t dP$$

$$\leq -\alpha P(\Omega_1) + \int_{\Omega_2} X_t dP$$

$$= -\alpha P\left\{\inf_{v \leq t} X_v \leq -\alpha\right\} + \int_{\{X_v > -\alpha \,\forall\, v \leq t\}} X_t dP,$$

wobei die Ungleichung gilt, weil wegen der Definition von $S(\omega)$ folgt $X_S \leq -\alpha$. Wegen der Supermartingaleigenschaft, $EX_t \leq EX_{S_t}$, ist

$$\alpha P\left\{\inf_{v \leq t} X_v \leq -\alpha\right\} \leq E(-X_t) + \int_{\{\inf_{v \leq t} X_v > -\alpha\}} X_t dP$$

$$= \int_{\{X_v \leq -\alpha \,\forall v \leq t\}} -X_t dP \leq E(X_t^-).$$

Mit $t \to \infty$, d.h. nun für alle t, folgt, was zu beweisen war. □

Ähnlich beweist man das folgende Lemma 1.14. Für den Beweis benötigt man (siehe etwa Bickel und Doksum 2007, Formel B.9.3; sowie Elliott und Kopp 1999, Proposition 5.3.3):

Lemma 1.13 (**Jensen'sche Ungleichung**) *Wenn $g(\cdot)$ eine konvexe (reellwertige) Funktion ist, X eine Zufallsvariable auf $(\Omega, \mathcal{F}, P)$ und $EX < \infty$, dann gilt*

$$g(EX) \leq Eg(X).$$

Beweis Die Funktion g ist konvex, für alle $0 \leq \lambda \leq 1$ und $x, x_0 \in \mathbb{R}$ ist

$$g(\lambda x + (1-\lambda)x_0) \leq \lambda g(x) + (1-\lambda)g(x_0). \tag{1.24}$$

Für jeden Punkt $(x_0, g(x_0))$ auf dem Graphen von $g(\cdot)$ gilt, dass es eine Gerade durch $(x_0, g(x_0))$ gibt,

$$f(x) := g(x_0) + (x - x_0)a,$$

sodass alle Punkte des Graphen nicht unter den Punkten der Geraden liegen. (Hierbei ist $a(x_0)$ und unabhängig von x.) Denn angenommen, es existiert kein a, sodass $g(x) \geq g(x_0) + (x - x_0)a$ für alle x ist, gilt, dass für alle a ein x existiert, sodass $g(x) < g(x_0) + (x - x_0)a$. Wähle

$$a = \frac{1}{\lambda(x - x_0)}[g(\lambda x + (1-\lambda)x_0) - g(x_0)]$$

für ein beliebiges $0 < \lambda \leq 1$, dann gilt

$$g(x) - g(x_0) < (x - x_0)\frac{1}{\lambda(x - x_0)}[g(\lambda x + (1-\lambda)x_0) - g(x_0)]$$
$$\Leftrightarrow \lambda g(x) - \lambda g(x_0) < g(\lambda x + (1-\lambda)x_0) - g(x_0)$$
$$\Leftrightarrow \lambda g(x) + (1-\lambda)g(x_0) < g(\lambda x + (1-\lambda)x_0),$$

was einen Widerspruch zur Konvexität (1.24) darstellt. Wähle nun $x = X$ und $x_0 = EX$, dann ist für alle $X(\omega)$, dass $g(X) \geq g(EX) + (X - EX)a$ und somit

$$\int_\Omega g(X)dP \geq \int_\Omega (g(EX) + (X - EX)a)dP$$
$$\Leftrightarrow Eg(X) \geq \int_\Omega g(EX)dP + a\int_\Omega (X - EX)dP \Leftrightarrow Eg(X) \geq g(EX).$$

□

Lemma 1.14 *Sei* $\{X_t\}$, $t \in [0, \infty]$ *ein Martingal, dann gilt für jedes* $\alpha \geq 0$

$$\alpha P\{\sup_t |X_t| \leq \alpha\} \leq \sup_t \|X_t\|_1.$$

Folgende Lemmata sind im Weiteren hilfreich (siehe Bauer 1992, Satz 14.1 und Lemma 15.2).

Lemma 1.15 (Hölder-Ungleichung) *Für* $p, q \in [1, \infty[$ *und* $1/p + 1/q = 1$ *ist*

$$\int |XY|dP \leq \left(\int |X|^p dP\right)^{\frac{1}{p}} \left(\int |Y|^p dP\right)^{\frac{1}{p}}.$$

Falls X und Y Zufallsvariablen mit positivem zweitem Moment, d.h. $EX^2 > 0$ und $EY^2 > 0$, sind, gilt in Vereinfachung die (Cauchy-)Schwarz-Ungleichung $(E|XY|)^2 \leq EX^2 EY^2$, auf deren Beweis wir uns hier beschränken wollen.

Beweis (nur für $p = 2$). Es gilt für Zufallsvariablen $\tilde{X}$ und $\tilde{Y}$, dass

$$(|\tilde{X}| - |\tilde{Y}|)^2 \geq 0 \Rightarrow \tilde{X}^2 + \tilde{Y}^2 - 2|\tilde{X}||\tilde{Y}| \geq 0$$
$$\Rightarrow \tilde{X}^2 + \tilde{Y}^2 \geq 2|\tilde{X}||\tilde{Y}| = 2|\tilde{X}\tilde{Y}| \Rightarrow 2E|\tilde{X}\tilde{Y}| \leq E\tilde{X}^2 + E\tilde{Y}^2$$

Definiere $\tilde{X} := X/\sqrt{EX^2}$ und $\tilde{Y} := Y/\sqrt{EY^2}$. Dann sind $E\tilde{X}^2 = 1$, $E\tilde{Y}^2 = 1$ und

$$2E|\tilde{X}\tilde{Y}| \leq 2 \Leftrightarrow E|XY| \leq \sqrt{EX^2}\sqrt{EY^2}.$$

□

1.3 Stochastische Prozesse

Als *Fatous Lemma* wird bezeichnet, dass, wenn Y integrabel ist und fast überall $X_n \leq Y$ ist, folgt $E(\liminf_{n\to\infty} X_n) \leq \lim_{n\to\infty} E(X_n)$. Damit, mit dem Lemma 1.14, der Hölder-Ungleichung und dem Satz 1.6 (Fubini) zeigt man Folgendes (siehe Elliott und Kopp 1999, Abschn. 6.2).

Satz 1.9 (Doobs Ungleichung) *Sei M_t ein Supermartingal, so gilt für deterministisches T*

$$E\left(\sup_{0\leq t \leq T} |M_t|^2\right) \leq 4E\left(|M_T|^2\right).$$

Betrachten wir Eigenschaften von stochastischen Prozessen, so denken wir insbesondere auch an die Einschränkung der Menge aller Prozesse auf Teilmengen. So stellt die Definition von Martingalen eine Einschränkung dar und die Lokalisation eine weitere. Die Einschränkung vereinfacht mathematische Aussagen oder macht sie überhaupt erst möglich. Aus Sicht der Modellierung von Phänomenen der Finanzmärkte sind unmotivierte Einschränkungen natürlich zu vermeiden. So wäre es nicht akzeptabel, anzunehmen, dass der Pfad eines Aktienkurses so glatt ist, dass er als differenzierbar zu beschreiben ist. Den aus diesem „Allgemeinheitswunsch" abzuleitenden stochastischen Aufwand demonstriert das folgende Beispiel der *stochastischen Integration* ganz gut. Grob gesagt, führt die Eigenschaft, dass der Preis einer Aktienoption sicherlich vom aktuellen Kurs der Aktie abhängt, zur Beschreibung des Kurses als Differentialgleichung. Da Optionspreis und Aktienkurs aber auch von der Zeit abhängen, enthält eine naive Beschreibung des Problems auch die Ableitung des Aktienkurses nach der Zeit. Weil diese nicht existiert, muss die Beschreibung um eine Stufe, von der Differential- auf eine Integralgleichung, angehoben werden.

Typischerweise wird die Integration über die Differenziation definiert ($\int f = F$, sodass $F' = f$). Es kann aber auch die Differentiation über die Integration eingeführt werden ($F' = f$, sodass $\int f = F$). Wir werden außerdem sehen, dass der Endwert eines Portfolios unter gewissen Annahmen als ein Integral darzustellen ist, das stochastische Komponenten enthält.

Definition 1.28 Bei einem reellwertigen *einfachen Prozess* $\mathbf{H}$ auf $[0,T]$ existiert eine Partition $0 = t_0 < t_1 < \ldots < t_{n-1} < t_n = T$, sodass $H_{t_0} = H^0(\omega)$ und

$$H_t = H^i(\omega) \quad \text{für } t \in]t_i, t_{i+1}],$$

wobei $H^i(\omega)$ $\mathcal{F}_{t_i}$-messbar und quadratisch integrierbar ($\int_\Omega H^{i2}(\omega)dP < \infty$) ist.

Wir werden nun die Brown'sche Bewegung B_t aus Definition 1.12 verwenden. Sie wird später als Baustein für das Modell eines Aktienkursverlaufs verwendet, ist aber auch für die Entwicklung von Zinsen ein Ausgangspunkt.

Definition 1.29 Für einen einfachen Prozess **H** ist das stochastische Integral bezüglich der Brown'schen Bewegung $\{B_t\}$ ein stochastischer Prozess und für $t \in]t_k, t_{k+1}]$ definiert als

$$\int_0^t \mathbf{H} d\mathbf{B} = \int_0^t H_s dB_s = \sum_{0 \leq i \leq k-1} H^i(B_{t_{i+1}} - B_{t_i}) + H^k(B_t - B_{t_k})$$
$$= \sum_{0 \leq i \leq n} H^i(B_{t_{i+1} \wedge t} - B_{t_i \wedge t}). \quad (1.25)$$

Die Summation verwendet bewusst H^i und nicht H^{i+1}, was bei der reellen Riemann-Integration keine Rolle spielt. Man nennt die Integrationsdefinition *Itô-Integral*. Wenn man $(H^{i+1} + H^i)/2$ als Faktor wählte, würde ein *Stratonovich-Integral* entstehen. Bemerke auch, dass die erste Eigenschaft von Definition 1.12 aussagt, dass fast sicher B_0 null ist. Wie in Beispiel 9 Zuwächse zu einer Irrfahrt, d. h. normalverteilte Zufallsvariablen, aufaddiert werden, wird hier die (gewichtete) Summe an ebenfalls normalverteilten Zuwächsen der Brown'schen Bewegung verstetigt. Inwieweit sich dadurch Eigenschaften ändern und berechenbar sind, ist zu vergleichen mit Satz 1.5 für die zeitdiskrete Modellierung.

Satz 1.10 *Sei* **H** *ein einfacher Prozess, dann ist*

1. $\{(\int_0^t \mathbf{H} d\mathbf{B})_t\}$ *ein stetiges $\mathcal{F}_t$-Martingal,*
2. $E[(\int_0^t H_s dB_s)^2] = E(\int_0^t H_s^2 ds)$ *und*
3. $E(\sup_{0 \leq t \leq T} |\int_0^t H_s dB_s|^2) \leq 4 E(\int_0^T H_s^2 ds)$.

Für den Beweis siehe auch Abschn. 6.3 aus Elliott und Kopp (1999).

Beweis

1. Nun ist wegen der zweiten Eigenschaft von Definition 1.12 $B_t(\cdot)$ fast sicher stetig und deshalb auch $\int_0^t H_s dB_s$, und auch für $t \to t_k$. Wir betrachten weiter jeden Summanden der Darstellung (1.25) einzeln und insbesondere, dass H_i $\mathcal{F}_{t_i}$-messbar ist. Es sind alle Lagen von t, s und t_i zu berücksichtigen.
   Fall $s \leq t_i$:

$$E(H^i(B_{t_{i+1} \wedge t} - B_{t_i \wedge t}) \mid \mathcal{F}_s) = E(E(H^i(B_{t_{i+1} \wedge t} - B_{t_i \wedge t}) \mid \mathcal{F}_{t_i}) \mid \mathcal{F}_s)$$
$$= E(H^i E(B_{t_{i+1} \wedge t} - B_{t_i \wedge t} \mid \mathcal{F}_{t_i}) \mid \mathcal{F}_s)$$
$$= H^i(B_{t_{i+1} \wedge s} - B_{t_i \wedge s}) \quad (1.26)$$

Der innere Erwartungswert nach dem zweiten Gleichheitszeichen berechnet sich wegen Satz 1.2 und Doob's Optional Stopping wie folgt zu null.

1.3 Stochastische Prozesse

Fall $t \geq t_{i+1}$: $E(B_{t_{i+1} \wedge t} | \mathcal{F}_{t_i}) = B_{t_i}$ und $E(B_{t_i \wedge t} | \mathcal{F}_{t_i}) = B_{t_i}$.
Fall $t \in]t_i, t_{i+1}[$: $E(B_{t_{i+1} \wedge t} | \mathcal{F}_{t_i}) = B_{t_i}$ und $E(B_{t_i \wedge t} | \mathcal{F}_{t_i}) = B_{t_i}$.
Fall $t \leq t_i$. $E(B_{t_{i+1} \wedge t} | \mathcal{F}_{t_i}) = B_t$ und $E(B_{t_i \wedge t} | \mathcal{F}_{t_i}) = B_t$.

Fall $t_i < s$:

$$E(H^i(B_{t_{i+1} \wedge t} - B_{t_i \wedge t}) | \mathcal{F}_s) = H^i E(B_{t_{i+1} \wedge t} - B_{t_i \wedge t} | \mathcal{F}_s)$$
$$= H^i(B_{t_{i+1} \wedge s} - B_{t_i \wedge s}),$$

denn mit s ist auch $t > t_i$.
Die letzte Gleichung (1.26) gilt wegen $t_{i+1} \wedge s = t_i \wedge s = s$. Also gilt

$$E\left(\int_0^t H_r dB_r \mid \mathcal{F}_s\right) = \left(\int_0^s \mathbf{H}d\mathbf{B}\right)_s,$$

und somit ist $\{\int_0^t H_s dB_s\}$ ein stetiges Martingal.

2. Betrachten wir von der Doppelsumme zunächst nur die quadrierten Summanden. Vertauscht man Erwartungswertbildung und Summe, müssen zunächst wieder die drei Fälle eines t vor t_i, zwischen t_i und t_{i+1} und nach t_{i+1} unterschieden werden. Im ersten Fall sind die Indizes der Brown'schen Bewegung, und damit auch deren Werte, gleich. Die Differenz ist null, wie auch $t_{i+1} \wedge t - t_i \wedge t$. Für die anderen beiden Fälle bedingen wir zusätzlich auf $\mathcal{F}_{t_i}$:

$$E(H^{i2}(B_{t_{i+1} \wedge t} - B_{t_i \wedge t})^2) = E\{H^{i2} E[(B_{t_{i+1} \wedge t} - B_{t_i \wedge t})^2 \mid \mathcal{F}_{t_i}]\}$$
$$= E[H^{i2}(t_{i+1} \wedge t - t_i \wedge t)]$$

Dass die gemischten Terme der Doppelsumme wegfallen, sieht man wie folgt. Sei ohne Beschränkung $i < j$, sodass $i + 1 \leq j$. Die Bedingung auf $\mathcal{F}_{t_j}$ ergibt

$$E[H_i H_j (B_{t_{i+1} \wedge t} - B_{t_i \wedge t})(B_{t_{j+1} \wedge t} - B_{t_j \wedge t})]$$
$$= E[E[H_i H_j (B_{t_{i+1} \wedge t} - B_{t_i \wedge t})(B_{t_{j+1} \wedge t} - B_{t_j \wedge t})] \mid \mathcal{F}_{t_j}]$$
$$= E\{H_i H_j (B_{t_{i+1} \wedge t} - B_{t_i \wedge t}) E[(B_{t_{j+1} \wedge t} - B_{t_j \wedge t}) \mid \mathcal{F}_{t_j}]\} = 0.$$

Dabei gilt die letzte Gleichheit entweder wegen $t \leq t_j < t_{j+1}$ oder weil die Zuwächse der Brown'schen Bewegung unabhängig von der Vergangenheit und im Erwartungswert null sind. Also gilt

$$E\left(\int_0^t H_s dB_s\right)^2 = \sum_{0 \leq i \leq n} E[H^{i2}(t_{i+1} \wedge t - t_i \wedge t)] = \int_0^t E(H_s^2) ds.$$

3. Die dritte Eigenschaft folgt aus Doobs Ungleichung (Satz 1.9), angewandt auf $\{(\int_0^t \mathbf{H}d\mathbf{B})_t\}$, und zeigt, warum der Begriff der Stoppzeit eingeführt wurde.

□

Der Integrationsbegriff kann nun von den einfachen Prozessen erweitert werden auf solche, die an $\{\mathcal{F}_t\}$ adaptiert sind und für die $E \int_0^T H_s^2 ds$ sicher oder fast sicher endlich ist. Die Definition der Integration erfolgt über Approximation mit einfachen Prozessen und wird mit $I(H)_t = \int_0^t H_s dB_s$ dargestellt. Eindeutigkeits- und Existenzsatz sind in Abschn. 6.2 von Elliott und Kopp (1999) zu finden. Man suche nach einer Folge einfacher H_s^n, sodass $\lim_{n \to \infty} E(\int_0^T |H_s - H_s^n|^2 ds) = 0$ ist, und definiere

$$\int_0^t H_s dB_s = \lim_{n \to \infty} \int_0^t H_s^n dB_s.$$

Die zweite Eigenschaft in Satz 1.10 heißt dann *Satz von der Isometrie* und ist in Satz 6.3.6 b) in Elliott und Kopp (1999) bewiesen.

Wir werden die eingangs erwähnte Notwendigkeit, von einem Differenziationsbegriff auf eine Integrationsrechnung überzugehen, weiter erläutern. Zur Bewertung einer Option werden wir in Kap. 3 bei der anschaulichen Herleitung undefinierten „Differenziationen", etwa dS/dt als Ableitung eines Aktienkurses S nach der Zeit t oder $\partial f/\partial S$ als partielle Ableitung eines Aktienoptionswerts f nach dem Aktienkurs S, begegnen. Im ersten Fall wird der zufällige Aktienkurs $S(\omega)$ nicht „glatt" genug sein, um als differenzierbar zu gelten. Im zweiten Fall wird der Optionspreis indirekt $f(S_t)$ auch von der Zeit t abhängen. Darüber wollen wir uns jetzt Gedanken machen.

Neben einer Integrationsdefinition benötigen wir, als Itô-Calculus bezeichnete, Rechenregeln. Nun wollen wir zunächst zeigen, dass nicht zu erwarten ist, dass die Rechenregeln identisch sind. Betrachte eine reellwertige differenzierbare Funktion $F(t)$ für $t \geq 0$ mit $F(0) = 0$, und monotonem $F(\cdot)$ für die zweite Gleichheit. Dann gilt

$$F(t)^2 = 2 \int_0^t F(s) F'(s) ds = 2 \int_0^t F(s) dF(s). \tag{1.27}$$

Die erste Gleichheit folgt aus der Substitutionsregel (siehe wieder Grauert und Lieb 1992, Satz 9.1):

$$\int_\alpha^\beta g[F(s)] F'(s) ds = \int_{F(\alpha)}^{F(\beta)} g(u) du$$

mit $g(u) = u$, $\alpha = 0$ und $\beta = t$. Denn dann ist

$$2 \int_0^t F(s) F'(s) ds = 2 \int_{F(0)}^{F(t)} u\, du = 2 \int_0^{F(t)} u\, du = [u^2]_0^{F(t)} = F(t)^2.$$

Die zweite Gleichheit ist die Darstellung als Riemann-Stieltjes-Integral (siehe Shiryaev 1996, Kap. II, §6).

Für die Brown'sche Bewegung $\{B_t\}$ ist der letzte Ausdruck in (1.27) nunmehr definiert. Die Frage ist aber, ob $B_t^2 = 2 \int_0^t B_s dB_s$ gelten kann. Wir wissen, dass $E(B_t^2) = t$ und dass $\int B_s dB_s$ nach der ersten Eigenschaft von Satz 1.10 ein Martingal ist, denn

1.3 Stochastische Prozesse

$E \int_0^T B_s^2 ds = T^2/2$. Also ist $E \int_0^t B_s dB_s = 0$, denn für ein Martingal gilt $E(M_t) = E(M_0)$ und damit $E \int_0^0 B_s dB_s = E B_0(B_0 - B_0) = 0$, da fast sicher $B_0 = 0$. Das stellt einen Widerspruch dar, denn wenn die Gleichheit schon nicht im Erwartungswert gilt, so gilt sie auch nicht für jedes ω. Für eine ausführlichere Unterscheidung zwischen deterministischer und stochastischer Infinitesimalrechnung (siehe Neftci 2000, Kap. 3). Wir definieren Rechenregeln für die Klasse der Itô-Prozesse.

Definition 1.30 Sei $(\Omega, \mathcal{F}, P)$ ein Wahrscheinlichkeitsraum mit Filtration $\{\mathcal{F}_t\}_{t \geq 0}$ und sei B_t die Brown'sche Bewegung aus Definition 1.12. Ein reellwertiger *Itô-Prozess* $\{X_t\}$ $t \geq 0$ ist der Form

$$X_t = X_0 + \int_0^t K_s ds + \int_0^t H_s dB_s.$$

Dabei gilt:

1. Es ist X_0 $\mathcal{F}_0$-messbar.
2. K_t und H_t sind adaptiert an $\mathcal{F}_t$.
3. Fast sicher sind $\int_0^T |K_s| ds < \infty$ und $\int_0^T |H_s^2| ds < \infty$.

Beispiel 11 (**Geometrische Brown'sche Bewegung**) *Wir werden in Abschn. 3.2 für einen Aktienkurs S im Verlaufe der Zeit t annehmen, dass seine Zuwächse, definiert in (1.16), in einem Intervall der Länge dt einen Erwartungswert haben, der proportional zu dieser Länge und zum aktuellen Aktienkurs S_t ist. Ferner werden wir annehmen, dass die Zuwächse normalverteilt sind mit einer Varianz, die ebenfalls proportional zur Intervalllänge ist, und einer Standardabweichung, die proportional zum aktuellen Aktienkurs ist, d. h.:*

$$dS_t = \mu S_t dt + \sigma S_t dB_t$$

Dabei sind μ und σ unbekannte Parameter und B_t ist die Brown'sche Bewegung aus Definition 1.12. Durch Integration ergibt sich die Darstellung des Aktienkurses als Itô-Prozess:

$$\int_0^t dS_s = S_t = X_0 + \int_0^t S_s \mu ds + \int_0^t S_s \sigma dB_s,$$

wobei $K_s := S_s \mu$ und $H_s := S_s \sigma$ sind. Die dritte Eigenschaft aus Definition 1.30 stellt eine Einschränkung bei der Lösung dieser Integralgleichung dar.

Man kann *Eindeutigkeit* zeigen, d. h., wenn

$$X_t = X_0 + \int_0^t K_s ds + \int_0^t H_s dB_s \quad \text{und} \quad X_t = X_0' + \int_0^t K_s' ds + \int_0^t H_s' dB_s,$$

mit $\int |K_s^{(\prime)}| ds < \infty$ und $\int H_s^{(\prime)2} ds < \infty$ (fast sicher), gilt fast sicher $K_s = K_s'$ (auf $ds \times dP$), $X_0 = X_0'$ und $H_s = H_s'$ (auf $ds \times dP$).

Beispiel 11 (Fortsetzung) *Für das – wegen der ersten Eigenschaft in Satz 1.10 – Martingal $M_t = \int_0^t H_s dB_s$ ist der Variationsprozess fast sicher $\langle M \rangle_t = \int_0^t H_s^2 ds$. Ausgangspunkt dafür ist die zweite Eigenschaft des Satzes 1.10. Das ist dann aber auch schon der Variationsprozess für den gesamten Itô-Prozess. Das erklärt sich grob wie folgt. Für einen Summanden der wie in Beispiel 6 als Grenzwert dargestellten Variation,*

$$(X_{t_{i+1}} - X_{t_i})^2 = \left(X_0 - X_0 + \int_0^{t_{i+1}} K_s ds - \int_0^{t_i} K_s ds + \int_{t_i}^{t_{i+1}} H_s dB_s \right)^2,$$

ist der erste Summand null und geht der zweite Summand schnell gegen null, weil $\int_0^T |K_s| ds < \infty$. Somit ist die Differenz die des Martingals.

Bedenke man nun, dass $H_s = 0$ im Itô-Prozess bedeutet, dass X_t differenzierbar (in t) ist. Für eine zweimal differenzierbare Funktion $F(\cdot)$ ist nach der Kettenregel

$$\frac{dF(X_s)}{ds} = F'(X_s) X_s' \Rightarrow \int_0^t \frac{dF(X_s)}{ds} ds = \int_0^t F'(X_s) X_s' ds$$

$$\Leftrightarrow F(X_t) - F(X_0) = \int_0^t F'(X_s) dX_s$$

bzw.

$$F(X_t) = F(X_0) + \int_0^t F'(X_s) dX_s + \frac{1}{2} \int_0^t F''(X_s) d\langle X \rangle_s,$$

denn der letzte Summand verschwindet, weil – wegen $H_s = 0 - \langle X \rangle_s$ null ist. Die letzte Gleichheit ist etwas konstruiert und $F(\cdot)$ auch nur eine univariate Funktion. Trotzdem erklärt sie die folgende Verallgemeinerung auf nicht-differenzierbare Prozesse X_t (für eine Beweisskizze siehe Hull 2015, Appendix 10A).

Satz 1.11 (Satz von Itô) *Betrachte eine Funktion* $F : \mathbb{R} \times \mathbb{R} \to \mathbb{R}$ *in zwei Veränderlichen. Sei F zweimal differenzierbar in der ersten und zweimal stetig differenzierbar in der zweiten Veränderlichen, dann ist*

$$F(t, X_t) = F(0, X_0) + \int_0^t \frac{\partial F}{\partial s}(s, X_s) ds$$
$$+ \int_0^t \frac{\partial F}{\partial X_s}(s, X_s) dX_s + \frac{1}{2} \int_0^t \frac{\partial^2 F}{\partial X_s^2}(s, X_s) d\langle X \rangle_s.$$

Den Satz werden wir bei der Optionspreistheorie (siehe Satz 3.1) wiedertreffen. Dort wird das Ergebnis anschaulicher noch einmal hergeleitet, aber formal unvollständig sein.

Literatur

Abramowitz, M., Stegun, I.A.: Handbook of Mathematical Functions with Formulas, Graphs, and Mathematical Table, 9. Aufl. Dover, New York (1970)

Anderson, T.W.: An Introduction to Multivariate Statistical Analysis, 3. Aufl. Wiley, New York (2003)

Andersen, P.K., Borgan, Ø., Gill, R.D., Keiding, N.: Statistical Models Based on Counting Processes. Springer, New York (1993)

Barndorf-Nielsen, O.E., Shephard, N.: Econometric analysis of realized covariation: High frequency based covariance, regression, and correlation in financial economics. Econometrica **72**, 885–926 (2004)

Bauer, H.: Maß- und Integrationstheorie, 2. Aufl. De Gruyter, Berlin (1992)

Bickel, P.J., Doksum, K.A.: Mathematical Statistics: Basic Ideas and Selected Topics, Bd. 1, 2. Aufl. Pearson/Prentice Hall, New Jersey (2007)

Billingsley, P.: Statistical Inference for Markov Processes. The University of Chicago Press, Chicago (1961)

Bleymüller, J., Weißbach, R.: Statistik für Wirtschaftswissenschaftler, 17. Aufl. Vahlen, München (2015a)

Doob, J.L.: Stochastic Processes. Wiley, New York (1967)

Elliott, R.J., Kopp, P.E.: Mathematics of Financial Markets. Springer, New York (1999)

Feller, W.: An Introduction to Probability Theory and Its Applications, Bd. 1, 3. Aufl. Wiley, New York (1968)

Feller, W.: An Introduction to Probability Theory and Its Applications, Bd. 2, 2. Aufl. Wiley, New York (1971)

Fischer, G.: Lineare Algebra. Vieweg, Braunschweig (1980)

Glasserman, P.: Monte Carlo Methods in Financial Engineering. Springer, New York (2004)

Gouriéroux, C., Monfort, A.: Statistics and Econometric Models, Bd. 2. Cambridge University Press, Cambridge (1995)

Grauert, H., Lieb, I.: Differential- und Integralrechnung I, 4. Aufl. Springer, Berlin (1992)

Hjort, N.L.: Nonparametric Bayes estimators based on beta processes in models for life history data. Ann. Stat. **18**, 1259–1294 (1990)

Hull, J.C.: Options, Futures, and other Derivatives, 9. Aufl. Pearson, Boston (2015)

Johnson, N.L., Kotz, S., Balakrishnan, N.: Continuous Univariate Distributions, vol. 1. Wiley, New York (1994)

Johnson, N., Kemp, A.W., Kotz, S.: Univariate Discrete Distributions, 3. Aufl. Wiley, New York (2005)

Kingman, J.F.C.: Poisson Processes. Oxford University Press, Oxford (1993)

Kotz, S., Balakrishnan, N., Johnson, N.L.: Continuous Multivariate Distributions, vol. 1. Wiley, New York (2000)

Musiela, M., Rutkowski, M.: Martingale Methods in Financial Modelling. Springer, New York (1997)

Neftci, S.N.: An Introduction to the Mathematics of Financial Derivatives, 2. Aufl. Academic, London (2000)

Schönbucher, P.: Credit Risk Modelling and Credit Derivatives. Wiley, Chichester (2003)

Sheldon, R.: Stochastic Processes. Wiley, New York (1996)

Shiryaev, A.N.: Probability. Springer, New York (1996)

Shorack, G.R., Wellner, J.A.: Empirical Processes with Applications to Statistics. Wiley, New York (1986)

Shreve, S.E.: Stochastic Calculus for Finance II. Springer, New York (2004)

Strohner, B., Weißbach, R.: Altersspezifische Querschnittsanalyse der Fertilität in Mecklenburg-Vorpommern mit dem EM-Algorithmus. AStA Wirtschafts- und Sozialstatistisches Archiv **10**, 269–288 (2016)

Theil, H.: Principles of Econometrics. Wiley, Amsterdam (1971)

Webel, K., Wied, D.: Stochastische Prozesse. Gabler, Wiesbaden (2012)

Produkte der Finanzmärkte 2

Finanzwirtschaftlich sind häufig zukünftige Zahlungen von Interesse. Zunächst betrachten wir *eine bekannte* Zahlungshöhe und bewerten diese aus Sicht der Gegenwart. Ein praktisches Beispiel wäre der Rückzahlungsbetrag eines kurzfristigen Kredits. Der *stetige* Zinsbegriff vereinfacht dabei die Darstellung. Ein Termingeschäft hingegen läuft auf eine zukünftige Zahlung in *unbekannter* Höhe hinaus. Nun läge es nahe, solch eine Zahlung als zufällig zu betrachten und Methoden aus Kap. 1 anzuwenden. Darauf kann aber in diesem Kapitel noch verzichtet werden. Stattdessen wird das Prinzip der Arbitragefreiheit angewandt. Typische Finanzprodukte wie Kredit oder Swap bestehen allerdings meist aus *mehreren* Zahlungen. Für ihre Zahlungsfolgen können die Bewertungsregeln einfacher Zahlungen wiederholt angewendet werden.

2.1 Grundbegriffe und Beispiele

Subjektiv hängt der Zeitwert von Geld von der individuellen Präferenz ab (siehe etwa Varian 2010, Kap. 3). Es gibt aber für Teilnehmer des Finanzmarkts ähnliche Bedingungen, die allgemeine Aussagen zulassen. Sei t_0 der heutige Tag, bzw. der jetzige Moment, je nachdem, ob die Zeit als diskret oder stetig betrachtet wird. An einem zukünftigen Tag, bzw. zu einer späteren Zeit, $T > t_0$ erfolge eine Zahlung (engl. *cash flow*) S_T an uns (aus Lesersicht). Als Geldeinheit stellen wir uns Euro (€) vor, solange nicht anders angegeben. Wir können uns fragen, was die Zahlung gegenwärtig, in t_0, wert ist, bzw. für wie viel wir sie heute kaufen würden. Wir wären vielleicht bereit, den Betrag A zu bezahlen, den wir „am Markt" anlegen müssten, um in T den Betrag S_T zurückzubekommen. Je nachdem, ob wir gegenwärtig Geld überflüssig haben oder brauchen, könnte uns auch eine zukünftige Zahlung *von* uns, anstelle einer *an* uns, interessieren. Und bei Geldbedarf, könnten wir bereit sein, den Betrag A zu bezahlen, den wir für einen Rückzahlungsbetrag von S_T in T „am Markt" leihen könnten.

Wir wollen im Folgenden annehmen, dass der Zins für das Verleihen dem für das Ausleihen gleicht. Denn auf einem *effizienten Markt* sollte der Wettbewerb den Unterschied zwischen Angebots- und Nachfragezins (engl. *bid-offer spread*) auf die Größe der Transaktionskosten drücken. Letztere wollen wir vernachlässigen. Außerdem wollen wir annehmen, dass die Zinsen z. B. für Privatkunden und Banken identisch sind. Auf Unterschiede, die unterschiedlichen Ausfallwahrscheinlichkeiten – also dem Kreditrisiko – geschuldet sind, werden wir in Kap. 4 eingehen.

Sei r_{eff} gegenwärtig der (effektive) Marktzins für eine Anlage/einen Kredit mit Laufzeit $T - t_0$. Dann ist

$$A(1 + r_{\text{eff}}) = S_T \Leftrightarrow A = \frac{1}{1 + r_{\text{eff}}} S_T.$$

Wir nennen A den *Zeitwert* (oder Barwert, engl. *present value*) der Zahlung S_T. Wir werden den Zeitwert später mitunter kurz mit $\bar{S}_T$ bezeichnen. Das Dividieren von S_T durch $1 + r_{\text{eff}}$ nennt man *Diskontieren*, den Faktor $1/(1 + r_{\text{eff}})$ *Diskontfaktor*. Eine Zahlung an uns, bzw. an den Betrachter, wollen wir als positiv mit „+" bezeichnen. Eine Zahlung, die von uns wegfließt, wollen wir als negativ mit einem „–" versehen.

Bisher nahmen wir an, dass für die Zeitspanne t_0 bis T der Zins r_{eff} sei. Zur Vergleichbarkeit von Anlagen unterschiedlicher Laufzeit wird in der Praxis der Jahreszins, *Nominalzins* genannt, angegeben und die Verzinsungsfrequenz hinzugefügt.

Beispiel 12 *Sei $r > 0$ der nominale Zins bei vierteljährlicher Verzinsung. Dann ist der Wert einer Anlage der Höhe A nach einem Jahr*

$$A\left(1 + \frac{r}{4}\right)^4$$

und der effektive jährliche Zins größer als der nominale:

$$\begin{aligned}
r_{\textit{eff}} &= \left(1 + \frac{r}{4}\right)^4 - 1 = \left(1 + \frac{r}{4}\right)^2 \left(1 + \frac{r}{4}\right)^2 - 1 \\
&= \left(1 + \frac{r}{2} + \frac{r^2}{16}\right)\left(1 + \frac{r}{2} + \frac{r^2}{16}\right) - 1 > \left(1 + \frac{r}{2}\right)^2 - 1 \\
&= \left(1 + r + \frac{r^2}{4}\right) - 1 > r
\end{aligned}$$

Erhöhen wir nun die Zinsfrequenz.

2.1 Grundbegriffe und Beispiele

Lemma 2.1 (Leibniz'scher Zinseszins) *Sei $r \in \mathbb{R}^+$ der Nominalzins und $m \in \mathbb{N}$ eine äquidistante hohe Verzinsungsfrequenz. Dann ist die Anlage der Höhe A nach einem Jahr etwa Ae^r wert.*

Beweis Wegen

$$A\left(1 + \frac{r}{m}\right)^m = A\left[\left(1 + \frac{r}{m}\right)^{\frac{m}{r}}\right]^r$$

und (Heuser 1991, Satz III.26.2) reicht es zu zeigen, dass $(1 + x_n)^{1/x_n} \to e$ für $x_n \to 0$ (Heuser 1991, Satz III.26.1). Es existiert für jedes n ein $k_n \in \mathbb{N}$, sodass, $k_n \leq 1/x_n \leq k_n + 1$ und äquivalent $1/(k_n + 1) \leq x_n \leq 1/k_n$. Also ist

$$\left(1 + \frac{1}{k_n + 1}\right)^{k_n} \leq (1 + x_n)^{\frac{1}{x_n}} \leq \left(1 + \frac{1}{k_n}\right)^{k_n + 1}$$

und damit

$$\left(1 + \frac{1}{k_n + 1}\right)^{k_n + 1} \left(1 + \frac{1}{k_n + 1}\right)^{-1} \leq (1 + x_n)^{\frac{1}{x_n}} \leq \left(1 + \frac{1}{k_n}\right)^{k_n} \left(1 + \frac{1}{k_n}\right).$$

Wegen $k_n \to \infty$ konvergiert der zweite Faktor links gegen eins, genau wie der zweite Faktor rechts. Die ersten Faktoren links wie rechts konvergieren gegen e, da sie Subfolgen der Folgendarstellung $(1 + 1/n)^n$ sind. Wegen des Einschnürungssatzes (siehe Heuser 1991, Satz III.22.2) konvergiert auch die eingeschlossene Folge gegen e (siehe Heuser 1991, III.21.9). □

Seien nun T und t_0 in Jahren skaliert und die Anlage $T - t_0$ lang, dann gilt:

$$A\left(1 + \frac{r}{m}\right)^{(T-t_0)m} = A\left[\left(1 + \frac{r}{m}\right)^m\right]^{(T-t_0)} \xrightarrow{m \to \infty} Ae^{r(T-t_0)}$$

Wir formulieren die folgenden Rechenregeln zur *Verzinsung* (auch Endwert genannt) von Betrag A mit Zins r über die Dauer von $T - t_0$, (2.1), und zum *Diskontieren* von S_T auf den Zeitpunkt t_0, (2.2):

$$S_T = Ae^{r(T-t_0)} \tag{2.1}$$

$$A = S_T e^{-r(T-t_0)} \tag{2.2}$$

Wir nehmen bislang an, dass r ein für alle Laufzeiten gleicher Nominalzins ist, also z. B. ein einmonatiger Kredit genauso hohe Zinsen zahlt wie ein fünf-jähriger. Häufig ist die am Markt beobachtbare Zinskurve, z. B. der LIBOR (engl. *London Interbank Offered Rate*), allerdings monoton steigend (siehe Abb. 2.1). Für längere Laufzeiten bekommt, bzw. zahlt man mehr Zinsen, was typischerweise mit einer höheren Nachfrage nach langfristiger

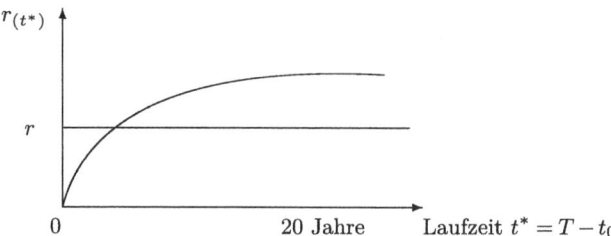

Abb. 2.1 Konstanter Zins und steigende Zinskurve (Skizze)

Finanzierungssicherheit begründet wird. Wir wollen aber einen konstanten Zins annehmen, d. h. $r_{(T-t_0)} = r$ für alle t_0, T, solange nicht anders angegeben.

2.1.1 Kredit

Eine Auszahlung von eins im Zeitpunkt T kann als Rückzahlung eines endfälligen Kredits oder einer Anleihe (engl. *bond*) interpretiert werden. Wird der Kredit in t_0 abgeschlossen bzw. dann die Anleihe gekauft, ist wegen (2.2) der Wert der Rückzahlung aus Sicht eines Zeitpunkts $t \in [t_0, T]$

$$B(t, T) := e^{-r(T-t)}, \qquad (2.3)$$

mit r als konstantem und nicht-stochastischem Zins (siehe Schönbucher 2003, Abschn. 3.1.3). Bei Krediten wird üblicherweise am Anfang der Laufzeit ein Nominal (engl. *notional*) A ausgegeben und, im einfachsten Fall, mit Zinsen in T zurückgezahlt. Diese Kreditstruktur nennt man „endfällig" (engl. *bullet*). Bei Anleihen wird üblicherweise ein Nominal bei Laufzeitende ausgezahlt. Natürlich kann (2.3) mittels Dreisatz auf beliebige Nominalwerte der jeweiligen Nominalbezeichnung umgerechnet werden.

Besteht für den Gläubiger (engl. *lender*) das Risiko eines Ausfalls des Schuldners (engl. *borrower*), z. B. durch Insolvenz, ist der Wert natürlich geringer und wird in Abschn. 4.2.1 mit stochastischen Methoden hergeleitet. Bleiben wir hier bei der Risikofreiheit. Das Modell für ein umfangreicheres Kreditgeschäft ist eine Folge von Zins- und Tilgungszahlungen a_{t_i} zu den (zukünftigen) Zeitpunkten $t_0 < t_1 < \ldots t_n = T$ mit Beginn des Geschäfts in t_0, manchmal der Einfachheit halber null, und Geschäftsende T. Die mehrfachen Zahlungen werden in Abb. 2.2 dargestellt. Die Auszahlung im Zeitpunkt t_0 ist immer die einzige gegenwärtige oder bereits vergangene, also im Sinne des Kreditrisikos „sichere" Zahlung, weswegen wir den Kredit auf die Zahlungen ab t_1 reduzieren wollen. (Vereinfachend nehmen wir an, dass der Kredit, nach der Auszahlung in t_0, nur positive, also Rückzahlungen, aufweist). Zur Bewertung mehrerer Rückzahlungen am Tag des Laufzeitbeginns müssen lediglich die Barwerte aller Zahlungen summiert werden.

2.1 Grundbegriffe und Beispiele

Abb. 2.2 Zahlungsströme eines Kredits nach Vertragsbeginn

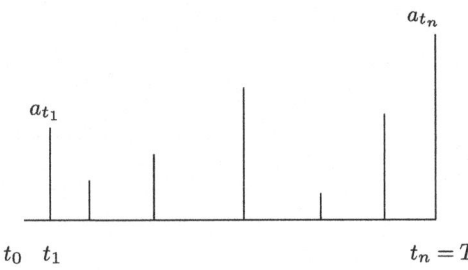

Definition 2.1 Bezeichne mit $df_{t_i} := e^{-r_{(t_i-t_0)}(t_i-t_0)}$ den Diskontfaktor einer Zahlung zum Zeitpunkt t_i bezüglich t_0.[1] Dann ist der Barwert, $PV(\mathbf{a})$, einer Zahlungsfolge $\mathbf{a}$ mit Zahlungen a_{t_i} zu den Zeitpunkten t_i, $i = 1, \ldots, n$, aus Sicht des Zeitpunkts t_0 die Summe der Barwerte der Einzelzahlungen:

$$PV[(a_{t_i})_{i=1,\ldots,n}] := \sum_{i=1}^{n} df_{t_i} a_{t_i}$$

2.1.2 Waren- und Aktientermingeschäft

Bezeichne S_t den Preis für die Einheit (E) eines Gutes, z. B. für Gold oder eine Aktie, zum Zeitpunkt t. Angenommen, wir befinden uns gegenwärtig im Zeitpunkt t_0, brauchen in einem Jahr – $T - t_0 = 1$ – eine Einheit Gold und wollen jetzt schon den Preis wissen. Wie können wir uns in t_0 des Preises für den Zeitpunkt T versichern, wenn wir niemanden haben, der uns Gold auf Termin (engl. *forward*) verkauft? Eine einfache Strategie wäre, das Gold jetzt schon – für S_{t_0} – zu kaufen und bis T zu behalten (engl. *cash and carry*). Dann entspricht das einem zukünftigen (Termin-)Preis von

$$S_{t_0} e^{r(T-t_0)}, \qquad (2.4)$$

denn wir müssten S_{t_0} jetzt zum Zins von r für $T - t_0$ leihen. Und der Rückzahlungsbetrag (2.4) wäre als Preis zu interpretieren. Stellen wir uns nun realistischer vor eine Bank zu sein, die ihrem Kunden auf Anfrage als Preis (2.4) genannt hat und das Warentermingeschäft – wie in Abb. 2.3 angedeutet – *repliziert* (engl. *hedge*):

- in t_0: Betrag S_{t_0} leihen, 1 E Gold kaufen,
- in T: 1 E Gold ausliefern, $S_{t_0} e^{r(T-t_0)}$ bekommen und an Geldverleiher zahlen.

---

[1] Die Notation folgt Biermann (1999, S. 131, 143).

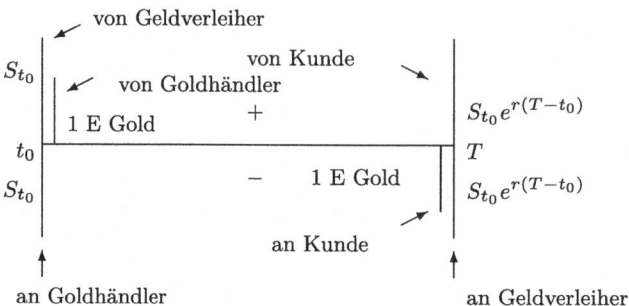

Abb. 2.3 Replikationsstrategie für ein Goldtermingeschäft

Der einzige Unterschied zum *Aktientermingeschäft* ist, dass das referenzierte Produkt (engl. *underlying*) nun eine Aktie ist. Bemerke, dass wir bis auf die kurzen Augenblicke in t_0 und T kein Geld haben. Wir haben ggf. das Risiko, dass das Gold gestohlen wird, aber Versicherungskosten (engl. *cost of carry*) wollen wir hier vernachlässigen. Eine weitere praktische Frage für Termingeschäfte auf verderbliche Ware wären Lagerungskosten. Ein Risiko ist allerdings vorstellbar, nämlich dass der Kunde das Gold in T nicht bezahlen kann und *gleichzeitig* $S_T < S_{t_0} e^{r(T-t_0)}$ ist. Wir könnten dem Kreditrisiko abhelfen, indem wir das Gold eben noch nicht kaufen. Strategie: Wir sagen dem Kunden den Terminverkauf von 1 E Gold zum Preis von $S_{t_0} e^{r(T-t_0)}$ in T zu, kaufen das Gold aber nicht in t_0, sondern erst in T. Die Strategie nennt man *Spekulation,* denn Folgendes kann passieren:

1. Ist $S_T = S_{t_0} e^{r(T-t_0)}$, so haben wir die Situation wie nach der Replikation.
2. Ist $S_T > S_{t_0} e^{r(T-t_0)}$, so machen wir einen Verlust, denn wir müssen Gold teurer einkaufen, als wir es verkaufen.
3. Ist $S_T < S_{t_0} e^{r(T-t_0)}$, so machen wir einen (Spekulations-)Gewinn.

Die Möglichkeit von Verlusten aufgrund von (Markt-)Preisschwankungen, nennt man *Marktpreisrisiko* (engl. *market risk* oder *downside potential*). Verallgemeinert heißt auch der Gewinn (engl. *upside potential*) so. Die im vergangenen Abschnitt vorgestellte Replikationsstrategie war frei von Marktpreisrisiko. Das Ziel in Kap. 3 wird es zum einen sein, mittels Replikationsstrategien Preise für komplexere Produkte zu ermitteln. Zum anderen sollen für Produkte, für die Spekulation unvermeidbar erscheint, zumindest Risikoschranken entwickelt werden.

Gewinn ohne Marktpreisrisiko nennt man *Arbitrage.* Nehmen wir an, es gebe gegenwärtig eine Nachfrage nach Gold auf Termin T für $A > S_{t_0} e^{r(T-t_0)}$. Betrachte folgende Strategie:

- in t_0: Wir schließen einen Terminvertrag über 1 E Gold ab, leihen S_{t_0} zum Zins r und kaufen 1 E Gold für S_{t_0}.

- in T: Wir verkaufen das Gold zum Preis A und geben es an den Terminkäufer. Dem Kreditgeber zahlen wir $S_{t_0} e^{r(T-t_0)}$ zurück.

Der Gewinn von $A - S_{t_0} e^{r(T-t_0)} > 0$ ist also ohne (Marktpreis-)Risiko. Nehmen wir andererseits an, es gebe gegenwärtig ein Angebot an Gold auf Termin T für $A < S_{t_0} e^{r(T-t_0)}$. Betrachte nun folgende Strategie:

- in t_0: Wir schließen einen Terminvertrag über 1 E Gold ab, verkaufen 1 E Gold (leer) (engl. *short selling*) (siehe Hull 2015, Abschn. 5.2). Die erhaltenen S_{t_0} legen wir an.
- in T: Wir nehmen $S_{t_0} e^{r(T-t_0)}$ aus der Geldanlage ein und kaufen die Einheit Gold zum Preis von A. Das Gold geben wir dem Leerkäufer zurück.

Der Gewinn $S_{t_0} e^{r(T-t_0)} - A > 0$ ist wieder ohne (Marktpreis-)Risiko. Auf einem Markt sollte es Arbitragemöglichkeiten nur so lange geben, wie sie unerkannt sind. Dann nämlich sollte die Nachfrage nach dem Goldtermingeschäft mit Preis A steigen, folglich würde der Verkäufer den Preis so lange anheben, bis sich die Nachfrage bei $S_{t_0} e^{r(T-t_0)}$ sättigt. Man kann also auch sagen, dass der Markt die Annahme der *Arbitragefreiheit* gewährleistet. Ansonsten gebe es die Möglichkeit eines unendlichen Gewinns. Wir wollen durchgängig annehmen, dass es keine Arbitragemöglichkeit gibt, und werden das in Definition 3.1 formalisieren.

2.2 Devisen- und Zinstermingeschäft

Bei der Strategie „cash and carry" für ein Warentermingeschäft fielen für die *Aufnahme* eines Kredits Zinskosten an. Verfahren wir genauso beim Devisentermingeschäft (engl. *fx forward*), können wir nun zusätzlich die im Zeitpunkt t_0 gekaufte Fremdwährung *anlegen*. Bezeichne mit r_d den (konstanten) Zins in der Bewertungswährung (engl. *domestic rate*) und mit r_e den (konstanten) Zins in der Fremdwährung (engl. *foreign [exchange] rate*). Bezeichne S_t den Wechselkurs, bzw. genauer den Preis für eine Einheit Fremdwährung (gemessen in der Bewertungswährung). Wollen wir also A Einheiten Fremdwährung im Zeitpunkt T zu einem in t_0 verabredeten Preis verkaufen, d. h. zum Terminkurs wechseln, so lautet die Replikationsstrategie:

- in t_0: Wir leihen $S_{t_0} A e^{-r_e(T-t_0)}$ Einheiten Hauswährung, kaufen $A e^{-r_e(T-t_0)}$ Einheiten Fremdwährung und legen diese an.
- in T: Wir werden $S_{t_0} A e^{(r_d-r_e)(T-t_0)}$ an den Geldverleiher zahlen müssen. Wir werden aber auch A Einheiten Fremdwährung aus der Fremdwährungsanlage bekommen. Geben wir in t_0 dafür den Wechselkurs als

$$S_{t_0} e^{(r_d-r_e)(T-t_0)}$$

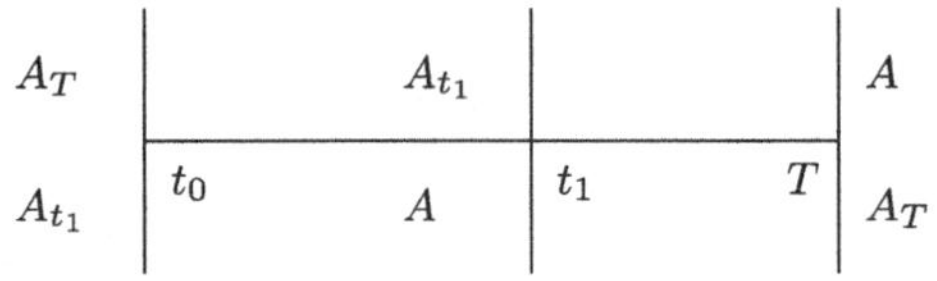

Abb. 2.4 Replikation des Zinstermingeschäfts (Skizze ohne Zinsen)

	A_T		A_{t_1}		A
A_{t_1}	t_0	A	t_1		T	A_T

an, so ist der Saldo aus Einnahmen und Ausgaben für beide Währungen in t_0 null, desselben in T.

Ein wichtiges Basisprodukt der Finanzmärkte ist das Zinstermingeschäft (engl.: *forward rate agreement [FRA]*). Bezeichnen wir – bis zum Ende dieses Abschnitts und im kommenden Abschn. 2.3 – den Zins für einen Kredit, abgeschlossen in t_0 und mit Laufzeit $T - t_0$, als $r_{(T-t_0)}$ (siehe Abb. 2.1).[2]

Gehen wir wieder von der Sicht einer Bank aus, von der ein Kunde in t_0 wissen möchte, welchen Zins $r^f_{(T-t_1)}$ wir für einen im Zeitpunkt $t_1 > t_0$ beginnenden Kredit mit Nominal A – bei einer Laufzeit $T - t_1$ – verlangen.[3] Ähnlich wie beim Devisentermingeschäft, bei dem wir weniger als die zu wechselnden A Einheiten in t_0 kaufen mussten, leihen wir uns nun in t_0 weniger als A, nämlich genau A_T, für eine Laufzeit von $T - t_0$ und verleihen es für die Vorlaufzeit (engl.: *tenor*) von t_0 bis t_1. Die Replikationsstrategie ist in Abb. 2.4 dargestellt und enthält drei Kredite mit den Nominalwerten A_T, A_{t_1} und A. Die Salden der Zahlungsströme sehen also mit Zinsen wie folgt aus:

- in t_0 : $A_T - A_{t_1}$
- in t_1 : $-A$
  $+A_{t_1} e^{r_{(t_1-t_0)}(t_1-t_0)}$
- in T $+Ae^{r^f_{(T-t_1)}(T-t_1)}$
  $-A_T e^{r_{(T-t_0)}(T-t_0)}$

Für einen Replikation müssen die Salden null sein, also gelte $A_{t_1} = A_T$ sowie:

$$-A + A_T e^{r_{(t_1-t_0)}(t_1-t_0)} = 0$$
$$Ae^{r^f_{(T-t_1)}(T-t_1)} - A_T e^{r_{(T-t_0)}(T-t_0)} = 0$$

Also muss $A_T = Ae^{-r_{(t_1-t_0)}(t_1-t_0)}$ sein und

$$Ae^{r^f_{(T-t_1)}(T-t_1)} - Ae^{r_{(T-t_0)}(T-t_0)-r_{(t_1-t_0)}(t_1-t_0)} = 0.$$

---

[2] Das Subskript $(T - t_0)$ für die Laufzeit des Kredits muss später noch ergänzt werden, weil nicht zu erwarten ist, dass die Zinskurve in der (kalendarischen) Zeit konstant bleibt. Wir werden später für die Zinskurve in t_v notieren $r_{(T-t_0),t_v}$.

[3] In der Notation von r^f ist die Zeit des Vertragsabschlusses t_0 unterdrückt. Wir werden das später ergänzen, wenn es andernfalls mehrdeutig wird.

2.2 Devisen- und Zinstermingeschäft

Es ergibt sich ein Terminzins von:

$$r^f_{(T-t_1)} = \frac{r_{(T-t_0)}(T - t_0) - r_{(t_1-t_0)}(t_1 - t_0)}{T - t_1} \tag{2.5}$$

Der Terminzins ist ein gewichtetes Mittel aus den (langfristigen) Zinsen der Gesamtlaufzeit und den (kurzfristigen) Zinsen der Vorlaufzeit, denn mit $w_1 := (T - t_0)/(T - t_1)$ und $w_2 := (t_0 - t_1)/(T - t_1)$ ist $w_1 + w_2 = 1$ sowie

$$r^f_{(T-t_1)} = w_1 r_{(T-t_0)} + w_2 r_{(t_1-t_0)}.$$

Das macht klar, warum Zinstermingeschäfte bei konstantem Zins keinen Sinn ergeben.

Bislang ist unsere Replikationsstrategie die eines Kredits auf Termin (engl. *forward starting bond/loan*). Das Zinstermingeschäfte kann aber „wirklich" ausgeführt (engl. *physical settlement*) oder bar beglichen werden (engl. *cash settlement*). Wenn also im Zeitpunkt t_1 der dann aktuelle Zins auf dem Markt $r^s_{(T-t_1)}$ (engl. *spot rate*) kleiner ist als (2.5), zahlt der Kunde der Bank den Marktwert (engl. *fair price*) des FRA in t_1, nämlich die Differenz der Barwerte für den Rückzahlungsbetrag des Terminkredits und dem eines aktuellen Kredits:

$$A e^{r^f_{(T-t_1)}(T-t_1)} e^{-r^s_{(T-t_1)}(T-t_1)} - A = A \left(e^{\left(r^f_{(T-t_1)} - r^s_{(T-t_1)}\right)(T-t_1)} - 1 \right) \tag{2.6}$$

Beispiel 13 *Zur Berechnung des Zinses eines Termingeschäfts mit einjähriger Vorlaufzeit und einjähriger Laufzeit, also mit zweijähriger Gesamtlaufzeit, sei die aktuelle Zinskurve gegeben durch die Funktion* $r_{(t)} = 0{,}01 + 0{,}02 t$, *wobei t die Kreditlaufzeit gemessen in Jahren darstelle. Für die Formel* (2.5) *sind die relevanten Einflussgrößen der einjährige Zins von 3 % und der zweijährige Zins, von 5 %. Eingesetzt ergibt sich ein Terminzins von 7 %. Anschaulich gesprochen, muss der Terminverkäufer die Differenz zwischen den 5 %, die er in der Replikation zwei Jahre lang zahlt, und den 3 %, die er im ersten Jahr bekommt, kompensieren.*

Wer zahlt nun nach einem Jahr wie viel, wenn in dann die Zinskurve um 20 Basispunkte, d. h. um 0,002, gesunken ist?

Nun beträgt der einjährige Zins 2,8 %. Der Käufer zahlt dem Verkäufer laut (2.6) *den Marktwert von 4,2894 %. Der Unterschied zum anschaulichen Wert von 7 % − 2,8 % = 4,2 % ist der stetigen Verzinsung zuzuschreiben. Man mache sich klar, dass selbst bei steigender Zinskurve der Käufer dann* nicht *zahlt, wenn die ganze Zinskurve im Niveau entsprechend gestiegen ist. Und auch die Form kann sich ändern, so war die Zinskurve in Japan 2004 und der Schweiz 2005 sogar eine in der Kreditlaufzeit fallende Funktion.*

Bisher haben wir den Barwert einer zukünftigen Zahlung in Abhängigkeit vom nominalen Zins, in (2.2), dargestellt. Schönbucher (2003) stellt ihn in Formel (3.1) mit einem Integral dar.

Definition 2.2 Wir nennen $r_u^f := \lim_{du \to 0} r_{([u+du]-u)}^f$ einen *instantanen* Terminzins.

Satz 2.1 *Ein Zahlung der Höhe eins in $T > t$ hat im Zeitpunkt t den Wert*

$$e^{-\int_t^T r_u^f \, du}.$$

Beweis (konstruktive Variante) Wir replizieren die Zahlung von eins in T – an uns – mittels einer Zerlegung (engl. *strip*) in Termingeschäfte. Sei $\{t = t_0 < t_1 < \ldots < t_{n-1} < t_n = T\}$ die äquidistante Partition. Die Zahlung in T kann mit einem (vergebenen) Kredit der Laufzeit $\Delta t = t_1 - t$ und $n - 1$ (vergebenen) Terminkrediten mit Laufzeiten Δt – also Zinstermingeschäften – repliziert werden. Zur Veranschaulichung betrachte Abb. 2.5. Auch ist es hilfreich, sich das Verfahren zunächst für $n = 2$, also wieder Abb. 2.4 nur ohne A_T-Zahlungen, vor Augen zu führen. Der $n-1$-ste Terminkredit soll, nach der n-ten Periode, eins auszahlen. Nach der $n-1$-sten soll der Betrag B_{n-1} ausgezahlt werden, der zur Auszahlung von eins nach der n-ten führt, d. h.

$$B_{n-1} e^{r_{(t_n-t_{n-1})}^f \Delta t} = 1.$$

Induktiv soll dann der erste Terminkredit nach der zweiten Periode den Betrag B_2 auszahlen. Der Auszahlungsbetrag des initialen Kredits, B_1, unterliegt dem aktuellen Zins $r_{(t_1-t)}$. Der zu verleihende Betrag A ergibt sich also aus dem Barwert oder äquivalent aus:

$$0 = -A + B_1 e^{-r_{(t_1-t)} \Delta t}$$

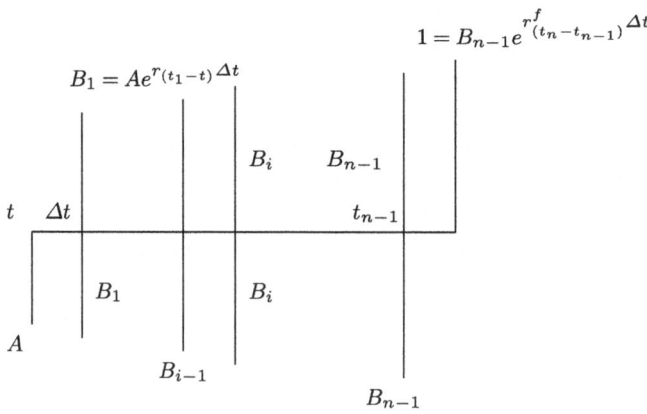

Abb. 2.5 Zahlungsstromdiagramm

2.2 Devisen- und Zinstermingeschäft

Für die Termingeschäfte gilt wegen der Marktkonformität, dass „faire" Geschäfte Marktwerte null haben. Damit gilt für die Terminzinsen

$$0 = -B_1 + B_2 e^{-r^f_{(t_2-t_1)}\Delta t}$$

$$0 = -B_2 + B_3 e^{-r^f_{(t_3-t_2)}\Delta t}$$

$$\ldots$$

$$0 = -B_{n-1} + 1 \cdot e^{-r^f_{(t_n-t_{n-1})}\Delta t},$$

wobei beim Terminzins $r^f_{(t_{i+1}-t_i)}$ für das Intervall $[t_i, t_{i+1}]$, $i = 1, \ldots, n-1$, wieder auf die Indizierung des Zeitpunkts bei Vertragsabschluss, $t = t_0$, verzichtet wird. Nun gilt durch sukzessives Einsetzen von unten, dass

$$A = \prod_{i=0}^{n-1} e^{-r^f_{(t_{i+1}-t_i)}\Delta t} = e^{-\sum_{i=0}^{n-1} r^f_{(t_{i+1}-t_i)}\Delta t},$$

wobei $r^f_{(t_1-t_0)} = r_{(t_1-t)}$ den aktuellen Zins darstellt. Der Exponent ist – grob – eine Riemann-Summe und mit $n \to \infty$:

$$\sum_{i=0}^{n-1} r^f_{(t_{i+1}-t_i)}\Delta t \stackrel{\Delta t \to 0}{\longrightarrow} \int_t^T r^f_u \, du,$$

$\square$

Beweis (analytische Variante) Wegen (2.2) ist in t der Wert einer Zahlung von eins in $T > t$, d. h. die Replikation mit einem Kredit, $e^{-r_{(T-t)}(T-t)}$. Definiere $f(u) := r_{(u-t)}(u-t)$ und nehme Differenzierbarkeit in u an. Dann gilt mit (2.5):

$$\int_t^T r^f_u \, du = \int_t^T \lim_{\varepsilon \to 0} r^f_{((u+\varepsilon)-u)} \, du$$

$$= \int_t^T \lim_{\varepsilon \to 0} \frac{r_{(u+\varepsilon-t)}(u+\varepsilon-t) - r_{(u-t)}(u-t)}{u+\varepsilon-u} \, du$$

$$= \int_t^T \lim_{\varepsilon \to 0} \frac{f(u+\varepsilon) - f(u)}{\varepsilon} \, du$$

$$= \int_t^T \frac{d}{du} f(u) \, du = f(T) - f(t) = r_{(T-t)}(T-t) - 0$$

$\square$

Man kann sich übrigens leicht davon überzeugen, dass wegen der Arbitragefreiheit auch die Replikation mit *zwei* Geschäften – z. B. einem Terminkredit und einem initialen Kredit – zum selben Wert führt.

Bezeichne wieder – in Abgrenzung zum Terminzins – $r^s_{(T-t)}$ den Zinssatz für eine Anleihe der Laufzeit $T - t$, die im gegenwärtigen Zeitpunkt t abgeschlossen wird. Mit $r^f_{(T-t_1)}$ wurde in (2.5) der Zins für ein Zinstermingeschäft mit Laufzeit t_1 bis T und Abschluss im gegenwärtigen t_0 bezeichnet. Wir wollen diese Bezeichnung in $t > t_0$ für ein in t abgeschlossenes Zinstermingeschäft verwenden.

Lemma 2.2 *Ein Zinstermingeschäft mit Nominal A und abgesprochenem Terminzins K hat zwischen Abschluss t_0 und Kreditbeginn t_1, d. h. für $t_0 \leq t \leq t_1$, den Wert*

$$f_t(K) = \left(e^{K(T-t_1)} - e^{r^f_{(T-t_1)}(T-t_1)}\right) A e^{-r^s_{(T-t)}(T-t)}.$$

Beweis (analytische Variante) Aus Sicht von t haben eine Auszahlung von A, in t_1, und eine Einzahlung von $Ae^{K(T-t_1)}$, in T, gemeinsam den Wert:

$$\begin{aligned}
f_t(K) &= -Ae^{-r^s_{(t_1-t)}(t_1-t)} + Ae^{K(T-t_1)} e^{-r^s_{(T-t)}(T-t)} \\
&= \left(-e^{-r^s_{(t_1-t)}(t_1-t)} e^{r^s_{(T-t)}(T-t)} + e^{K(T-t_1)}\right) A e^{-r^s_{(T-t)}(T-t)} \\
&= \left(e^{K(T-t_1)} - e^{-r^s_{(t_1-t)}(t_1-t)+r^s_{(T-t)}(T-t)}\right) A e^{-r^s_{(T-t)}(T-t)} \\
&= \left(e^{K(T-t_1)} - e^{r^f_{(T-t_1)}(T-t_1)}\right) A e^{-r^s_{(T-t)}(T-t)}.
\end{aligned}$$

Setze zur letzten Gleichheit t für t_0 in (2.5) ein. □

Anstatt das Geschäft in zwei Zahlungen *auseinander* zu nehmen und Definition 2.1 zu nutzen, können wir auch – ähnlich wie beim Goldtermingeschäft in Abschn. 2.1.2 – ein Geschäft mit mehreren Zahlungen *hinzufügen*.

Lemma 2.3 *Für zwei zeitkongruente Zahlungsfolgen* **a** *und* **b** *gilt die Additivität des Barwerts.*

Beweis Wegen Definition 2.1 ist

$$\begin{aligned}
PV[(a_{t_i} + b_{t_i})_{i=1,\ldots,n}] &= \sum_{i=1}^{n} df_{t_i}(a_{t_i} + b_{t_i}) = \sum_{i=1}^{n} df_{t_i} a_{t_i} + \sum_{i=1}^{n} df_{t_i} b_{t_i} \\
&= PV[(a_{t_i})_{i=1,\ldots,n}] + PV[(b_{t_i})_{i=1,\ldots,n}].
\end{aligned}$$

□

2.2 Devisen- und Zinstermingeschäft

Insbesondere haben die beiden Zahlungen eines in t abgeschlossenen Zinstermingeschäfts mit Vorlaufzeit bis t_1 und Laufzeit bis T gemeinsam den Barwert null.

Beweis (konstruktive Variante) Ein *gekauftes* Zinstermingeschäft mit Nominal A, abgeschlossen in t mit Laufzeit von t_1 bis T, wird in t_1 die (Ein-)Zahlung A haben, sodass der Zahlungssaldo mit dem *verkauften* Zinstermingeschäft in t_1 null sein wird. Es wird in T die Zahlung

$$-Ae^{r^f_{(T-t_1)}(T-t_1)}$$

haben, sodass der Zahlungssaldo in T mit dem in t_0 zum Zins K verkauften Zinstermingeschäft – auf t diskontiert – beträgt:

$$A\left(e^{K(T-t_1)} - e^{r^f_{(T-t_1)}(T-t_1)}\right)e^{-r^s_{(T-t)}(T-t)}$$

$\square$

Beispiel 13 (1. Fortsetzung) *SAS®-Code zur Bewertung des Zinstermingeschäfts (engl. FRA pricing engine) nach einem halben Jahr bei unveränderter Zinskurve (als Prozentsatz von A):*

```
proc iml;
t_0=0; print "Das Geschaeft wurde abgeschlossen in t_0=";
print t_0;
t_1=1; print "Der Kredit wird beginnen in t_1=";
print t_1;
T=2; print "Der Kredit wird faellig in T=";
print T;
kt=0.5; print "Der gegenwaertige Zeitpunkt ist t=";
print kt;
K=0.07; print "Der vereinbarte Terminzins war K=";
print K;

start r_s_t(t, r_spot); r_spot=0.01 + 0.02*t; finish;
run r_s_t(1.5, r_s_T_kt);
run r_s_t(0.5, r_s_t_1_kt);
r_f_T_t_1=(r_s_T_kt*(T-kt) - r_s_t_1_kt*(t_1-kt))/
(T-t_1);
f_kt_K=(exp(K*(T-t_1))
- exp(r_f_T_t_1*(T-t_1)))*exp((-1)*r_s_T_kt*(T-kt));

print "Das Termingeschaeft hat in t den Wert:";
print f_kt_K;
quit;
```

Ausgabe (gekürzt):

```
Das Geschaeft wurde abgeschlossen in t_0=   0
Der Kredit wird beginnen in t_1= 1
Der Kredit wird faellig in T= 2
Der gegenwaertige Zeitpunkt ist t= 0.5
Der vereinbarte Terminzins war K= 0.07
Das Termingeschaeft hat in t den Wert: 0.0200003
```

Das Termingeschäft ist also nach einem halben Jahr ca. 2 % vom Nominalwert.

2.3 Swap

Der Begriff „Swap" bezeichnet eine große Produktklasse (siehe z. B. Miron und Swannell 1991; ISDA 2002; Hull 2015), deren Preise auch Gegenstand der empirischen Wirtschaftsforschung sind (siehe z. B. Durré 2006). Wir beschränken uns auf den Zinsswap, der – wie beim Zinstermingeschäft – gegenstandslos ist, wenn die Zinskurve $r^s_{(T-t_0)}$ als konstant angenommen wird.

Ein Zinsswap (engl. *[single currency] interest rate swap*) ist die Vereinbarung zweier Partner (auch „Kontrahent" genannt), an n aufeinanderfolgenden Terminen t_i Zinszahlungen bezüglich eines Nominals A auszutauschen (siehe Abb. 2.6). Wir nehmen konstante Zeiträume zwischen den Zahlungsterminen an, also $t_i - t_{i-1} = c$ für alle $i = 2, \ldots, n$. Aus Sicht eines Kontrahenten bezeichne Aa_i eine Einzahlung und Ab_i eine (negative) Auszahlung in t_i. Aus Sicht des Kontrahenten fließen zu den Zeitpunkten t_i ($i = 1, \ldots, n$) die saldierten Ein- und Auszahlungen $A(a_i + b_i)_{i=1,\ldots,n}$. Eine Seite (engl. *swap leg*) ist der variable Zins (engl. *floating leg*), dies sei ohne Beschränkung die b-Seite. Genauer ist b_i der im Zeitpunkt t_{i-1} marktübliche, und ab dann bekannte, Zins für einen Kredit mit Laufzeit bis t_i (siehe Abschn. 2.1.1). Zum Beispiel beim 3-Monats-LIBOR wird der Wert b_i in t_{i-1} aus den Angeboten von großen Londoner Banken für einen Kredit der Laufzeit c unabhängig ermittelt und veröffentlicht (engl. *fixing*). Der Zins der zweiten Seite ändert sich im Laufe der Zeit nicht, $a(t_i) = r_{fix}$ für alle $i = 1, \ldots, n$. Die Seite ist fest.

Abb. 2.6 Zahlungsströme des Zinsswaps (Skizze)

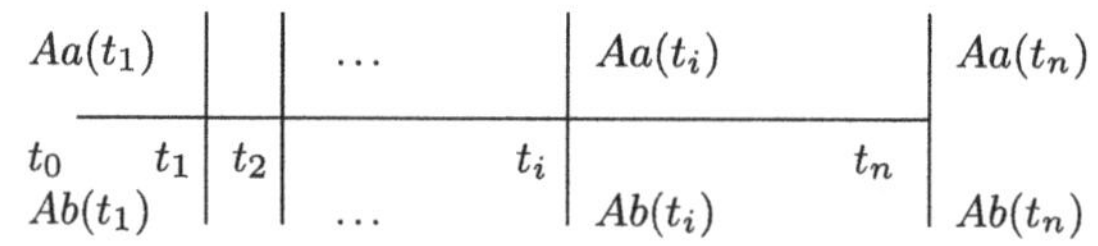

	$Aa(t_1)$		$\ldots$		$Aa(t_i)$		$Aa(t_n)$
t_0	t_1	t_2		t_i		t_n	
	$Ab(t_1)$		$\ldots$		$Ab(t_i)$		$Ab(t_n)$

2.3 Swap

Es sei hier einmal ein Beispiel für den Nutzen eines Swaps konstruiert. Angenommen, eine Firma habe feste Ausgaben (z. B. Löhne) und variable Einnahmen (z. B. aufgrund schwankender Marktpreise des Produkts). Wir wollen annehmen, dass die Einnahmen hoch mit dem variablen Zinssatz korrelieren. Die Firma möchte den Unterschied zwischen Ausgaben und Einnahmen (engl. *mismatch*) möglichst gering halten, z. B. um die Liquidität zu sichern. Dazu gehe es nun einen Swap mit einem Kontrahenten, üblicherweise einer Bank, ein, der an die Firma den festen Zins auszahlt und in dem die Firma den variablen Zinssatz zahlt. Über die Höhe des Nominals kann dann die Höhe des Zahlungsniveaus determiniert werden. Die Firma leitet dann die variablen Einnahmen an die Bank weiter (mal weniger als die Ausgaben, mal mehr) und bekommt von der Bank den festen Betrag, den es dann in Form von Löhnen weitergeben kann. Natürlich müssen zwischen den Swapkontrahenten nur die Salden, $A(b_i + r_{fix})$, fließen (siehe Abb. 2.7). In Erweiterung zum Terminzins (2.5) für *eine* Rückzahlung beim Zinstermingeschäft wollen wir nun den Swapzins r_{fix} berechnen (engl. *pricing*). Im Zeitpunkt t_0 hat das Geschäft einem Marktwert von null, sodass die Nullstelle des in Abhängigkeit von r_{fix} bewerteten Swaps den gewünschten Zins darstellt (siehe Shreve 2005, Formel 6.3.5). Zunächst mache man sich klar, dass Definition 2.1 und Lemma 2.3 nicht nur für deterministische, sondern auch für zufällige Zahlungsfolgen, wie der variablen Seite (bis auf b_1), gelten.

Satz 2.2 *Es ist* $r_{fix} = (1 - df_{t_n})/(\sum_{i=1}^{n} df_{t_i})$ *mit den Bezeichnungen aus Definition 2.1.*

Beweis (Methode der fiktiven Nominale) Nach Einfügen von Nominalen (engl. *included notionals*) stellt Abb. 2.8a den Swap als Summe zweier Kredite aus Abschn. 2.1.1 mit endfälligen Tilgungen, aber periodischen Zinszahlungen dar. Abb. 2.8b, c stellt die Zerlegung der saldierten Zahlungen $s_i := A(r_{fix} + b_i)$ für $i = 1, \ldots, n$ (und null für $i = 0$) in $s_i = s_i^{var} + s_i^{fix}$ dar mit

$$s_i^{fix} := \begin{cases} -A & i = 0 \\ Ar_{fix} & i = 1, \ldots, n-1 \\ A + Ar_{fix} & i = n \end{cases} \quad \text{und } s_i^{var} := \begin{cases} A & i = 0 \\ Ab_i & i = 1, \ldots, n-1 \\ -A + Ab_n & i = n \end{cases}.$$

Zur Bewertung der Folgen aus den ersten Summanden s_i^{var} betrachte folgende Strategie:

Abb. 2.7 Zahlungsströme bei der Absicherung mit einem Swap

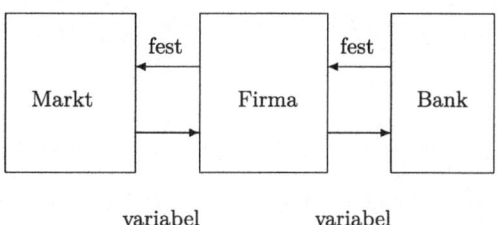

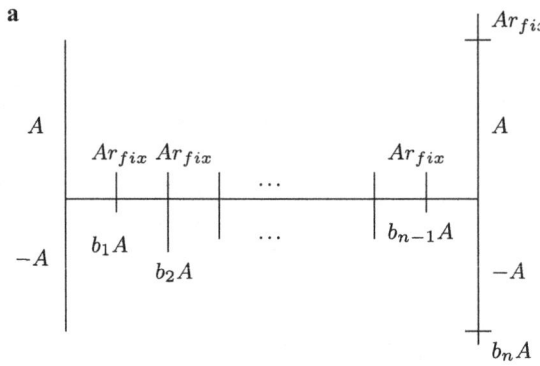

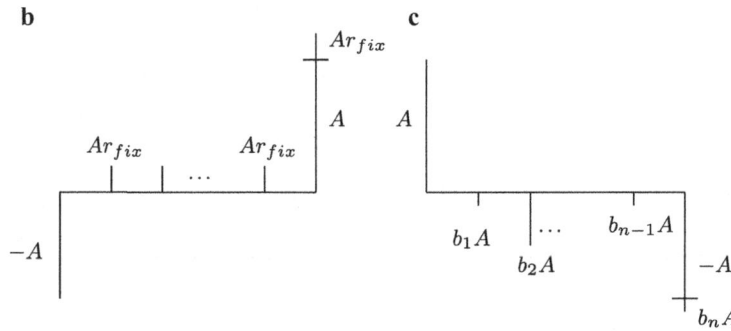

Abb. 2.8 Zahlungsströme des gewöhnlichen Zinsswaps (**a**), sein fixes Bein s^{fix} (**b**) und sein variables Bein s^{var} (**c**)

- in t_0: Man leihe A und lege es bis t_1 – aufgrund der Definition – zum Zins $|b_1|$ an.
- in t_1: Man bekommt $A + A|b_1|$ zurück, von denen man $A|b_1|$ auszahlt und A zum Zins von $|b_2|$ bis t_2 anlegt (usw.).
- in t_n: Man bekommt $A + A|b_n|$ und zahlt es aus.

Die Replikation hat weder Kosten noch Erträge, und somit ist $PV(\mathbf{s}^{var}) = 0$. Alle Zahlungen in $PV(\mathbf{s}^{fix})$ sind in t_0 festgelegt und können diskontiert summiert werden:

$$PV(\mathbf{s}^{fix}) = -A + A\sum_{i=1}^{n} r_{fix} e^{-r^s_{(t_i-t_0)}(t_i-t_0)} + A e^{-r^s_{(t_n-t_0)}(t_n-t_0)}$$

$$= -A + Ar_{fix}\sum_{i=1}^{n} e^{-r^s_{(t_i-t_0)}(t_i-t_0)} + A e^{-r^s_{(t_n-t_0)}(t_n-t_0)}$$

Wegen Lemma 2.3 ist $PV(\mathbf{s}) = PV(\mathbf{s}^{fix})$ und null, wenn

2.3 Swap

$$r_{fix} = \frac{1 - e^{-r^s_{(t_n-t_0)}(t_n-t_0)}}{\sum_{i=1}^n e^{-r^s_{(t_i-t_0)}(t_i-t_0)}} = \frac{1 - df_{t_n}}{\sum_{i=1}^n df_{t_i}}.$$

□

Als rechnerisch einfacheren Ansatz können wir für b_i, $i \geq 2$ auch Vorhersagen $\tilde{b}_i$ einsetzen (engl. *implied forward rates*). Der Terminzins $r^f_{(t_i-t_{i-1})}$ aus (2.5) (in der Rolle von t_1 als t_{i-1} und T als t_i) sollte dem dann aktuellen Zinsen b_i nahekommen. Denn wenn in t_0 die Erwartung des zukünftigen Zinses, für den Zeitraum t_1 bis T, vom arbitragefreien Terminzins (2.5) abweicht, müsste ein Kauf- oder Verkaufsdruck entstehen. Dieser Nachfrage- oder Angebotsüberschuss beeinflusst dann den gehandelten Terminzins (und damit auch die Zinskurve in t_0) so lange, bis sich ein Gleichgewicht einstellt. Anwendung von Definition 2.1, also Abzinsen, ergibt:

$$PV(s) \approx A \sum_{i=1}^n r_{fix} e^{-r^s_{(t_i-t_0)}(t_i-t_0)} + A \sum_{i=1}^n -r^f_{(t_i-t_{i-1})} e^{-r^s_{(t_i-t_0)}(t_i-t_0)}$$

mit schon bekanntem $b_1 := -r^f_{(t_1-t_0)} = -r^s_{(t_1-t_0)}$ bei $r^s_{(0)} := 0$. Also ist $PV(s) \approx 0$, genau dann, wenn

$$r_{fix} = \frac{\sum_{i=1}^n r^f_{(t_i-t_{i-1})} df_{t_i}}{\sum_{i=1}^n df_{t_i}}.$$

Für Unterschiede der beiden Rechnungen kann es, neben dem unterschiedlichen Ansatz, auch noch den Grund geben, dass der stetige Zins bei der Methode der fiktiven Nominale nur beim Diskontieren der festen Zinszahlungen, nicht aber bei der Bewertung der variablen Seite verwendet wird.

Beispiel 14 *(siehe Miron und Swannell 1991, Beispiel 5.1) Eine Bank ist bereit für einen fünfjährigen Swap mit jährlicher Zahlung 9,5 % fest gegen LIBOR zu zahlen. Ein Kunde fordert, dass die Bank $r_K = 10\%$ fest zahlt, wofür er eine Prämie zu Beginn der Laufzeit zahlen will. Wie viel soll die Bank dem Kunden bei einem Nominal von 10.000.000 € als Prämie, P, berechnen?*
Da die Bank 9,5 % zu zahlen bereit ist, wollen wir annehmen, dass bei diesem Zins der Swap gegenwärtig Marktwert null hat. Einzig sind die Zahlungen an den Kunden in Höhe von 0,5 Prozentpunkten jährlich, über fünf Jahre zu diskontieren. Ohne weitere Angabe benötigen wir also den nominalen Zins eines fünfjährigen Kredits, und wir wollen annehmen, dass der Swap-Zins dem ähnelt. Denn sonst wäre Arbitrage möglich: Sei z. B. der Kreditzins geringer als der Swapzins, und betrachte folgendes Portfolio.

- in t_0: Wir gehen einen Swap ein, der uns den festen Zins zahlt (siehe Abb. 2.8a). Wir leihen uns das Nominal festverzinslich (siehe Abb. 2.8b – horizontal gespiegelt, aber mit absolut kürzeren Zinszahlungen) und verleihen das Nominal variabel verzinst (siehe Abb. 2.8c – horizontal gespiegelt). Alle Produkte laufen über dieselben fünf Jahre.
- in t_i, $i = 1, \ldots, n$: Der saldierte und risikofreie Zahlungsstrom sind (positive) Zahlungen an uns, in Höhe der (positiven) Differenz aus Swapzins und Kreditzins in jedem Jahr.

Anders argumentiert, kann ein Swap für seine Bewertung, wie im Beweis mit den fiktiven Nominalen zu Satz 2.2, auf einen fünfjährigen Kredit mit jährlicher Zinszahlung reduziert werden. Wir wollen hier auf den Zinseszins der Zinszahlungen vor Geschäftsende, also einen Vergleich jährlicher Zinszahlung mit endfälliger Tilgung, verzichten. Nun wollen wir noch eine weitere Approximation machen, nämlich Zahlungen unter fünf Jahren mit dem fünfjährigen Satz r zu diskontieren. Der Satz ist bei steigender Zinskurve allerdings kleiner als der korrekte, denn für $s < t$ ist $1/(1+r_t)^i < 1/(1+r_s)^i$, bzw. $\exp(-ir_t) < \exp(-ir_s)$. Die Prämie fällt zu gering aus:

$$P = 10^7 \sum_{i=1}^{T} \frac{r_K - r}{(1+r)^i}$$

$$= 10^7 (r_K - r) \left(\sum_{i=0}^{\infty} q^i - 1 - \sum_{i=T+1}^{\infty} q^i \right) \quad \text{mit } q := \frac{1}{1+r} < 1$$

$$= 10^7 (r_K - r) \left(\frac{1}{1-q} - 1 - \frac{q^{T+1}}{1-q} \right) = 10^7 (r_K - r) \frac{q - q^{T+1}}{1-q}$$

$$= 10^7 (r_K - r) \frac{(1+r)^T - 1}{r(1+r)^T} = 191.985{,}44\, \text{€},$$

bzw. bei stetiger Approximation

$$= 10^7 \sum_{i=1}^{5} 0{,}005 \cdot e^{-i \cdot 0{,}095} = 189.704{,}64\, \text{€}$$

Dass auf der einen Seite eines Swaps ein fixer Zins gezahlt wird, ist ein typisches Beispiel. Um die Vielfalt von Zinsderivaten anzudeuten, seien aber ein paar weitere Produkte erwähnt, deren Bewertung teilweise direkt möglich ist, teilweise aber auch erst mit den Überlegungen folgender Kapitel möglich wird. Beim *Basisswap* (engl. *basis swap*) werden unterschiedliche variable Zinssätze ausgetauscht, z. B. der Dreimonats- gegen den

Halbjahreszins. Hierbei erweist sich das Einsetzen vorhergesagter Zinsen wieder als einfacher Bewertungsansatz. Beim *Devisenswap* (engl. *cross-currency swap*) werden Zinsen in verschiedenen Währungen ausgetauscht, wobei allerdings das Nominal am Anfang und am Ende des Geschäfts den Besitzer wechselt (siehe Miron und Swannell 1991, Abschn. 5.6). Als Bewertungsidee, die – wie wir gesehen haben – typisch ist für komplexere Produkte, stellen wir uns das Produkt als Portfolio einfacherer Produkte vor und addieren die Marktwerte. Hierbei kann der Devisenswap in zwei einfache Zinsswaps, einen je Währung, einen Nominaltausch am Anfang und ein Währungstermingeschäft am Ende der Laufzeit zerlegt werden. Alternativ kann man diesen Swap auch in zwei Kredite zerlegen. Des Weiteren seien erwähnt das *Swaptermingeschäft* (engl. *forward [starting] swap*) und die *Swaption*, die eine Option, einen Swap zu einem zukünftigen Termin eingehen zu können, bezeichnet (siehe Miron und Swannell 1991, Abschn. 10.4). Beim *kündbaren Swap* (engl. *callable swap*) besitzt ein Kontrahent Kündigungsrecht, beim *Swap mit Marktwertausgleich* (engl. *break clause*) wird der Marktwert zu festgesetzten Terminen ausgeglichen, um das Kreditrisiko zu vermindern, und beim *Kreditswap* (engl. *Credit Default Swaps [CDS]*) fließen Prämien so lange, bis eine Referenzfirma insolvent wird, während dann das, um die Wiedereinbringungsquote reduzierte, Nominal ausgezahlt wird. Bei all diesen Produkten wird bei der Bewertung versucht, sie als Portfolio einfacherer Produkte darzustellen. So kann z. B. der zu t_1 kündbare Swap als Summe eines Swaps (mit Laufzeit bis T) und einer Swaption, mit Ausübungszeit t_1 und Laufzeit T, verstanden werden. Die Swaption wiederum kann mithilfe der Optionspreistheorie für Aktienoptionen, der wir uns in Abschn. 2.4 und insbesondere Abschn. 3.2 widmen wollen, approximiert werden. Der Preis eines CDS hängt zwangsläufig von der Ausfallwahrscheinlichkeit der Referenzfirma ab und erfordert somit die Betrachtung des Kreditrisikos, wie sie in Abschn. 4.2.2, vereinfacht, vorgestellt werden wird.

Von nun an wird wieder, bis auf ausgezeichnete Ausnahmen, zur Vereinfachung von einer konstanten und deterministischen Zinskurve ausgegangen.

2.4 Aktienoption

Bezeichne, wie in Abschn. 2.1.2, mit S_t den Kurs einer Aktie zum Zeitpunkt t. Eine Aktienoption ist die Vereinbarung zwischen zwei Partnern im gegenwärtigen Zeitpunkt t_0, zu einem zukünftigen Zeitpunkt T den Betrag

$$C_T = \max(S_T - K, 0) \tag{2.7}$$

oder $\max(K - S_T, 0)$ auszutauschen.[4] K nennt man *Kursgrenze* (engl. *strike [price]*). Genauer verspricht bei einer (europäischen) *Kaufoption* (engl. *[European] call option*) der

---

[4]In der Literatur wird mitunter die Notation $x^+ := \max(x, 0)$ verwendet.

Optionsverkäufer, im Zeitpunkt $T > t_0$ eine Aktie zum „Preis" von K an den Optionshalter zu verkaufen, falls der dann kaufen möchte. Selbstverständlich möchte der Halter in T nur kaufen, falls $S_T > K$ ist. Anderenfalls würde er die Aktie am Markt (bzw. bei Börsennotierung an der Börse) billiger kaufen. Falls $S_T > K$ ist, hat der Optionshalter dann einen Gewinn von $(S_T - K)$ (abzüglich der Optionsprämie), denn er könnte die Aktie am Markt für S_T verkaufen. Bei der (europäischen) *Verkaufoption* (engl. *[European] put option*) darf der Optionshalter zum Preis K im Zeitpunkt T *verkaufen*. Wir werden im Folgenden ausschließlich *europäische* Optionen behandeln.

Wie beim Zinstermingeschäft in Lemma 2.2 gibt es auch ein Interesse am Wert der Option zum Zeitpunkt t zwischen t_0 und T. Für $t = t_0$ entspricht der Wert dem „Ausgabekurs", der Prämie. Im Gegensatz zu den Termingeschäften und den Swaps, hat die Option für den Halter schon ab Zeitpunkt t_0 einen positiven und für den Verkäufer einen negativen Wert. Das liegt daran, dass der Käufer andernfalls nur gewinnen könnte. Bei einem Swap hatten beide Seiten Gewinn- und Verlustmöglichkeiten, die durch den festen Zins „fair" austariert wurden. Dadurch, dass der Optionskäufer keine Verlustmöglichkeit hat, muss er eine Prämie in t_0, den Wert der Option, zahlen. Abb. 2.9 stellt den Wert der Kaufoption C_T im Zeitpunkt T in Abhängigkeit vom Aktienkurs S_T dar.

Eine Option ist insofern ein „nicht-lineares" Produkt, als dass ihre Gewinnsituation die in Abb. 2.9 gezeigte Abhängigkeit vom Wert des referenzierten Produkts hat. Bei einem Termingeschäft bezieht sich die Gewinnsituation – zumindest lokal – linear auf den im Ausübungszeitpunkt aktuellen Zins, wie Formel (2.6) zeigt, wenn man die Exponentialfunktion linear Taylor-approximiert. Das gilt für die Abhängigkeit vom Termin- oder Spotzins. Für ein Waren- oder Aktientermingeschäft, für die wir in Abschn. 2.1.2 nur die Terminpreise in T ermittelt hatten, werden wir später in Korollar 3.2 die lineare Abhängigkeit der Werts in $t < T$ sehen. Für die Option könnten wir die Gewinnfunktion allenfalls vor T linear zu approximieren versuchen. Wir werden ab Abschn. 3.3.1 diesem Unterschied Rechnung tragen müssen, wenn wir Risiken berechnen, die für Halter von Finanzprodukten zu beachten sind. Dort wird auch wichtig werden, dass der Optionswert in T nicht einmal streng monoton

Abb. 2.9 Wert einer Kaufoption (mit Prämie) in T abhängig vom Aktienkurs

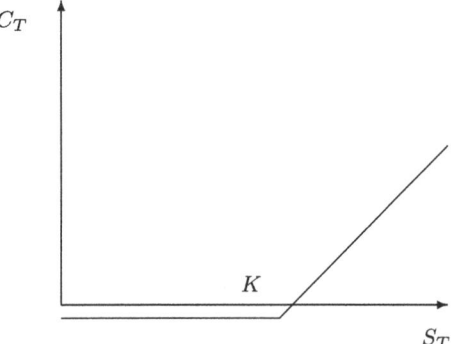

vom Aktienkurs abhängt, aber eine streng monotone Abhängigkeit in $t < T$ anzunehmen ist.

Für das Ziel, möglichst wenige Produkte im Detail diskutieren zu müssen und möglichst viele auf die diskutierten – oder Portfolios davon – zurückzuführen, ist der Zusammenhang zwischen Kauf- und Verkaufoption wichtig. Bezeichne C_t bzw. P_t den Wert einer Kauf- bzw. Verkaufoption im Zeitpunkt t, jeweils mit Kursgrenze K und Ausübungszeitpunkt T. Betrachte in $t \leq T$ die Portfolios A – aus einer Kaufoption und $Ke^{-r(T-t)}$ Bargeld – und B – einer Verkaufoption und einer (dazugehörigen) Aktie (siehe Hull 2015, Abschn. 11.4).

- In T beträgt der Wert von Portfolio A $\max(S_T - K, 0) + K = \max(S_T, K)$ und der von Portfolio B $\max(K - S_T, 0) + S_T = \max(S_T, K)$.
- In jedem $t < T$ sind die Portfolios gleichwertig, weil sie gleichwertig in T werden.[5]

Also gilt

$$C_t + Ke^{-r(T-t)} = P_t + S_t. \tag{2.8}$$

Man kann also den Preis der Verkaufoption durch den der Kaufoption mit derselben Kursgrenze ausdrücken, $P_t = C_t + Ke^{-r(T-t)} - S_t$. Diesen Zusammenhang nennt man Call-Put-Parität (engl. *call-put parity*). Es reicht also aus, sich mit der Bewertung der Kaufoption zu beschäftigen. Deswegen werden wir auch meist die Kaufoption kurz als Option bezeichnen.

Literatur

Biermann, B.: Die Mathematik von Zinsinstrumenten. Oldenbourg, München (1999)
Durré, A.: The liquidity premium in the money market: a comparison of the German Mark Period and the Euro Area. German Econ. Rev. **7**(2), 163–187 (2006)
Heuser, H.: Lehrbuch der Analysis, Bd. 1. Teubner, Stuttgart (1991)
Hull, J.C.: Options, Futures, and other Derivatives, 9. Aufl. Pearson, Boston (2015)
ISDA: 2002 ISDA Master Agreement. Technical report, International Swaps and Derivatives Association Inc., New York (2002)
Miron, P., Swannell, P.: Pricing and Hedging Swaps. Euromoney Books, London (1991)
Schönbucher, P.: Credit Risk Modelling and Credit Derivatives. Wiley, Chichester (2003)
Shreve, S.E.: Stochastic Calculus for Finance I. Springer, New York (2005)
Varian, H.R.: Intermediate Microeconomics – A Modern Approach, 8. Aufl. Norton, New York (2010)

---

[5] Andernfalls: Man kaufe in einem t das „billigere" Portfolio, verkaufe ein „teureres" und behalte die Differenz. Man verkaufe in T das ehemals billigere Portfolio und kauft das ehemals teurere.

Marktpreisrisiko 3

Der Begriff „Marktpreisrisiko" bezeichnet das Risiko für den Halter oder Besitzer eines Finanzprodukts, dass sich dessen Marktpreis verändert. Preisänderungen können dabei aus Zins-, Aktien- oder Wechselkursänderungen resultieren. Das Marktpreisrisiko ist stetig im Sinne einer Zufallsvariablen aus Abschn. 1.1.1, da mit stetig voranschreitender Zeit Preise stetig schwanken. Trotzdem werden wir zunächst eine Dichotomisierung von Zeit und Preis vornehmen. Die stetige Betrachtung folgt, erst für den Preis und letztendlich auch für die Zeit.

3.1 Einperiodische Modelle

Weit verbreitet in der Literatur sind elementare Modelle zur Beschreibung der Veränderung von Finanzmarktgrößen, wie z. B. eines Zinses oder eines Aktienkurses, siehe z. B. Hull (2015, S. 195), Elliott und Kopp (1999, S. 9), oder Shreve (2005). Man betrachte nur die zwei Zeitpunkte, der Gegenwart, t_0, und einer Zukunft, T, die ohne Beschränkung der Allgemeinheit 0 und 1 seien. Der gegenwärtige Preis, Kurs, Zins oder Wert, S_0, ist bekannt, d. h. deterministisch. Der zukünftige Wert, S_1, ist eine Zufallsvariable auf $(\Omega, \mathcal{F}, P)$, womit auch der positive wie negative Zuwachs ΔS zufällig ist. Hierbei bezeichnet, als Spezialfall von (1.13), $\Delta X := X_1 - X_0$ einen Zuwachs.

Das Risiko für den Halter, sagen wir einer Aktie oder einer Fremdwährung, besteht im Verfall des Marktwerts. Wird also eine Preis- oder Kursänderung als Normalverteilung modelliert, so muss vor allem die Varianz bekannt sein. Die erwartete Veränderung spielt meist nur eine untergeordnete Rolle. Mitunter werden die Begriffe „Risiko" und „Varianz" synonym verwendet. Wir werden später sehen, warum typischerweise Preise erst logarithmiert werden, bevor eine Normalverteilungsannahme getroffen wird. In (3.11) sehen wir dann *eine* Quantifizierungsmöglichkeit für das Marktpreisrisiko eines Aktien- oder Fremdwährungshalters.

Hier noch unmotiviert, wollen wir annehmen

$$\Delta \log S \sim N(\mu_\varepsilon, \sigma^2) \tag{3.1}$$

und Standardabweichung σ „Volatilität" nennen. Die Merkmale $\log S_0$ und $\log S_1$ sind damit zwei Beobachtungen in einer Irrfahrt aus Beispiel 9. Es folgt

$$\log S_1 \sim N\left(\log S_0 + \mu_\varepsilon, \sigma^2\right).$$

Im Abschn. 3.3 werden wir als ein Maß für das Marktpreisrisiko das Value-at-Risk kennenlernen. Hierbei handelt es sich um ein Quantil einer zukünftigen Verteilung des Marktwerts eines Finanzprodukts. Für den Aktienkurs S_1 können wir das Value-at-Risk, bzw. direkt das ganze Vorhersageintervall, zum Niveau $1 - \alpha$ bereits hier grob angeben, denn mit Wahrscheinlichkeit $1 - \alpha$ gilt:

$$\log S_0 + \mu_\varepsilon - \sigma u_{1-\frac{\alpha}{2}} \leq \log S_1 \leq \log S_0 + \mu_\varepsilon + \sigma u_{1-\frac{\alpha}{2}}$$
$$\Leftrightarrow S_0 e^{\mu_\varepsilon - \sigma u_{1-\frac{\alpha}{2}}} \leq S_1 \leq S_0 e^{\mu_\varepsilon + \sigma u_{1-\frac{\alpha}{2}}} \tag{3.2}$$

Dabei bezeichne $u_{1-\alpha/2}$ das obere $\alpha/2$-Quantil einer Standardnormalverteilung ($N(0, 1)$), beispielsweise ist für $\alpha = 0{,}05$ das Quantil $u_{0{,}975} = 1{,}96$.

Weil die Auswirkung einer Aktien- oder Wechselkursänderung in Abschn. 2.1.2, aber auch einer Preis- oder Zinsänderung, auf ein entsprechendes Termingeschäft aus Abschn. 2.2 grob linear ist, kann das Marktpreisrisiko für diese Produkte in Abschn. 3.3 relativ schnell besprochen werden.

Schwieriger sind da schon die Auswirkungen auf derivative Produkte wie die Option aus Abschn. 2.4. Nicht nur, dass wir für sie bislang noch keine Marktwertformel haben, sondern Abb. 2.9 lässt auch vermuten, dass der Zusammenhang zwischen dem Wert des derivativen Produkts und Preis der Referenz nicht linear ist. Wir werden feststellen, dass sich der Wert einer Kaufoption bei der Ausgabe, C_0, als $E(\beta C_1)$ berechnet. Ein Verkäufer stellt also den zu erwartenden Wert der Kaufoption zum Zeitpunkt $T = 1$ in Rechnung, wobei β den Diskontfaktor aus Definition 2.1 kurz bezeichne, der hier bei Annahme eines konstanten Zinses $\beta = e^{-r}$ ist. Der Einfachheit halber nehmen wir in diesem Abschnitt meistens $\beta \equiv 1$, also $r = 0$ an.[1] Die Bewertung eines zufälligen Zahlungsstroms mit dem Erwartungswert basiert wieder auf der Idee der Arbitragefreiheit: Wenn der Wert nicht der Erwartungswert wäre, könnte man zwar keinen gänzlich risikofreien Gewinn machen, aber im Erwartungswert.

---

[1] Wir können auch die Datenbasis anpassen und β in den Optionswert „absorbieren" und dasselbe für den Aktienkurs annehmen, also die Kurse um den Trend des risikofreien Zinses bereinigen.

3.1 Einperiodische Modelle

Allgemein wollen wir jeden Anspruch (engl. *claim*) H eines Vertrages (engl. *contract*) in $t=1$ mit $E(H)$ bewerten. Der zukünftige Aktienkurs S_1 präge sich nun zunächst in nur zwei Möglichkeiten aus.

3.1.1 Bernoulli-Ansatz

Bei zwei möglichen Ausgängen $S_1(\omega_1)$ und $S_1(\omega_2)$ hängt das Bernoulli-Maß P für die Ausprägungen von der Einschätzung des Käufers ab. Diese ergibt eine Präferenz für oder gegen das Optionsgeschäft, je nach Angebot des Verkäufers. Das angenommene Aktienkursmodell ist in Abb. 3.1 dargestellt.

Black und Scholes (1973) machen in ihrer Darstellung eine Annahme über die Aktienkursentwicklung, oder allgemeiner über die Entwicklung des Referenzproduktwertes, die inzwischen weitverbreitet ist. Die Annahme nennt man *Präferenzfreiheit*, und wir wollen ihre Erklärung mit einem Zahlenbeispiel beginnen. Wie in Kap. 2, sind die Angaben in der Geldeinheit Euro (€).

Beispiel 15

$$S_0 = 10 \quad \text{und} \quad S_1 = \begin{cases} 20 \; f\ddot{u}r \; \omega = \omega_2 \\ 7{,}5 \; f\ddot{u}r \; \omega = \omega_1 \end{cases}$$

Der Anspruch H aus einer (Kauf-)Option mit Kursgrenze $K = 15$ ist $C_1(\omega_2) = 5$, wenn $S_1 = 20$ beträgt, und ansonsten $C_1(\omega_1) = 0$.

Arbitragefreiheit kann in diesem Beispiel von *einer* Handelsperiode und *drei* Finanztiteln, z. B. risikolose Anleihe mit (diskretem) Zins r, Aktie (mit Wert S_t, $t = 0, 1$) und (Kauf-) Option (mit Wert C_t, $t = 0, 1$), wie folgt definiert werden (siehe Neftci 2000, Abschn. 3.1).

Abb. 3.1 Bernoulli-Aktienkursmodell

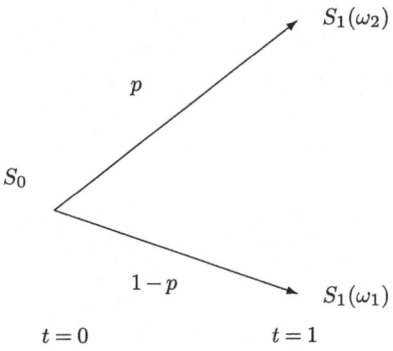

Definition 3.1 In einer Welt mit zwei Handelszeitpunkten $t = 0$ und $t = 1$ und zwei Zuständen ω_1 und ω_2 im Zeitpunkt 1 gibt es keine Arbitragemöglichkeit zwischen risikoloser Anleihe, Aktie und Option genau dann, wenn positive Konstanten a_1 und a_2 existieren, sodass

$$\begin{pmatrix} 1 \\ S_0 \\ C_0 \end{pmatrix} = \begin{pmatrix} 1+r & 1+r \\ S_1(\omega_1) & S_1(\omega_2) \\ C_1(\omega_1) & C_1(\omega_2) \end{pmatrix} \begin{pmatrix} a_1 \\ a_2 \end{pmatrix}.$$

Lemma 3.1 *Bei Annahme der Arbitragefreiheit aus Definition 3.1 definiert $\tilde{p}_i := (1+r)a_i$, $i = 1, 2$, ein W-Maß $\tilde{P}$.*

Beweis Es sind die Kolmogorov'schen Axiome für $\Omega = \{\omega_1, \omega_2\}$ und Potenzmenge $\mathcal{F}$ zu prüfen.

1. Positivität, d. h. $\tilde{P}(A) \geq 0$ für alle $A \in \mathcal{F}$: $\tilde{P}(\omega_i) = (1+r)a_i \geq 0$ für $i = 1, 2$, da $r \geq 0$ und $a_i > 0$ wegen Definition 3.1.
2. Vollständigkeit, d. h. $\tilde{P}(\Omega) = 1$: $\tilde{P}(\omega_1) + \tilde{P}(\omega_2) = (1+r)a_1 + (1+r)a_2 = 1$, wegen der ersten Zeile des Gleichungssystems.
3. Additivität, d. h. $\tilde{P}(\cup_{n \in \mathbb{N}} A_n) = \sum_{n \in \mathbb{N}} \tilde{P}(A_n)$ mit $A_i \cap A_j = \emptyset$ für alle $i \neq j$: Wieder aus der ersten Zeile des linearen Gleichungssystems folgt für die einzige wesentliche paarweise disjunkte Mengenfolge in $\mathcal{F}$:

$$\tilde{P}(\cup_{i=1}^{2} \omega_i) = \tilde{P}(\Omega) = 1 = (1+r)a_1 + (1+r)a_2 = \sum_{i=1}^{2} \tilde{P}(\omega_i)$$

$\square$

Maß $\tilde{P}$ wird *äquivalentes Martingalmaß* genannt. Eine gute weiterführende Erklärung zum Übergang von realem Wahrscheinlichkeitsmaß zum äquivalenten Martingalmaß findet sich in Crack (2004). Allgemeiner ist dieser Übergang als Girsanov-Transformation formalisiert (siehe Elliott und Kopp 1999, S. 138).

Aus der zweiten und der dritten Zeile im linearen Gleichungssystem von Definition 3.1 folgt, dass S_t und C_t Martingale sind. So folgt etwa genauer aus

$$C_0 = \frac{1}{1+r}[(1+r)a_1 C_1(\omega_1) + (1+r)a_2 C_1(\omega_2)]$$
$$= \frac{1}{1+r}[\tilde{p}_1 C_1(\omega_1) + \tilde{p}_2 C_1(\omega_2)]$$
$$= \frac{1}{1+r} E_{\tilde{P}}(C_1) = E_{\tilde{P}}\left(\frac{1}{1+r} C_1\right),$$

3.1 Einperiodische Modelle

dass $C_t/(1+r)$, ein Martingal bezüglich $\tilde{P}$ ist (siehe Definition 1.13). Dasselbe gilt natürlich für S_t. Die Gleichung gilt jedoch nicht für den realen Erwartungswert. Denn angenommen, es gelte

$$S_0 = \frac{1}{1+r} E_P(S_1) \Leftrightarrow 1 + r = \frac{E_P(S_1)}{S_0} = E_P\left(\frac{S_1}{S_0}\right),$$

so wäre die zu erwartenden Rendite der Aktie gleich der Rendite der risikolosen Anleihe. Warum sollte dann ein Anleger das Risiko wählen? Bilanziell ist eine Aktie Eigenkapital und eine Anleihe Fremdkapital. Bei Konkurs der emittierenden Firma müsste zunächst das Eigenkapital haften. In der mikroökonomischen Theorie wird meistens ein risikoaverser Anleger, d. h. mit konkaver Nutzenfunktion, angenommen, der für das geringere Risiko beim Fremdkapital weniger Rendite akzeptiert. Damit muss die Rendite risikobehafteter Anleihen im Mittel, d. h. im Erwartungswert, aber über der risikofreier Anlagen liegen, also

$$C_0 < \frac{1}{1+r} E_P(C_1).$$

Sowohl der diskontierte Aktienkurs als auch der diskontierte Optionspreis, $C_t/(1+r)$, sind also gemäß Definition 1.13 Submartingale (bezüglich P).

Wir wollen nun das äquivalente Martingalmaß im Beispiel 15 genauer bestimmen.

Beispiel 15 (Fortsetzung) Bewertung – Variante 1 *(Implizite Wahrscheinlichkeitsverteilung)*: Wegen $r = 0$ *(bzw. $\beta \equiv 1$), folgt – wie gerade gezeigt – aus der Definition 3.1, dass S_t ein Martingal bezüglich $\tilde{P}$ ist, wobei $\tilde{p} := \tilde{p}_1$ bezeichne und $\tilde{p}_2 = 1 - \tilde{p}$ ist:*

$$S_0 = E_{\tilde{P}}(S_1) \Leftrightarrow 10 = 20\tilde{p} + 7{,}5(1 - \tilde{p}) \Leftrightarrow \tilde{p} = 0{,}2 \text{ und } 1 - \tilde{p} = 0{,}8$$

Der zu erwartende Anspruch aus der Option berechnet sich als

$$E_{\tilde{P}}(C_1) = 0{,}2 \cdot 5 (+0{,}8 \cdot 0) = 1.$$

Bewertung – Variante 2 *(Replikation)*: Zum Vergleich bestimmen wir des Weiteren den Preis über eine Replikation wie erstmals in Abschn. 2.1.2. Wir suchen ein Portfolio, das im Zeitpunkt $T = 1$ denselben Wert hat wie das Produkt, die Option, aber dessen Wert in $t = 0$ bekannt ist. Die Arbitragefreiheit garantiert, dass dieser Wert den Preis der Option darstellt.

Betrachte ein Portfolio aus η Einheiten Bargeld (€) und δ Aktien. (Aus theoretischen Gründen wird die Annahme der beliebigen Teilbarkeit von Aktien getroffen.) Da wir Verzinsung nicht berücksichtigen, ist der Wert des Portfolios für den Halter $V_t = \eta + \delta S_t$ in $t \in \{0, 1\}$.

Um die Replikation zu ermöglichen, sind η und δ passend zu wählen, d. h.

$$V_1(\omega_2) = \eta \cdot 1 + \delta \cdot 20 \stackrel{!}{=} 5 = C_1(\omega_2) \text{ und}$$
$$V_1(\omega_1) = \eta \cdot 1 + \delta \cdot 7{,}5 \stackrel{!}{=} 0 = C_1(\omega_1).$$

Also muss $\delta = 0{,}4$ und $\eta = -3$ sein.

Wir können den Wert des Portfolios für den Halter in $t = 0$, also die Kosten für den Verkäufer der Option, d. h. die Prämie, ermitteln als

$$V_0 = \eta \cdot 1 + \delta \cdot 10 = -3 + 4 = 1.$$

Was passiert aus Sicht des Optionsverkäufers im Einzelnen (Darstellung Abb. 3.2)?

- *in $t = t_0 = 0$: Er leiht sich 3 € und kauft – zusammen mit dem 1 € Prämie für die Option – 0,4 = 4/10 Aktien.*
- *in $t = T = 1$:*
  - *Falls die Aktie mit 20 € gehandelt wird (ω_2), verkauft er die 0,4 Aktien mit Erlös von 8 €, der die Ausgaben in Höhe von 5 € für die Option und die 3 € für die Rückzahlung des Kredits decken.*
  - *Falls die Aktie den Wert 7,5 € annimmt (ω_1), verkauft er diese mit Erlös von 3 €, mit welchem er den Kredit tilgt. (Die Option ist wertlos.)*

Bemerkung 1 Es ist jetzt noch nicht nötig, aber für später hilfreich, im Modell den Zuwachs zu notieren. Die Veränderung des Portfoliowertes ist $\Delta V = \delta \Delta S$. Es sei hier an die Definition für einen Zuwachs $\Delta X = X_1 - X_0$ erinnert, die (1.13) vereinfacht. (Man vergleiche diese Definition eines Zuwachses in diskreter Zeit mit dem in stetiger Zeit in Formel (1.17) und dem Symbol der stochastischen Integration in Definition 1.29.) Der Portfolioendwert ist also $V_1 = V_0 + \Delta V$, und es ist

$$V_0 = E_{\tilde{P}}(V_0) = E_{\tilde{P}}(V_1 - \Delta V) = E_{\tilde{P}}(V_1),$$

da **S** ein Martingal ist.

Bemerkung 2 Das Gleichungssystem im Beispiel hängt nicht von der Verkaufsoption ab, der Anspruch H jeder beliebigen Vereinbarung mit zwei Ausgängen kann bewertet werden.

Die Preise beider Bewertungsstrategien in Beispiel 15 sind gleich, was ein Indiz für die Eindeutigkeit des Preises ist. Beide Verfahren scheinen äquivalent zu sein. Wir werden das formal nicht weiter studieren, aber im Weiteren davon ausgehen. Somit brauchen wir für die Bewertung lediglich das Martingalmaß zu bestimmen. Wegen der Linearität des Erwartungswertes können dann für beliebige Produkte (Ansprüche H) zukünftige Auszahlungen (engl. *pay-off*) wahrscheinlichkeitsgewichtet (und diskontiert) addiert werden (siehe auch Definition 2.1). Die konkrete Replikation ist für die Bestimmung des Preises nicht mehr notwendig.

Man könnte nun die Anzahl der (diskreten) Zeitpunkte, zu denen gehandelt werden kann, von zwei auf mehrere erweitern. Das würde für die Kaufoption auf die Cox-Ross-Rubinstein-Formel hinauslaufen. Wir überspringen diesen Schritt und widmen uns zunächst der Verallgemeinerung des Zustandsraumes, um danach zu einem kontinuierlichen Zeitraum zu kommen. Denn das Ziel ist es, wichtige Parameter der Finanzmärkte zu identifizieren und zu schätzen. Die Übergangswahrscheinlichkeit p (oder $\tilde{p}$) scheint dafür ungeeignet, da zwar Intervallbildung, etwa als „täglich", vorstellbar ist, aber die Wahl der Szenarien ω_1 und ω_2 willkürlich erscheint.

3.1.2 Ansatz mit stetigem Zustand

Wir wollen nun den Bernoulli-Ansatz auf eine stetige Menge an Ausprägungsmöglichkeiten von S_1 ausweiten (siehe etwa Elliott und Kopp 1999, Abschn. 1.3). Sei S_0 weiter der bekannte gegenwärtige Aktienkurs in t_0. Den zufälligen zukünftigen Aktienkurs in $T = 1$ bezeichnet wieder $S_1(\omega)$. Wir wollen nun auch den Zins in Ansatz nehmen, und nach Abschn. 2.1 ist der Zeitwert einer zukünftigen Zahlung Y, aus Sicht von $t_0 = 0$, $\bar{Y} := \beta Y$ mit dem Diskontfaktor β. Das Diskontieren eliminiert den „Trend" des risikolosen Zinses und macht Zahlungen unterschiedlicher Zeitpunkte vergleichbar. Sei $H(\omega)$ der Anspruch aus einem Vertrag zum Zeitpunkt $T = 1$ im Allgemeinen und einer europäischen Kaufoption im Besonderen, den wir als eine Partei des Vertrages, bzw. als Verkäufer, erfüllen müssen. Wieder wollen wir den Anspruch schon in t_0 replizieren (hedgen). Beim einperiodischen Bernoulli-Modell des vorangegangenen Abschnitts und explizit in Beispiel 15 korrespondierte die Anzahl der Replikationsprodukte, Aktien und Bargeld, mit der Anzahl der möglichen Ausprägungen von S_1. Dadurch wurde das lineare Gleichungssystem eindeutig lösbar. Auch wenn der Zustandsraum nun stetig wird, werden wir trotzdem nur wieder diese beiden Produkte verwenden, um ein Replikationsportfolio aufzubauen. Wir kaufen in $t_0 = 0$ ein Portfolio aus δ Aktien und η_0 Einheiten Geld.

Der Wert in $t_0 = 0$ ist:

$$V_0 = \eta_0 + \delta S_0$$

Die η_0 € erwirtschaften nun auf einem Konto $(\beta^{-1} - 1)\eta_0$ Zinsen. Wir wollen $V_1 = H$ erzielen (wie im einperiodischen Bernoulli-Modell) oder äquivalent $\bar{V}_1 = \bar{H}$. Das erreichen wir, indem wir im Zeitpunkt $T = 1$ unseren Geldbestand η_1 auf $H - \delta S_1$ aufstocken (oder reduzieren), denn dann ist der Wert unseres Portfolios in T

$$V_1 = \delta S_1 + \eta_1 = \delta S_1 + H - \delta S_1 = H.$$

Bemerkung Dass wir nicht nur im Zeitpunkt t_0 handeln, haben wir z. B. schon bei der ersten Bewertungsvariante des Zinsswaps (in Abschn. 2.3) gesehen. Wir können aber nicht mehr annehmen, dass $\Delta \eta = 0$ ist, wie implizit im einperiodischen Bernoulli-Modell. Die Strategie (δ, η_0, η_1) ist aber festgelegt mit der Wahl von δ und V_0. Da wir nicht $\Delta \eta = 0$ annehmen können, und auch anders als beim Zinsswap, kennen wir nicht alle Kosten der

Replikation schon in t_0 (deterministisch). Wir können sie also auch nicht dem Käufer in Rechnung stellen. Die Kosten beschreibt der Prozess (K_0, K_1), mit $K_0 = V_0$ als initialer Investition.[2] Aber was ist K_1? Betrachte ΔK; nun sind K_1 und K_0 aber nicht vergleichbar. Um die Stichtagsbetrachtung zu ermöglichen, definiere allgemein[3]

$$\Delta \bar{X} := \bar{X}_1 - X_0, \quad \text{wobei } \bar{X}_1 = \beta X_1 \text{ ist.} \tag{3.3}$$

In unserem Fall ist die Veränderung der Kosten $\Delta \bar{K}$ nur bestimmt durch die Änderung unseres Geldbestandes $\eta = (\eta_0, \eta_1)$. Wir beabsichtigen nicht, den Aktienbestand zu verändern, also haben wir bei den Aktienkosten nur die Anfangskosten δS_0 und keine Kostenveränderung. Das diskontierte Kosteninkrement ist[4]

$$\Delta \bar{K} = \beta K_1 - K_0 = \beta \eta_1 - \eta_0 = \beta(\beta^{-1}\delta S_0 + \eta_1) - (\delta S_0 + \eta_0).$$

Somit ist $K_1 = \eta_1 + \beta^{-1}\delta S_0$.

Bemerkung Wir können uns den Kostenprozess am Kauf von Schuhen verdeutlichen. Wenn wir im Zeitpunkt 0 ein Paar Schuhe kaufen, zahlen wir einen Betrag A. Das sind unsere Kosten im Zeitpunkt null. Diese stellen aber nicht unsere gesamten Kosten dar, wenn wir z. B. im Zeitpunkt eins die Schuhe für den Betrag B neu besohlen lassen. Der Betrag B stellt unser Kosteninkrement dar. Unsere gesamten Kosten sind ungefähr $A + B$. Wir haben gelernt, dass wir Zahlungen zu unterschiedlichen Zeitpunkten nicht addieren dürfen. Wir müssen sie erst mithilfe des Zinses vergleichbar machen. Im Zeitpunkt null können wir die gesamten Kosten noch nicht kennen, da die Notwendigkeit für die Besohlung der Schuhe nicht bekannt ist. Wenn wir die Kosten a posteriori, d. h. im Zeitpunkt eins, bewerten, müssen wir die Zahlung A im Zeitpunkt null verzinsen mit β^{-1} und zu B addieren. Die Summe $\beta^{-1}A + B$ stellt dann die Kosten im Zeitpunkt 1 dar. Das Wertäquivalent der Zahlung B in null, also der Wert, den wir im Zeitpunkt null hätten anlegen müssen, um die Kosten für die Schuhsohle in eins bezahlen zu können, ist βB.

Die Analogie zu der Optionspreistheorie ist perfekt, wenn wir A als K_0 betrachten, βB als $\Delta \bar{K}$ und $\beta^{-1}A + B$ als K_1.

Betrachte nun

$$\begin{aligned}\Delta \bar{K} &= \beta \eta_1 - \eta_0 \\ &= \beta(\underbrace{\eta_1 + \delta S_1}_{=H} - \delta S_1) - (\underbrace{\eta_0 + \delta S_0}_{=V_0} - \delta S_0) \\ &= \bar{H} - (V_0 + \delta \Delta \bar{S}).\end{aligned}$$

---

[2] Dabei hat das Symbol nichts mit dem K für den Strike-Preis der Option zu tun.
[3] Der Ansatz $\Delta K = K_1 - K_0 = \eta_1 - \beta^{-1}\eta_0$ führt zu einem anderen Ergebnis für K_1. Trotzdem erscheint er zunächst sinnvoll, da $\Delta \bar{K} = \beta \eta_1 - \eta_0$. $\Delta \bar{K}$ ist aber nicht wohldefiniert, da z. B. nicht klar ist, wann der Wert des Bargeldes von η_0 auf $\beta^{-1}\eta_0$ springt.
[4] Bemerkung: Wir haben nicht $\beta^{-1}\eta_0$ auf dem Konto, da wir die Zinsen an den η_0-Leiher durchleiten.

3.1 Einperiodische Modelle

Um das zu erwartende Kosteninkrement, d. h. die zusätzlichen Kosten nach der Anfangsinvestition, zu minimieren, ohne Erträge zu erwirtschaften, können wir versuchen, $\Delta \bar{K} = 0$ zu erreichen. Da aber $\bar{H}$ und $\Delta \bar{S}$ Zufallsvariablen sind, wollen wir unseren Anspruch reduzieren auf $E(\Delta \bar{K}) = 0$. Das gelingt uns theoretisch, wenn wir die Gesamtausgaben der Anfangsinvestition V_0 wählen als

$$\tilde{V}_0 = E(\bar{H}) - \delta E(\Delta \bar{S}). \tag{3.4}$$

Denn nun ist

$$\begin{aligned} E(\Delta \bar{K}) &= E\bar{H} - \tilde{V}_0 - \delta E(\Delta \bar{S}) \\ &= E\bar{H} - E\bar{H} + \delta E(\Delta \bar{S}) - \delta E(\Delta \bar{S}) = 0. \end{aligned}$$

Demnach kann man seine Replikationsstrategie verfolgen, ohne (im Mittel) Geld vom Anspruchshalter nachfordern zu müssen.

Bemerkung Wir können also jeden beliebigen Betrag ausgeben, nur das Verhältnis von Geld und Aktien ist über die Gl. (3.4) festgelegt. Wenn wir z. B. $\delta = E(\bar{H})/E(\Delta \bar{S})$ wählen, haben wir gar keine Anfangskosten. Wir brauchen für die Replikation im Erwartungswert eigentlich auch nur ein Produkt ($\delta = 0$). Vielmehr gibt uns das Portfolio aus zwei Produkten, die Möglichkeit, das Risiko zu minimieren. Wir wählen das Verhältnis von Aktien und Bargeld, bei fester Wahl von V_0, über die Wahl von δ. Auch wenn negative Zusatzkosten (also Gewinne) kein eigentliches ökonomisches Risiko darstellen, wollen wir doch die zu erwartenden quadrierten Zusatzkosten als Risiko auffassen und minimieren. Wegen des fehlenden Bias entspricht das einer Minimierung der Zusatzkostenvarianz,

$$E\left[(\Delta \bar{K})^2\right] = E\left(\bar{H} - (V_0 + \delta \Delta \bar{S})^2\right).$$

Das geschieht durch Wahl von δ als dem aus der linearen Regression bekannten Wert

$$\tilde{\delta} = \frac{Cov(\bar{H}, \Delta \bar{S})}{Var(\Delta \bar{S})},$$

(siehe etwa Krengel 1991, Abschn. 12.4). Das minimale Risiko wird in $(\tilde{\delta}, \tilde{V}_0)$ angenommen bei

$$E\left[(\Delta \bar{K})^2\right]_{min} := Var\bar{H} - \tilde{\delta}^2 Var(\Delta \bar{S}) = Var\bar{H}(1 - \rho^2),$$

mit Korrelationskoeffizient

$$\rho = \frac{Cov(\bar{H}, \Delta \bar{S})}{\sqrt{Var(\bar{H})Var(\Delta \bar{S})}}.$$

Wir sehen nun, dass wir unser Risiko umso besser reduzieren können, je höher die Korrelation des zufälligen Replikationsprodukts mit dem Anspruch des derivativen Produkts ist. Wenn die Korrelation eins ist, wie bei der Wahl des derivativen Produkts selbst, verschwindet das Risiko trivialerweise. Trivialerweise führt Sicherheit über den Anspruch, also Varianz null, ebenfalls zum Risikoverfall.

Dass die Erwartungswerte, Varianzen und Kovarianz von $\bar{H}$ und $\Delta\bar{S}$ theoretisch berechenbar sind, erscheint unmöglich. Erstmals in diesem Buch stellen wir nun fest, dass für die Preisbildung eine empirische Basis hilfreich sein kann. Wir werden die ausführliche statistische Analyse aber erst auf den Formeln des zeit- und zustandsstetigen Modells aus Abschn. 3.2 aufbauen. Zum einen wird dieses Modell der realen Datenlage näherkommen, denn dass nur an zwei Zeitpunkten Information, etwa über den Aktienkurs, vorliegen, ist unrealistisch. Zum anderen verlangt die Definition von $\tilde{\delta}$ die Kenntnis von $\bar{H}$, was dann nicht möglich ist, wenn es sich um ein neues Produkt handelt. Und gerade dann ist eine theoretische Preisbildung nötig.

Trotzdem wollen wir hier, aber kurz, die Anwendung der linearen Regression ansprechen. Stellen wir uns dazu vor, dass der diskontierte Anspruch, z. B. die Optionsauszahlung, vom diskontierten Aktienpreisinkrement abhängt. Wir unterstellen, dass ein linearer und zufällig gestörter Zusammenhang besteht:

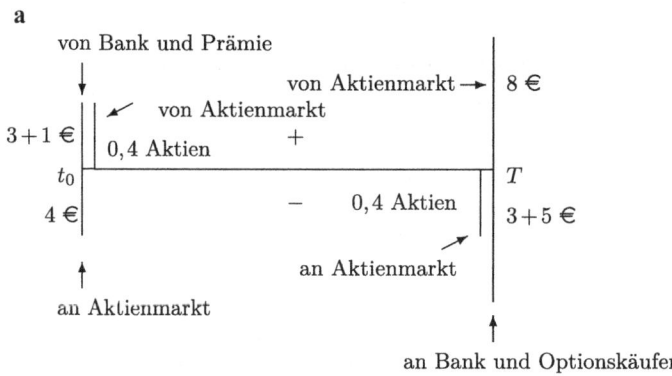

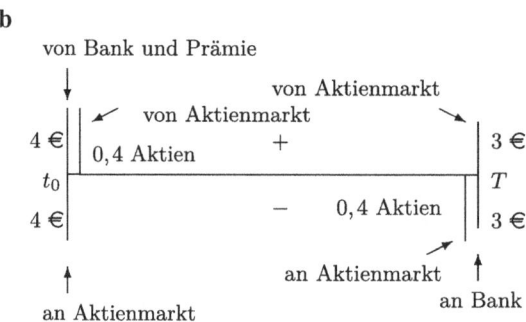

Abb. 3.2 Replikation der Kaufoption aus Beispiel 15 (Verkäufersicht) bei Aufwärtsbewegung ω_2 (**a**) und Abwärtsbewegung der Aktie ω_1 (**b**)

3.1 Einperiodische Modelle

$$\bar{C}_1 = V_0 + \delta \Delta \bar{S} + \epsilon, \quad \text{mit} \quad E(\epsilon) = 0$$

Es hängt der Optionswert $\bar{C}_1$ vom Inkrement $\Delta \bar{S}$ ab, nicht wie in Abschn. 3.1.1 von $\bar{S}_1$. Die deterministische Abhängigkeit von S_1 aus Formel (2.8) ist nicht informativ, weil dieser Aktienkurs noch nicht bekannt ist. Das (diskontierte) Kostenincrement ist der Fehler, der durch eine lineare Approximation des Anspruchs durch das Aktienkursinkrement gemacht wird, also $\epsilon = \Delta \bar{K}$.

Angenommen, wir haben aus n vergangenen Perioden Beobachtungen $(\bar{H}_t, \Delta \bar{S}_t)$ ($t = 1, \ldots, n$) vorliegen. Bei ΔS (bzw. $\Delta \bar{S}$) und zwei Zeitpunkten war der Zuwachs in (3.3) definiert. Für eine Zeitreihe mit mehreren Zuwächsen wurde der Zuwachs ΔS_t in (1.13) definiert. Bei der Diskontierung ist nun wiederum nicht klar, ob jeweils auf den Anfang jeden Intervalls abgezinst werden soll, oder alle Zahlungen auf den Beginn der Zeitreihe. Wir diskontieren nun erst auf den Zeitpunkt $t_0 = 0$ (wie in (3.3)) und wenden dann die Differenzenbildung (1.13) an:

$$\Delta \bar{X}_t := \bar{X}_t - \bar{X}_{t-1}, \quad \text{wobei} \quad \bar{X}_t := \beta^t X_t \tag{3.5}$$

Unter der Annahme, dass die Erwartungswerte sich mit t nicht ändern – wir werden diese Eigenschaft als Mittelwertstationarität in Abschn. 3.4 wiedertreffen –, können wir die Erwartungswerte in (3.4) als Mittelwerte schätzen. Bei Annahme unveränderlicher Kovarianz sowie der Varianzstationarität von $\Delta \bar{S}$ (siehe wieder Abschn. 3.4) kann δ geschätzt werden.

Nun ist zu $\tilde{V}_0$ der y-Achsenabschnitt einer Kleinste-Quadrate Regression von $\tilde{H}_t$ auf die $\Delta \bar{S}_t$ das empirische Analogon. Ähnliches gilt für $\tilde{\delta}$. Berechnungen in Krengel (1991, Abschn. 12.4) führen zu (siehe auch Bleymüller und Weißbach 2015a, Abschn. 20.3):

$$\hat{\tilde{\delta}} = \frac{\frac{1}{n-1}\sum_{t=1}^{n}(\Delta \bar{S}_t - \frac{1}{n}\sum_{t=1}^{n}\Delta \bar{S}_t)[\sum_{t=1}^{n}(\bar{H}_t - \frac{1}{n}\sum_{t=1}^{n}\bar{H}_t)]}{\frac{1}{n-1}\sum_{t=1}^{n}(\Delta \bar{S}_t - \frac{1}{n}\sum_{t=1}^{n}\Delta \bar{S}_t)^2}$$

$$\hat{\tilde{V}}_0 = \frac{1}{n}\sum_{t=1}^{n}\bar{H}_t - \hat{\tilde{\delta}}\frac{1}{n}\sum_{t=1}^{n}\Delta \bar{S}_t$$

Abb. 3.3 stellt den Zusammenhang zwischen $E(\bar{H} \mid \Delta \bar{S} = \Delta \bar{s})$ sowie die idealerweise identisch verteilten Messpaare dar. Die Steigung der Geraden ist positiv genau dann, wenn die Kovarianz zwischen $\bar{H}$ und $\Delta \bar{S}$ positiv ist. Der Gewinn aus einer Kaufoption ist umso größer, je größer die Wertänderung der zugrunde liegenden Aktie ist. Der Verlust ist wegen (2.8) beschränkt auf die Prämie. Der Wert bleibt laut Abbildung beschränkt auf den anfänglichen Wert des Replikationsportfolios. Es ist der Wert der Option höher, wenn die Kursschwankung größer wird. Wir werden den positiven, monotonen Zusammenhang zwischen Optionspreis und Aktienkursvolatilität genauer in Abschn. 3.2 wiederfinden. Die geschätzte Kostenincrementvarianz ist $\frac{1}{n}\sum_{t=1}^{n}(\bar{H}_t - \hat{\tilde{V}}_0 + \hat{\tilde{\delta}}\Delta \bar{S}_t)^2$.

Abb. 3.3 Beobachtungen $(\bar{H}_t, \Delta \bar{S}_t)$ und linearer Zusammenhang zwischen $E(\bar{H} \mid \Delta \bar{S} = \Delta \bar{s})$ und $\Delta \bar{s}$

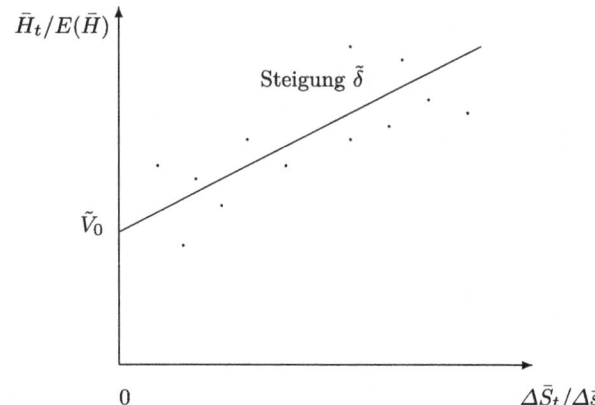

3.1.3 Zusammenhang mit der stochastischen Integration

Im allgemeinen einperiodischen Modell des letzten Abschnitts haben wir eine Strategie aus zwei Produkten zu zwei Zeitpunkten kennengelernt, deren Ziel die Vermeidung *zu erwartender* Zusatzkosten ist. Man kann also sagen, dass sich das Portfolio *im Erwartungswert* selbst finanziert. Wir wollen diese Eigenschaft von zwei auf mehrere Zeitpunkte erweitern. Wir nennen eine (Handels-)Strategie mit $d+1$ Produkten, dargestellt als Vektor der Mengen $\mathbf{Q}_t \in \mathbb{R}^{d+1}$, zu diskreten Zeitpunkten $t > 0$, *selbstfinanzierend*, wenn keine Positionen zu- oder abgehen, sondern nur innerhalb des Portfolios „umgeschichtet" werden können (siehe z. B. Elliott und Kopp 1999, S. 26). Das heißt, Schwankungen des Portfoliowerts

$$V_t = \mathbf{Q}'_t \mathbf{S}_t = \sum_{i=0}^{d} Q_{ti} S_{ti}$$

gehen ausschließlich auf Schwankungen der Produktwerte zurück. Es stehe $\mathbf{S}_t$, in Erweiterung zur Bezeichnung für den Kurs *einer* Aktie in Abschn. 3.1.1, für einen Vektor mit Preisen der $d+1$ Produkte. Wie in Abschn. 1.1.1 bezeichne $\mathbf{Q}'$ einen transponierten Vektor.

Abb. 3.4 stellt die Bedeutung der diskretisierten Zeit dar. $\mathbf{Q}_{t+1}$ ist die Portfoliozusammensetzung, zu der ein Portfoliohalter im Laufe des Tages t aufgrund der Tagesanfangskurse $\mathbf{S}_t$ kommt. $\mathbf{Q}_t$ war das Portfolio „kurz bevor" $\mathbf{S}_t$ bekannt wurde, weswegen $\mathbf{Q}_t$ $\mathcal{F}_{t-1}$-messbar ist.

Die Gleichheit des Portfoliowerts nach Umschichtung bedeutet

$$\mathbf{Q}'_{t+1} \mathbf{S}_t = \mathbf{Q}'_t \mathbf{S}_t.$$

Wegen (1.13) ist $\Delta \mathbf{S}_t = \mathbf{S}_t - \mathbf{S}_{t-1}$ und somit

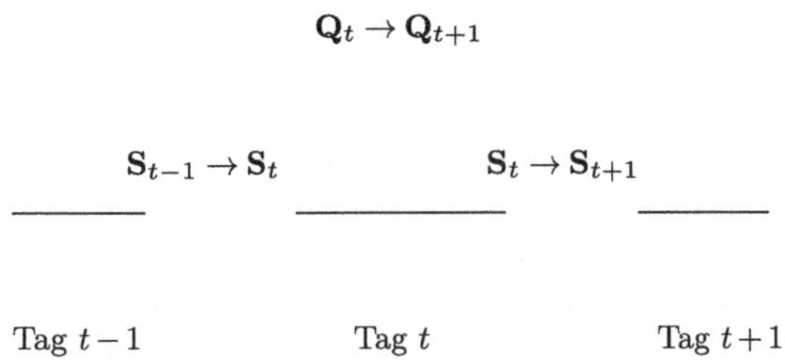

3.1 Einperiodische Modelle

Abb. 3.4 Bildung von Kursen $\mathbf{S}_t$ und Portfolio $\mathbf{Q}_t$

$$\mathbf{Q}_t \to \mathbf{Q}_{t+1}$$

$$\mathbf{S}_{t-1} \to \mathbf{S}_t \qquad \mathbf{S}_t \to \mathbf{S}_{t+1}$$

Tag $t-1$ \qquad Tag t \qquad Tag $t+1$

$$\Delta V_t = \mathbf{Q}'_t \mathbf{S}_t - \mathbf{Q}'_{t-1}\mathbf{S}_{t-1} = \mathbf{Q}'_t \mathbf{S}_t - \mathbf{Q}'_t \mathbf{S}_{t-1} = \mathbf{Q}'_t \Delta \mathbf{S}_t,$$

bzw. in der diskontierten Fassung:

$$\Delta \bar{V}_t = \mathbf{Q}'_t (\bar{\mathbf{S}}_t - \bar{\mathbf{S}}_{t-1}) = \mathbf{Q}'_t \Delta \bar{\mathbf{S}}_t,$$

wobei, wie in (3.5), $\bar{\mathbf{S}}_t$ den auf den Zeitpunkt null diskontierten Wert bezeichne. Der (diskontierte) Endwert eines Portfolios nach T Perioden ist (siehe Elliott und Kopp 1999, S. 109)

$$\begin{aligned} \bar{V}_T &= V_0 + \sum_{t=1}^{T} \Delta \bar{V}_t = V_0 + \sum_{t=1}^{T} \mathbf{Q}'_t (\bar{\mathbf{S}}_t - \bar{\mathbf{S}}_{t-1}) \\ &= V_0 + \sum_{t=1}^{T} \mathbf{Q}'_t \Delta \bar{\mathbf{S}}_t. \end{aligned} \qquad (3.6)$$

Man erinnere sich daran, dass für eine deterministische Funktion das Riemann-Integral als

$$\int_0^t f(s)ds = \lim_{t_{i+1}-t_i \to 0} \sum_{i=0}^{n} f(t_i)(t_{i+1} - t_i)$$

definiert ist. Die Summe in (3.6) entspräche der Definition 1.29, wenn $\bar{S}$ eine Brown'sche Bewegung aus Definition 1.12 wäre und Q „über Nacht" konstant und damit ein einfacher Prozess im Sinne der Definition 1.28. Nun sollte der diskontierte Preisprozess $\bar{S}_t$ unter dem äquivalenten (Martingal-)Maß ein Martingal sein. Zumindest war das im einperiodischen Bernoulli-Modell des Abschn. 3.1.1 so. Also ist (3.6) eine Martingaltransformation. Zumindest im Eindimensionalen ($d = 0$) begründet Definition 1.29 die Notation

$$\int_0^t Q_s d\bar{S}_s \qquad (3.7)$$

und wegen Satz 1.10 wäre dieses wiederum ein Martingal. Bemerke, dass selbst für $\mathbf{S}$ als Brown'scher Bewegung $\mathbf{B}$ fast alle Pfade von nicht-endlicher Variation, also insbesondere nicht differenzierbar, sind. Das heißt, $\int_0^t Q_s d\bar{S}_s$ kann nicht vereinfacht werden zu

$$\int_0^t Q_t \frac{d\bar{S}_t}{dt} dt.$$

Der stetigen Veränderung des Portfolioswerts wird aber schon eine *stetige* Veränderung der Preise in dem Portfolio zugrunde liegen. Wie eine Bemerkung im letzten Unterabschnitt andeutet, braucht ein Portfolio auch nur aus einem Produkt, sagen wir einer Aktie, zu bestehen, strebt man eine Replikationsstrategie für eine Option an. Gerade auch um das Symbol $d\bar{S}_t$ in (3.7) besser zu verstehen, wollen wir überlegen, ob die Standard-Brown'sche Bewegung aus Definition 1.12 ein geeignetes Modell für den (diskontierten) Aktienkurs und ähnliche Preise ist. Wir werden sehen, dass eine Verallgemeinerung der Brown'schen Bewegung nötig erscheint, um den Verlauf eines Zinses, eines Wechselkurses, eines (Gold-)Preises oder eben eines Aktienkurses zu modellieren. Aus diesem Modell werden mittels Satz 1.11 (von Itô) dann Preisformeln für Termingeschäfte und Optionen ableitbar.

3.2 Zeit- und zustandsstetige Modellierung

Wir wollen die diskrete Modellierung der Zeit aus Abschn. 3.1 nun aufheben und deren stetige Eigenschaft zulassen. Wie in Abschn. 3.1.2 wollen wir die Annahme eines stetigen Zustands beibehalten. So unterschiedlich wie die Verläufe von Zinsen, Warenpreisen, Wechsel- und Aktienkursen auch sein mögen, zeit- und zustandsstetige Modelle bauen typischerweise auf der Brown'schen Bewegung aus Definition 1.12 auf. Das Beispiel der Aktie soll weiter dazu dienen, die Modellierung zu studieren und danach eine Optionspreisformel herzuleiten.

Eine Aktie ist eine Anlage und ähnelte einem Kredit, wenn man die Unterscheidung zwischen Eigen- und Fremdkapital unterließe (siehe im Folgenden Hull 2015, S. 228 ff.). Der Anleger erwartet eine Verzinsung, da Kapital ein Arbeitsfaktor ist. Zinsen können in Form von Dividende oder Preissteigerung erfolgen. Wir verwenden hier zunächst wieder die diskrete Verzinsung aus Abschn. 2.1. Nach einer (kurzen) Zeit dt sollte der Aktienwert gestiegen sein, und zwar im einfachsten Fall *linear* in Abhängigkeit vom Anfangswert S_t, *linear* in Abhängigkeit der Zeitspanne dt und *linear* in Abhängigkeit des nominalen Zinses μ:

$$S_{t+dt} - S_t = dS_t = \mu S_t dt$$

Dabei entspricht dS_t der Definition (1.16), weil wir den Aktienkursverlauf als stetig annehmen. Es sei angemerkt, dass wegen

$$\frac{dS_t}{dt} = \mu S_t \qquad (3.8)$$

die Gleichung im Grenzwert einer linearen Differentialgleichung entspricht. Ohne Betrachtung der Anfangsbedingung hat sie die Lösung $S_t = e^{\mu t}$, sobald S_t als deterministisch und differenzierbar in t modelliert ist. Das Modell impliziert die stetige Verzinsung aus Satz

3.2 Zeit- und zustandsstetige Modellierung

2.1 im Grenzwert. Der unspezifizierte (diskrete) Zins μ sollte, wegen des Marktpreisrisikos schwankender Aktienkurse und einer allgemeinen Annahme der Risikoaversion von Anlegern, größer als der Festzins r aus Satz 2.1 sein. Nun ist aber die Verzinsung nicht *immer* besser als der Festzins (sonst würde es bei perfekter Information keine Sparbücher mehr geben). Der Aktienkurs verläuft nicht deterministisch, sondern schwankt unvorhersehbar. Neben seinem Erwartungswert soll der Zuwachs eine Varianz haben, die *linear* in der Schrittweite dt und deren Wurzel, die Standardabweichung, *linear* im Aktienkurs S_t ist. Dann ist der Zuwachs, in Verallgemeinerung des einperiodischen Modells (3.1),

$$dS_t = \mu S_t dt + \sigma S_t \epsilon \sqrt{dt}, \tag{3.9}$$

mit $\epsilon \sim N(0, 1)$. Wegen Eigenschaft c) der Brown'schen Bewegung aus Definition 1.12 ist $\epsilon \sqrt{dt} = dB_t$ und somit der zweite Summand in (3.9) $\sigma S_t dB_t$.

Der Aktienkurs folgt einer sogenannten *geometrischen* Brown'schen Bewegung (auch verallgemeinerter Wiener Prozess genannt) mit Volatilitätsparameter σ, genannt „Volatilität". Wir werden als Anwendung von Itô's Lemma (Satz 3.1) sehen, dass:

$$d \log S_t = \left(\mu - \frac{\sigma^2}{2}\right) dt + \sigma dB_t \tag{3.10}$$

Also hat der logarithmierte Aktienkurs Zuwächse, die nur *eine* Zufallsvariable enthalten. Aus der Eigenschaft 3. aus Satz 1.4 folgt, dass bei $\mu = 0$, S_t ein Martingal ist. Denn die logarithmierten Zuwächse des Aktienkurses verhalten sich in Verteilung wie die Zuwächse von $\sigma B_t - \sigma^2 t/2$. Insbesondere sind die Symbole σ^2 in Abschn. 3.2, 1.3.1 und mit (3.1) konsistent. Der logarithmierte Aktienkurs ist ebenfalls eine Irrfahrt (Beispiel 9), und die Bedeutung von σ^2 ist somit auch mit der in Abschn. 1.3.2 verträglich. Die log-Aktienkurse haben einen deterministischen Trend und seine Zuwächse sind normalverteilt. Aus Sicht von t ist in T ($dt = T - t$)

$$\log S_T - \log S_t \sim N\left[\left(\mu - \frac{\sigma^2}{2}\right)(T - t), \sigma^2(T - t)\right].$$

Da S_t bekannt ist, folgt für die Verteilung des log-Aktienkurses

$$\log S_T \sim N\left(\log S_t + \left(\mu - \frac{\sigma^2}{2}\right)(T - t), \sigma^2(T - t)\right).$$

Wie gesagt werden wir in Abschn. 3.3.1 das Value-at-Risk für die in Abschn. 2.1.2 eingeführten Termingeschäfte angeben. Für den Aktienkurs S_T selbst können wir das Vorhersageintervall nun mit Definition von μ_ε und Interpretation von σ^2 aus (3.2) konkretisieren zu:

$$\log S_t + \left(\mu - \frac{\sigma^2}{2}\right)(T-t) - u_{1-\frac{\alpha}{2}}\sigma\sqrt{T-t} \leq \log S_T$$

$$\leq \log S_t + \left(\mu - \frac{\sigma^2}{2}\right)(T-t) + u_{1-\frac{\alpha}{2}}\sigma\sqrt{T-t}$$

$$\Leftrightarrow S_t e^{\left(\mu-\frac{\sigma^2}{2}\right)(T-t)-u_{1-\frac{\alpha}{2}}\sigma\sqrt{T-t}} \leq S_T \leq S_t e^{\left(\mu-\frac{\sigma^2}{2}\right)(T-t)+u_{1-\frac{\alpha}{2}}\sigma\sqrt{T-t}} \quad (3.11)$$

Dabei bezeichnet wieder $u_{1-\alpha/2}$ das obere $\alpha/2$-Quantil einer Standardnormalverteilung ($N(0,1)$).

Für die Einschätzung des Marktpreisrisikos ist mitunter neben dem Quantil der Verteilung auch der Erwartungswert interessant. Dessen Darstellung begründet die Bezeichnung von μ als erwarteter Verzinsung (engl. *rate of return*) (Rendite).

Lemma 3.2 *Unter Annahme des Modells* (3.10) *ist*

$$E(S_T) = S_t e^{\mu(T-t)}.$$

Beweis Es ist bei $X \sim \log N(\theta, \kappa^2)$ der Erwartungswert $EX = e^{\theta+\kappa^2/2}$ (siehe Johnson et al. 1994, Formel 14.8a). Setze $X := S_T, \theta := \log S_t + (\mu - \sigma^2/2)(T-t)$ und $\kappa^2 := \sigma^2(T-t)$.

Bemerkung Die erwartete Verzinsung ist aber nicht der Erwartungswert des Zinses. Bezeichne mit η den (stetigen, nominalen) Zins, d. h. $S_T = S_t e^{\eta(T-t)}$, dann ist

$$\eta = \frac{1}{T-t} \log \frac{S_T}{S_t} \sim N\left(\mu - \frac{\sigma^2}{2}, \frac{\sigma^2}{T-t}\right),$$

wegen $\log(S_T/S_t) = \log S_T - \log S_t$.

Warum ist $E\eta = \mu - \sigma^2/2$ nicht gleich μ? Weil μ die *geometrisch* durchschnittliche Verzinsung und $E\eta = \int \eta \, dP$ die *arithmetisch* durchschnittliche Verzinsung ist.

Beispiel 16 *Seien über 5 Jahre die Wertentwicklungen einer Aktie wie folgt: 15%, 20%, 30%, −20%, 25%. Dann ist der Schätzer für die erwartete Verzinsung $\widehat{E\eta} = \frac{1}{5}\sum_{i=1}^{5} \eta_i = 14\%$. Aber für eine Verzinsung μ, die über alle Jahre konstant ist und die Entwicklung widerspiegelt, gilt $(1+\mu)^5 = 1{,}15 \cdot 1{,}2 \cdot 1{,}3 \cdot 0{,}8 \cdot 1{,}25 = 1{,}794 \Rightarrow \mu \approx 12{,}4\%$.*

Die Erkenntnis des allgemeinen Einperiodenmodells in Abschn. 3.1.2 war, dass eine Replikationsstrategie, die nur Kosten im Zeitpunkt null hat, zumindest für eine Optionsbewertung unrealistisch ist. Wenn in einem Modell mit zwei Punkten an beiden gehandelt werden muss, ist zu erwarten, dass in einem stetigen Modell kontinuierlich das Portfolio anzupassen ist. Ohnehin war die Wahl von zwei Replikationskomponenten in Abschn. 3.1.2 willkürlich

3.2 Zeit- und zustandsstetige Modellierung

geworden, und wir wollen jetzt die Geldkomponente auch noch weglassen. Hätten wir also beispielsweise für ein letztes (kurzes) Intervall vor dem Ausübungszeitpunkt T ein δ von 0,4 errechnet, dann wären 0,4 Aktien ausreichend, um die zu erwartenden Verluste aus einer verkauften Kaufoption zu decken. Mit Hinblick auf (3.7) ist durch die fehlende Geldkomponente zu hoffen, dass eindimensionale stochastische Integration ausreichen wird. Der stetigen Optionspreistheorie liegt zumindest gedanklich ein kontinuierliches Anpassen des Portfolios (δ-Hedging genannt) zugrunde. Deswegen sind für die benötigten Transaktionen folgende Marktgegebenheiten nötig.

1. Der Handel von Finanzprodukten ist stetig.
   Das ist insofern vereinfachend, als dass in den weltweiten Handelslokationen nur tagsüber gehandelt wird. Nimmt man aber alle Zeitzonen zusammen, kann man von einer stetigen Handelsaktivität ausgehen.
2. Leerverkäufe sind erlaubt.
   Es ist vorstellbar, dass die Gl. (3.4) als Lösung ein negatives δ hat, also eine verkaufte Aktie. Das heißt, wir können eine Aktie verkaufen, ohne sie zu besitzen. Praktisch heißt das, wir leihen uns das Papier (ohne Kosten), verkaufen es, beschaffen es später wieder und geben es zurück. (Das ist z. B. in Deutschland nicht immer erlaubt gewesen.)
3. Der Aktienkurs folgt einer geometrischen Brown'schen Bewegung.
   Das heißt, wir nehmen an, dass die Residuen – nach Trend – symmetrisch verteilt sind und nur von den ersten beiden Momenten bestimmt werden. In der Finanzstatistik geht man mitunter davon aus, dass Aktienkurse „schwere Ränder" haben, also nicht normalverteilt sind.
4. Es existieren keine Transaktionskosten oder -steuern.
   Ansonsten wäre das stetige Anpassen eines Portfolios durch Zu- und Verkäufe von Aktien ruinös.
5. Alle Produkte (engl. *securities*) sind beliebig teilbar.
   Gerade bei kontinuierlichem Handeln ist anzunehmen, dass Lösungen der (nichtganzzahligen) Gleichungen auch Werte unter eins sind.
6. Die Aktien (oder anderen Wertpapiere) zahlen keine Dividende.
   Die Dividende soll als Wertsteigerung angesehen, also in derselben Aktie wieder angelegt werden.
7. Der risikofreie Zins ist konstant und somit für alle Laufzeiten gleich.

Außerdem soll hier noch einmal erwähnt werden, dass annahmengemäß keine risikolose Arbitrage möglich ist.

Die folgenden Argumente werden insofern allgemein sein, als dass sie für jedes beliebige, von einem Finanzprodukt abgeleitete Derivat gelten. Aus Gründen der einfacheren Darstellung werden wir die Argumente an einer Kaufoption studieren. Am Ende des Abschnitts werden wir aber auch sehen, dass die dann entwickelte Preisformel z. B. für ein Termingeschäft gilt.

Wir bezeichnen den Wert einer (Kauf-)Option im Zeitpunkt t zwischen Ausgabe in t_0 und Zeitpunkt der Ausübung in T, also in $t_0 \leq t < T$, mit C_t, aus Sicht des Halters. Den Wert in $t = T$ kennen wir schon als (2.8). Der Wert C_{t_0} in t_0 ist die Prämie, die der Käufer dem Verkäufer, dessen Sicht wir wieder einnehmen wollen, zu zahlen hat.

Der Verkäufer, wir, lebt die ganze Zeit $[t_0, T]$ in der Sorge, etwas zahlen zu müssen. Wie können wir eine Strategie, δ-Hedging genannt, entwickeln, die uns Sicherheit verschafft?

Wir haben eine Option verkauft – sind engl. *short one call* – und möchten die für uns schädliche Wertsteigerung der Option in einem Portfolio kompensiert wissen. Das heißt, wir möchten einen Kauf tätigen, der im selben Maße an Wert gewinnt, wie die Option an Wert gewinnt und aus unserer Sicht verliert. Natürlich hat eine verkaufte Option immer einen negativen Wert. Geeignet scheint die Aktie selbst als Anlage, da sie an Wert gewinnt, wenn die Option aus Käufersicht an Wert gewinnt (und aus Verkäufersicht verliert). Ist ihr Wert schon über K wird umso unwahrscheinlicher, dass sie bis Ausübung nicht mehr unter K sinkt, also ist der Wert erhöht. Ähnlich wenn die Kursgrenze noch nicht erreicht ist. Dann wird es umso wahrscheinlicher, dass der Aktienkurs noch über die Kursgrenze steigt und damit die Option wertvoll wird.

Betrachte ein (kurzes) Intervall am Ende der Vertragslaufzeit, also von t bis $T = t + dt$. Abb. 2.9 stellte den Wert der Option C_T in Abhängigkeit vom Aktienkurs S_T dar. Kurz vor T wird der Verlauf nur unwesentlich anders aussehen.

Die Abhängigkeit $C_t(S_t)$ kurz vor T skizziert Abb. 3.5a, unter Vernachlässigung der Prämie. Für $S_t \to 0$ muss C_t gegen null gehen. Für S_t deutlich über Kursgrenze K muss der Wert C_t bereits ähnlich zu $C_T = S_T - K$, also linear in S_t (mit Steigung eins), sein. Dazwischen gibt es keinen Grund, nicht von einem monotonen Verhalten auszugehen, und ebenfalls ist Stetigkeit von C_t in S_t zu erwarten.

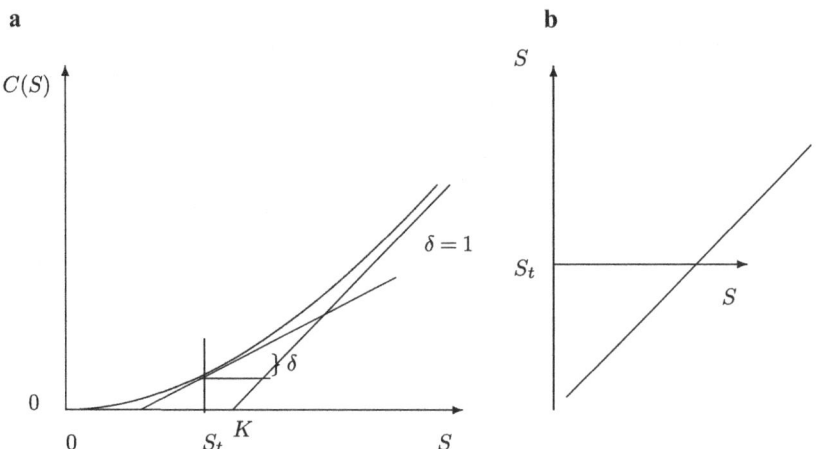

Abb. 3.5 Skizze des Optionswerts als Funktion $C(S)$ in t kurz vor T (**a**) und Wert einer Aktie in Abhängigkeit von eigenem Kurs in t kurz vor T (**b**)

3.2 Zeit- und zustandsstetige Modellierung

Wenn wir als Verkäufer der Kaufoption nun in t *eine* Aktie kaufen oder haben, dann ändert sich deren Wert in Abhängigkeit vom Aktienkurs linear mit Steigung eins. Auch wenn diese Erkenntnis trivial erscheint, bildet Abb. 3.5b den Graph der Funktion $S(S)$ in t kurz vor T ab. Unsere verkaufte Option hat aber nun binnen dt eine Wertveränderung von

$$-\delta \approx -\frac{dC}{dS} \quad 0 < \delta < 1. \tag{3.12}$$

An dieser Stelle sei angemerkt, dass die Darstellung in diesem Abschnitt anschaulich ist. Denn waren die Wertänderungen dC_t und dS_t in t-Richtung definiert, stellen wir sie uns hier in S-Richtung vor. Dass C_t genauer genommen eine Funktion in zwei Veränderungen, S und t ist, werden wir noch untersuchen. Stocken wir aber nun unseren Aktienbestand auf dC/dS Einheiten auf, was die erwähnte Teilbarkeit voraussetzt, sind wir für den Moment dt „sicher". Denn mit einem Wert V des Portfolios von

$$V := -C + \frac{dC}{dS} S$$

ist seine Wertänderung

$$dV = -dC + \frac{dC}{dS} dS = 0.$$

Wir haben also die Notwendigkeit in T zu handeln, auf $T - dt$ vorziehen können. Das Ziel ist nun, kontinuierlich das Portfolio anzupassen, da die Änderungsrate dC/dS im Laufe der Zeit nicht konstant bleiben, sondern von S_t abhängen wird. Die Kosten dafür wollen wir als Verkäufer dem Käufer in t_0 in Rechnung stellen. Da wir die Änderung dS schon modelliert haben, müssen wir also nur noch Änderung dC bestimmen. Wir brauchen also noch dC mit $C(S, t)$, wobei die Notation nun klarstellt, dass neben der Zeit, auch der Aktienwert einen Einfluss auf den Optionswert hat.[5] Formulieren wir eine etwas anschaulichere Version des Satzes 1.11.

Satz 3.1 (Itôs Lemma – anschauliche Version) *Sei X ein Itô-Prozess, also*

$$dX = a(X, t)dt + b(X, t)dB$$

mit bivariaten Funktionen a und b und Brown'scher Bewegung B. Und sei G eine weitere Funktion von X und t, so gilt:

$$dG = \left(\frac{\partial G}{\partial X}a + \frac{\partial G}{\partial t} + \frac{1}{2}\frac{\partial^2 G}{\partial X^2}b^2\right)dt + \frac{\partial G}{\partial X}b\,dB \tag{3.13}$$

Beweis (Skizze) Die zweidimensionale Taylor-Approximation für G entwickelt um $(X + dX, t + dt)$ und ausgewertet in (X, t) lautet:

---

[5] Noch nicht dargestellt ist aber, dass die erste Veränderliche der Funktion, S, von der zweiten, t, implizit abhängt.

$$dG = \frac{\partial G}{\partial X}dX + \frac{\partial G}{\partial t}dt + \frac{1}{2}\frac{\partial^2 G}{\partial X^2}(dX)^2$$
$$+ \frac{\partial^2 G}{\partial X \partial t}dXdt + \frac{1}{2}\frac{\partial^2 G}{\partial t^2}(dt)^2 + Rest$$

Der letzte Summand (sowie der Rest) ist von der Ordnung $(dt)^2$, genauso der vorletzte im Erwartungswert wegen $E(dX) = E(adt + bdB) = adt$. Der dritte Summand ist – im Erwartungswert – von der Ordnung dt denn:

$$E[(dX)^2] = E[(adt + b\epsilon\sqrt{dt})^2] \quad \epsilon \sim N(0,1)$$
$$= a^2(dt)^2 + E[(b\epsilon\sqrt{dt})^2] + 2abdt\, E(\epsilon\sqrt{dt})$$
$$= b^2 dt + O[(dt)^2]$$

Dabei sind $b(X, t)$ und $a(X, t)$ aus der Sicht von t nicht stochastisch. Also gilt im Erwartungswert:

$$dG \approx \frac{\partial G}{\partial X}dX + \frac{\partial G}{\partial t}dt + \frac{1}{2}\frac{\partial^2 G}{\partial X^2}b^2 dt$$

Wegen $dX = adt + bdB$ gilt schließlich Darstellung (3.13). □

Bemerkung Satz 1.11 sieht ähnlich aus, allerdings nicht in einer Darstellung der Differenzen, sondern als Integralgleichung. Die Darstellung hier hat formal den Makel, dass sie nicht als (gewöhnliche) Differentialgleichung zu verstehen ist, weil nach Division durch dt keine Grenzwertbildung möglich ist. G ist genauso wenig differenzierbar wie S (oder B) in (3.9).

Korollar 3.1 *Hier können wir nun auch das Modell des log-Aktienkurses aus (3.10) beweisen (siehe etwa Hull 2015, Abschn. 10.6).*

Beweis In der verkürzten Notation ist

$$dS = \mu S dt + \sigma S dB. \tag{3.14}$$

Setze nun $G := \log S$, dann ist

$$\frac{\partial G}{\partial S} = \frac{1}{S}, \quad \frac{\partial^2 G}{\partial S^2} = -\frac{1}{S^2} \quad \text{und} \quad \frac{\partial G}{\partial t} = 0.$$

Aus Satz 3.1 folgt also

$$dG = d\log S = \left(\mu - \frac{\sigma^2}{2}\right)dt + \sigma dB.$$

□

3.2 Zeit- und zustandsstetige Modellierung

Kommen wir zurück zur Optionsbewertung. Mit $C = G(S, t)$ als Optionspreis gilt nun

$$dC = \left(\frac{\partial C}{\partial S}\mu S + \frac{\partial C}{\partial t} + \frac{1}{2}\frac{\partial^2 C}{\partial S^2}\sigma^2 S^2\right) dt + \frac{\partial C}{\partial S}\sigma S dB.$$

Da dB nun in beiden Änderungsraten dC und dS in (3.14) vorhanden ist, können wir ein Portfolio zusammenstellen, das die zufälligen Bewegungen gegenläufig austariert. Wähle wieder eine verkaufte Option und $\partial C/\partial S$ gekaufte Aktien. Der Wert ist $V = -C + (\partial C/\partial S)S$ mit Inkrement

$$dV = -dC + \frac{\partial C}{\partial S} dS.$$

Einsetzen der Modelle von dC und dS ergibt

$$dV = \left(-\frac{\partial C}{\partial t} - \frac{1}{2}\frac{\partial^2 C}{\partial S^2}\sigma^2 S^2\right) dt.$$

Der Zufall dB ist eliminiert, die Wertänderung ist a priori bekannt.

Da das Portfolio nun kein Risiko trägt, muss es gemäß Annahme der Arbitragefreiheit eine Verzinsung mit dem Zins für risikofreien Anlagen r aus Abschn. 2.1 haben. Als Differentialgleichung (DGL) geschrieben, wie schon in (3.8), gilt $dV = rV dt$.[6]

Setzt man nun V und dV in die Renditegleichung ein, bekommt man

$$\left(-\frac{\partial C}{\partial t} - \frac{1}{2}\frac{\partial^2 C}{\partial S^2}\sigma^2 S^2\right) dt = r\left(-C + \frac{\partial C}{\partial S}S\right) dt.$$

Satz 3.2 *Für den Wert einer europäischen Kaufoption gilt die* Black-Scholes-Differentialgleichung

$$\frac{\partial C}{\partial t} + rS\frac{\partial C}{\partial S} + \frac{1}{2}\sigma^2 S^2 \frac{\partial^2 C}{\partial S^2} = rC. \tag{3.15}$$

Aspekte der Lösbarkeit können wir hier nicht darlegen (siehe Elliott und Kopp 1999, Theorem 7.6.2). Bemerke nur, dass die Randbedingung für die europäische Kaufoption $C_T = \max(S_T - K, 0)$ für $t = T$ gelten muss und diese die Lösung eindeutig macht. Es ergibt sich der Optionswert

---

[6] Kurze Wiederholung: Wenn dem nicht so wäre, würde Folgendes passieren. Fall 1: $dV > rV dt$ (mehr Gewinn): Ein Arbitrageur würde Kapital zum Zins r aufnehmen und in das Portfolio investieren, er hätte einen risikolosen Gewinn. Fall 2: $dV < rV dt$: Ein Arbitrageur würde das Portfolio (leer) verkaufen und die Einnahme in t in ein risikoloses Produkt mit Zins r stecken. In $t + dt$ könnte er dann den Käufer des Portfolios mit weniger entgelten, als er aus dem risikolosen Produkt bekommt.

$$C_t = S_t F_N(d_1) - K e^{-r(T-t)} F_N(d_2) \tag{3.16}$$

mit F_N als Verteilungsfunktion der $N(0, 1)$-Verteilung und

$$d_1 = \frac{\log\left(\frac{S_t}{K}\right) + \left(r + \frac{\sigma^2}{2}\right)(T-t)}{\sigma\sqrt{T-t}}$$

$$d_2 = \frac{\log\left(\frac{S_t}{K}\right) + \left(r - \frac{\sigma^2}{2}\right)(T-t)}{\sigma\sqrt{T-t}} = d_1 - \sigma\sqrt{T-t}.$$

In $t = t_0$ entspricht dieser Wert dem Verkaufspreis, also der Prämie.

Beispiel 17 *Wir berechnen den Optionswert einer Kaufoption auf eine Aktie, deren aktueller Kurs $S_t = 122$ ist. Die Volatilität wird als $\sigma = 0{,}4$ und die erwartete Verzinsung der Aktie mit $\mu = 0$ angenommen. Beim Ausübungszeitpunkt in 1,5 Jahren, $T = t + 1{,}5$, ist die Kursgrenze („Strike") $K = 150$. Der jährliche Nominalzins wird mit konstant $r = 5\,\%$ angenommen. Anwendung der Formel (3.16) ergibt:*

$$d_1 = \frac{\log\left(\frac{122}{150}\right) + (0{,}05 + 0{,}08) \cdot 1{,}5}{0{,}4\sqrt{1{,}5}} = -0{,}0237$$

$$d_2 = d_1 - 0{,}4\sqrt{1{,}5} = -0{,}5136$$

$$C_t = 122 \cdot F_N(-0{,}0237) - 150 \cdot e^{-0{,}05 \cdot 1{,}5} F_N(-0{,}5136) \approx 17{,}6$$

Dabei sind $F_N(-0{,}024) = 0{,}4904$ und $F_N(-0{,}5136) = 0{,}3036$ (Bleymüller und Weißbach 2015b, Tab. 12).

Das Programm für die Bewertung der Option könnte in SAS® z. B. so aussehen:

```
/*************************************************/
/* Bewertung einer europaeischen Kaufoption      */
/*************************************************/

proc iml;
start price(shareprice,volatility,strike,interest, timelag,
optionvalue);
d_1=(log(shareprice/strike) + (interest + volatility##2/2)
#timelag)/ (volatility#sqrt(1.5));
d_2=d_1 - volatility*sqrt(1.5);

N_d_1=probnorm(d_1); N_d_2=probnorm(d_2);

optionvalue=shareprice#N_d_1 - strike#exp(-interest#timelag)
#N_d_2;
finish;
```

3.2 Zeit- und zustandsstetige Modellierung

```
S_t=122; Sigma=0.4; K=150; r=0.05; t_0=0; T=1.5; diff=T-t_0;

run price(S_t,Sigma,K,r,diff,C_t); print C_t; quit;

------
C_t 17.57399
------
```

Formel (3.16) ist übrigens die dritte Formel für den Marktwert eines derivativen Geschäfts zwischen t_0 und T. Die erste war die eines Zinstermingeschäfts (2.6) zum Zeitpunkt t_1, zu dem der Terminkredit beginnt. Die zweite war in Satz 2.2 der Marktwert eines Zinstermingeschäfts zu einem *beliebigen* Zeitpunkt zwischen t_0 und t_1. Die Formel für ein Waren- oder Aktientermingeschäft lernen wird jetzt kennen.

Wie schon bei der Herleitung der DGL für die Kaufoption angedeutet, wurden deren Charakteristik zur Herleitung der Black-Scholes-DGL (3.15) gar nicht genutzt. Erst die Anfangsbedingung spiegelte den Optionscharakter wider. In der Tat gilt in Verallgemeinerung von Satz 3.2 die DGL für alle derivativen Produkte, was durch kurzes Durchdenken der Argumente schnell ersichtlich ist. Kommen wir zur Anwendung auf das Aktientermingeschäft.

Korollar 3.2 *Aus dem durch Verallgemeinerung von C_t in (3.15) auf allgemeines f_t erweiterten Satz 3.2 folgt als Wert f_t eines Aktientermingeschäfts, mit Laufzeit bis T und mit vereinbartem Preis K aus (2.4):*

$$f_t = S_t - K e^{-r(T-t)}$$

Es sei noch darauf verwiesen, dass $K = F(t_0, T)$ nicht von t abhängt, weil es sich um einen in t_0 geschlossenen Vertrag handelt und nicht um einen (neuen) in t zu verhandelnden Vertrag.

Beweis Es ist

$$\frac{\partial f}{\partial t} = -rKe^{-r(T-t)}, \quad \frac{\partial f}{\partial S} = 1 \quad \text{und} \quad \frac{\partial^2 f}{\partial S^2} = 0,$$

und also gilt die Black-Scholes-DGL (3.15):

$$-rKe^{-r(T-t)} + rS = r(S - Ke^{-r(T-t)}) = rf$$

□

Beweis (Elementare Alternative)

Fall 1 – angenommen $f_t > S_t - Ke^{-r(T-t)}$:

- in t:
  - Aktien auf Termin verkaufen (mit Erlös von f_t),
  - von Bank S_t leihen,
  - Aktie zu S_t kaufen,
  - auf der Bank $S_t - Ke^{-r(T-t)}$ anlegen (wir halten einen positiven Rest zu f_t zurück).
- in T:
  - von Bank $S_t e^{r(T-t)} - K$ erhalten,
  - Aktie zu K an Terminkäufer verkaufen,
  - Bank $S_t e^{r(T-t)}$ zurückzahlen.

Es bleibt ein risikoloser Gewinn, der im Widerspruch zur Annahme der Arbitragefreiheit steht.

Fall 2 – angenommen $f_t < S_t - Ke^{-r(T-t)}$:

- in t:
  - verkaufen eine Aktie,
  - gehen mit Zahlung von f_t Termingeschäft als Käufer ein,
  - legen $S_t - f_t$ bei Bank an.
- in T:
  - kaufen Aktie für K,
  - geben Aktie an Leerverkäufer zurück,
  - erhalten $(S_t - f_t)e^{r(T-t)}$ aus Anlage.

Der Gewinn aus der Strategie ist

$$(S_t - f_t)e^{r(T-t)} - K > \left(S_t - S_t + Ke^{-r(T-t)}\right)e^{r(T-t)} - K = 0,$$

was wieder im Widerspruch zur Arbitragefreiheit steht. □

Beweis (2. Alternative)

Stelle (2.9) um zu
$$C_t - P_t = S_t - Ke^{-r(T-t)}.$$

Nun beträgt im Zeitpunkt T der Wert einer Kaufoption $(S_T - K)^+$. Der Wert einer Verkaufoption zum selben Zeitpunkt beläuft sich auf $(K - S_T)^+$ und also einer *verkauften* $-(K - S_T)^+$. Der Wert des Portfolios aus einer (gehaltenen) Kaufoption und einer verkauften Kaufoption ist in T der Wert eines Termingeschäfts $S_T - K$, denn

1. $(S_T > K)$: $S_T - K - 0$ oder
2. $(S_T \leq K)$: $0 - (K - S_T) = S_T - K$.

Dann sind aber der Wert des Portfolios und der Wert der Termingeschäfts auch in allen anderen Zeitpunkten t aus Gründen der Arbitragefreiheit gleich, wie kurz vor (2.9) erläutert ist. Also ist $f_t = C_t - P_t = S_t - Ke^{-r(T-t)}$. □

Nachdem wir nun ein Modell für grundlegende Finanzmarktprodukte sowie Preis- und Marktwertformeln für Termin- und Optionsgeschäfte zusammen haben, wollen wir nun das Risiko quantifizieren. Wir beschränken uns auf den elementaren Begriff des „Value-at-Risk". Andere Maßzahlen, wie der „Expected Shortfall", stellen keine größere statistische Herausforderung dar.

3.3 Value-at-Risk

Ausgehend von der Preisbildung, für die der *erwartete* Marktwert zentral ist, werden auch andere Charakteristika der Wertverteilung im Finanzwesen benutzt. Hier soll es um die Prognose von Verlustobergrenzen als kleinen Quantilen der Wertverteilung, bzw. äquivalent als hohen Quantilen der Verlustverteilung, gehen. Der Ansatz wird „Value-at-Risk" genannt und ist seit Ende der 1990er-Jahre fest etabliert. Eine frühe, viel zitierte Arbeit ist Duffie und Pan (1997), für eine umfassende Darstellung siehe McNeil et al. (2005). Denn in Deutschland sieht die „Bundesanstalt für Finanzdienstleistungsaufsicht" (kurz BaFin) die Notwendigkeit, dass Banken im Fall von Verlusten, Eigenkapital zur Verlustdeckung vorhalten. In diesem Abschnitt geht es um Marktwertverluste, in Kap. 5 wird es dann zusätzlich um Kreditverluste gehen. Die Höhe des notwendigen Eigenkapitals, die Eigenkapitalunterlegung, setzt die BaFin grob mit dem Quantil gleich. Wir werden die Idee bei der Betrachtung auf Ebene des gesamten Portfolios in Kap. 5 schneller verstehen, sodass wir die Motivation erst dort geben werden. In den „Mindestanforderungen an das Risikomanagement" (kurz: MaRisk) wird (großen) Banken beim Betreiben von Handelsgeschäften freigestellt, ihre Risiken mit sogenannten „internen Modellen" selbst zu messen und die Eigenkapitalunterlegung zu berechnen. Bei der Anerkennung der Eigenkapitalberechnungen werden Qualitätsanforderungen auch an die mathematisch-statistische Modellierung gestellt.

Das Besondere aus statistischer Sicht ist nun, dass selbst für Produkte, deren *aktueller* Wert nicht berechnet werden muss, sondern beobachtbar ist, wie z. B. bei Aktien, der Bedarf eines Modells für den *zukünftigen* Verlauf entsteht, um das Quantil für den *zukünftigen* Wert zu ermitteln. So wird der erhebliche Modellierungsaufwand für den Verlauf eines Aktienkurses, den wir in Abschn. 3.1.2 „lediglich" für die Optionspreisformel benötigten, im Nachhinein noch einmal gerechtfertigt. Dabei wollen wir hier schon anmerken, dass dafür die Kenntnis der Volatilität σ nötig ist. Ihre Schätzung wird Aufgabe von Abschn. 3.4 werden.

Wie wir gleich sehen werden, können Quantile der Wertverteilung derivativer Produkte aus den Preis- und Wertformeln abgeleitet werden, wie wir sie in Abschn. 2.1.2 und 2.2 für Termingeschäfte und in Abschn. 3.1.2 für Aktienoptionen hergeleitet haben. Für die Berechnung ist zentral, dass beispielsweise der Wert eines Zinstermingeschäfts aus Satz 2.2 *linear* im aktuellen (spot) Zins, r^s, ist. Denn es ist ungefähr $e^{-r^s} \approx 1 - r^s$, da ein Zins r^s mathematisch nahe null ist. Das gilt dann zwangsläufig auch für die Wertänderung über ein relevantes kurzes Zeitintervall. Wird also die Änderung eines (meist logarithmierten) Zinses, Preises oder Kurses als Normalverteilung modelliert, so liegt der Wert eines entsprechenden Termingeschäfts ebenfalls in dieser Verteilungsklasse, da sich die Normalverteilung „reproduziert" (Bleymüller und Weißbach 2015a, Tab. 8.8 und Abschn. 11.6). Lediglich die Varianz muss mit einem Faktor versehen werden.

Da es bei einigen Produkten keine geschlossenen Darstellungen des Marktwerts und/oder deren Verteilung gibt, kommen ebenfalls Methoden der Computersimulation zum Einsatz (siehe z. B. Glasserman 2004, Kap. 8). Wir wollen auch das, aber anhand von einfachen Produkten, illustrieren.

3.3.1 Einzelgeschäft – univariat

Für das Marktpreisrisiko eines Geschäfts mit sichtbarem Preisverlauf folgt das Value-at-Risk aus Modell (3.9). Konkret kann z. B. für eine Aktie, oder jedes ähnlich modellierte Produkt, ein unteres α-Quantil wie in (3.11) bestimmt werden.

Kommen wir deshalb direkt zu derivativen Geschäften, und zwar zunächst zum Termingeschäft. Die erste Marktwertformel in diesem Buch (2.6) bezog sich auf nur *einen* Zeitpunkt, nämlich t_1, zu dem der Terminkredit beginnt (siehe auch Abb. 2.4). Und ein Vertragspartner in einem Zinstermingeschäft könnte sich schon in $t < t_1$ fragen, welche Zahlung zum Ausgleich der Marktwerte von Terminkredit und aktuell gängigem Kredit, im Horizont $t^H = t_1$ auf ihn zukommt. Die vier involvierten Zeitpunkte führt Abb. 3.6 vor Augen.

Da der Terminzins r^f vereinbar ist, wäre einzig der in t noch nicht bekannte, dann in $t^H = t_1$ aktuelle (spot) Zins $r^s_{(T-t^H)}$ vorherzusagen. Also muss von der univariaten Verteilung dieses Zinses auf die – univariate – Verteilung vom Marktwert des Termingeschäfts geschlossen werden.

Wir wollen uns das Studium zunächst noch etwas einfacher machen und betrachten statt des Zinstermingeschäfts ein Waren- oder Aktientermingeschäft wie es noch vor dem Zinstermingeschäft in Abschn. 2.1.2 vorgestellt wurde. Die Formel für den Marktwert gibt

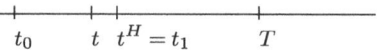

Abb. 3.6 Zeitpunkte für Value-at-Risk eines Termingeschäfts

3.3 Value-at-Risk

aber erst das Korollar 3.2 an. Angenommen also, wir befinden uns in einem Zeitpunkt t zwischen Abschluss des Geschäfts (in t_0) und dessen Ausübung (in T) und haben als Risikohorizont die Zukunft $t^H \in]t, T]$. In einer anderen Interpretation von t^H, nicht als t_1, stellt Abb. 3.6 auch diese Situation dar. Sei der Zins aber nun als deterministisch, also bekannt, und konstant angenommen, dann hat ein Aktientermingeschäft in einem Zeitpunkt t^H gemäß Korollar 3.2 den in t noch unbekannten Wert

$$f_{t^H} = F(S_{t^H}) = S_{t^H} - Ke^{-r(T-t^H)}. \tag{3.17}$$

Dabei steht K hier wieder kurz für $F(t_0, T)$ aus (2.4).[7] Wir fassen den Wert als univariate Funktion $F(\cdot)$, also einzig in Abhängigkeit des Kurses S_{t^H} auf. Der Wert S_{t^H} ist noch nicht bekannt, daher nicht $\mathcal{F}_t$-messbar, also ist auch $F(S_{t^H})$ nicht $\mathcal{F}_t$-messbar. Der Wert ist aber $\mathcal{F}_{t^H}$-messbar, d. h. wird in t^H bekannt sein, und damit ist in t seine Verteilung bekannt. Für eine konservative Abschätzung des Marktpreisrisikos muss der Halter des Termingeschäfts das (untere) α-Quantil der Verteilung von $F(S_{t^H}) - F(S_t)$ ermitteln. Da $F(S_t)$ bekannt ist, reicht es q_α zu ermitteln, sodass

$$P(F(S_{t^H}) \leq q_\alpha) = \alpha.$$

Definition 3.2 Für ein Finanzprodukt nennt man die Differenz zwischen dem α-Quantil der Wertverteilung in einem Risikohorizont und dem aktuellem Marktwert *Value-at-Risk* zum Niveau α (VaR$_\alpha$).

Der Horizont, über den die Wertänderung zu berechnen ist, ist aus theoretischer Sicht nicht wichtig. Die Literatur spricht häufig von eintägiger Änderung, d. h. $t^H - t = 1$ Tag.[8] Nun ist $F(S)$ linear, d. h. mit dem streng monotonen Anstieg in S, wie er übrigens auch für das Zinstermingeschäft (2.6) gilt. Es existiert die Inverse von $F(\cdot)$, und da $S_{t^H} > 0$ ist, folgt

$$P(F(S_{t^H}) \leq q_\alpha) = P[S_{t^H} \leq F^{-1}(q_\alpha)] = P[\log S_{t^H} \leq \log F^{-1}(q_\alpha)].$$

Wegen der Annahme über den Verlauf des Aktienkurses (3.9) ist dann wieder

$$\log S_{t^H} \sim N\left(\underbrace{\log S_t + \left(\mu - \frac{\sigma^2}{2}\right)(t^H - t)}_{=:\theta}, \underbrace{\sigma^2(t^H - t)}_{=:\kappa^2}\right). \tag{3.18}$$

---

[7] Denn, wie in Abschn. 2.1.2 argumentiert, wollten wir in t^H einem Vertragspartner den Verkauf einer Aktie in T zum Preis von K garantieren, müssten wir diese in t^H für S_{t^H} kaufen und die Kosten dem diskontierten Wert von K gegenüberstellen.
[8] Die Intervalle werden regulatorisch vorgegeben und sind grob in den Mindestanforderungen an das Risikomanagement formuliert.

Grob gesagt, muss also $\log F^{-1}(q_\alpha)$ als unteres α-Quantil der obigen Verteilung gewählt und nach q_α aufgelöst werden. In Kurzform ist $P(X \leq a) = \alpha$ für $X \sim N(\theta, \kappa^2)$ äquivalent zu

$$P\left(\frac{X-\theta}{\kappa} \leq \frac{a-\theta}{\kappa}\right) = \alpha.$$

Daraus folgt

$$\frac{a-\theta}{\kappa} = u_\alpha,$$

wobei wieder u_α das α-Quantil der Standardnormalverteilung bezeichnet. Also ist $\log F^{-1}(q_\alpha) =: a = u_\alpha \kappa + \theta$ und damit $q_\alpha = F(e^{\kappa u_\alpha + \theta})$. Mit $\kappa = \sigma\sqrt{t^H - t}$ ist

$$\begin{aligned} VaR_\alpha &= q_\alpha - F(S_t) = e^{u_\alpha \sigma \sqrt{t^H - t} + \log S_t + \left(\mu - \frac{\sigma^2}{2}\right)(t^H - t)} - K e^{-r(T - t^H)} - F(S_t) \\ &= S_t e^{u_\alpha \sigma \sqrt{t^H - t} + \left(\mu - \frac{\sigma^2}{2}\right)(t^H - t)} - S_t - K \underbrace{\left(e^{-r(T - t^H)} - e^{-r(T - t)}\right)}_{\approx 0}. \end{aligned} \quad (3.19)$$

Dabei ist der letzte Summand in (3.19) mitunter unerheblich, weil:

1. Der Risikohorizont $t^H - t$ ist, relativ zur Vertragsrestlaufzeit $T - t$, klein.
2. Der Zins r ist klein.
3. Die Aktienkursvolatilität σ, multipliziert mit $|u_\alpha| > 2$ und $\sqrt{t^H - t} \approx 1$, dominiert den Exponenten im ersten Summanden.

Im Risikomanagement findet auch das obere α-Quantil einer Marktwertverteilung Verwendung. Es wird in der Literatur als Kreditäquivalent (engl. *credit equivalent* ($CRE_{1-\alpha}$)) bezeichnet, weil es die konservative Abschätzung des Marktwerts ist, zum dem der Produkthalter sich wieder wird eindecken müssen, wenn der Schuldner ausfällt.

Beispiel 18 *Der Goldpreis folge einer geometrischen Brown'schen Bewegung (3.9) mit $\mu = 0{,}05$ und $\sigma = 0{,}5$. Der Warenwert in t und der vereinbarte Preis für $T = t+1$ seien 110 €. Wir wollen das Kreditäquivalent eines Warentermingeschäfts zum Zeitpunkt $t^H = t + 0{,}25$ bei einem Niveau von $1 - \alpha = 99\%$ berechnen. Wegen der Formel (3.18) folgt für den Goldpreis*

$$\begin{aligned} \log S_{t^H} &\sim N\left(\log S_t + \left(\mu - \frac{\sigma^2}{2}\right)(t^H - t), \sigma^2(t^H - t)\right) \\ &\sim N(4{,}68; 0{,}0625). \end{aligned}$$

Den Zins nehmen wir als konstant (und deterministisch) bei 5 % an. Wie in Formel (3.19), nur ohne Abzug des aktuellen Marktwerts bei Ersetzen von α als $1 - \alpha$, gilt für das $1 - \alpha$-Quantil, d.h. für das Kreditäquivalent:

3.3 Value-at-Risk

$$CRE_{1-\alpha} = S_t e^{u_{1-\alpha}\sigma\sqrt{t^H-t}+\left(\mu-\frac{\sigma^2}{2}\right)(t^H-t)} - Ke^{-r(T-t^H)}$$
$$= 110 \cdot e^{2{,}326 \cdot 0{,}5 \cdot \sqrt{0{,}25}-0{,}019} - 110 \cdot e^{-0{,}05 \cdot (1-0{,}25)}$$
$$= 193{,}10 - 105{,}95 = 87{,}15 \; \text{€}$$

Dabei ist $F_N^{-1}(0{,}99) \approx 2{,}326$ (Bleymüller und Weißbach 2015b, Tab. 12).

Nun war beim Aktientermingeschäft (3.17) linear, was für die Formel des Zinstermin geschäfts (2.6) immer noch ungefähr gilt. Es hängen aber nicht alle derivativen Geschäfte *linear* von einem Referenzprodukt ab. Für die Aktienoption fordert (3.12), dargestellt in Abb. 3.5, für $t < T$ zwar einen streng monotonen Zusammenhang, den man invertieren könnte. Aber zumindest lässt sich in (3.16) diese Monotonie, wegen d_2, nicht direkt erkennen und nutzen. Als Vereinfachung der Rechnung bei komplexeren Produkten stellt sich die lineare (Taylor-)Approximation (engl. *linear proxy*) dar (siehe McNeil et al. 2005, S. 27). Hierbei stellen wir die Wertveränderung eines beliebigen derivativen Finanzprodukts in Abhängigkeit lediglich eines Basisprodukts, d. h. $\Delta F := F(S_{t^H}) - F(S_t)$, in linearer Abhängigkeit eines normalverteilten Risikofaktors X dar.[9] Auch wenn für das Termingeschäft unnötig, wollen wir zur Illustration der Technik die Linearisierung ausprobieren. Definiere zunächst den logarithmierten Preisprozess $X_t := \log S_t$. Somit ist für das Termingeschäft

$$F(X_{t^H}) = e^{X_{t^H}} - Ke^{-r(T-t^H)}. \tag{3.20}$$

Dann ist nach linearer Approximation von $F(\cdot)$ im Entwicklungspunkt X_t und dann eingesetzt $X_t = \log S_t$:

$$\Delta F \approx F'(X_t)(X_{t^H} - X_t)$$
$$\approx S_t X, \quad \text{mit} \quad X \sim N[0, \sigma^2(t^H - t)] \tag{3.21}$$

Die letzte Approximation ergibt sich aus der Tatsache, dass aus (3.20) $F'(X_t) = e^{X_t} = S_t$ und $X_{t^H} - X_t = \log S_{t^H} - \log S_t \approx X \sim N[0, \sigma^2(t^H - t)]$ folgen. Der Erwartungswert von $\log S_{t^H} - \log S_t$ kann vernachlässigt werden, da der Trend innerhalb eines Tages im Vergleich zum Quantil relativ klein ist. Die Linearisierungsidee für das Zinstermingeschäft wurde bereits in Abschn. 2.4 angedeutet.

Eine genauere, den Approximationsfehler der Linearisierung vermeidende Darstellung der Verteilung kann unter Verwendung einer computergestützten *Monte-Carlo Simulation*

---

[9] Die Notation Δ ist insofern konsistent mit der in (1.13), als dass t^H als $t + 1$ definiert werden könnte und bei täglichen Zeitschritten dem eintägigen Risikohorizont entspricht. Wie oben erwähnt, ist der Horizont zwar typisch, soll aber nicht ausschließlich gemeint sein. Der Index kann hier wie in Abschn. 3.1 entfallen, da nur zwei Zeitpunkte betrachtet werden.

erzielt werden. Die Grundidee ist, zunächst gleich wahrscheinliche Zukunftsszenarien ω_i, $i = 1, \ldots, n_{sim}$, für t^H und damit Zustände des Aktienkurses $S_{t^H}(\omega_i)$ aus deren Verteilung zu simulieren. Die Zustände können dann zu zukünftigen Zuständen des Marktwerts eines beliebigen Derivates kombiniert werden: $F_i := F[S_{t^H}(\omega_i)]$. Über die Ordnungsstatistik $F_{(i)}$, $i = 1, \ldots, n_{sim}$ kann nun das Value-at-Risk q_α als

$$VaR_\alpha \approx F_{([\alpha \cdot n_{sim}])} - F(S_t)$$

approximiert werden. Die Gauß-Klammer $[\cdot]$ stellt die Ganzzahligkeit des Arguments sicher.

3.3.2 Einzelgeschäft – multivariat

Wir wollen nun das Risiko eines komplexeren Produkts bestimmen. Sein Wert wird nicht mehr nur – univariat – von *einer* Finanzmarktgröße abhängen, sondern – multivariat – von mehreren. Als Beispiel fällt uns zunächst das Zinstermingeschäft aus Abschn. 2.2 ein. Zu Beginn des letzten Unterabschnitts war es ein Beispiel der univariaten Situation, weil der Zeitpunkt des Kreditbeginns t_1 mit dem Risikohorizont t^H zusammenfiehl. Deshalb hatte Formel (2.6) nur *eine* zufällige Veränderliche. Falls $t^H < t_1$ ist, kann die Formel für den Marktwert in Lemma 2.2 Anwendung finden. *Zwei* Zinssätze sind zu prognostizieren. Aber auch beim Devisentermingeschäft aus Abschn. 2.2 hatten wir, neben dem Wechselkurs, zwei Zinssätze bei der Replikation verwendet, was vermuten lässt, dass hier ebenfalls mehrere Finanzmarktgrößen Risikofaktoren sind. Wieder können wir aber die Argumente sogar an einem Waren- oder Aktientermingeschäft durchdenken, indem wir dessen Marktwert aus Korollar 3.2 nun komplexer als im vorhergehenden Abschn. 3.3.1 auffassen. Wir wollen nämlich zusätzlich die Abhängigkeit vom zukünftigen, also zufälligen – wenn auch immer noch als konstant angenommenen – Zins r mit Wert in t^H berücksichtigen. Der Einfachheit halber unterscheidet die Notation nicht im Zins als Zufallsvariable oder als deterministischen Zins. Auch steht das Subskript nun nicht, wie in Abschn. 2.2[10], für die Unterschiede in der Laufzeit des Kredits, sondern für die Veränderlichkeit in der (Kalender-)Zeit,

$$F(S_{t^H}, r_{t^H}) = S_{t^H} - K e^{-r_{t^H}(T - t^H)}.$$

Gesucht ist wieder das α-Quantil q_α, sodass gilt

$$P(F(S_{t^H}, r_{t^H}) \leq q_\alpha) = \alpha,$$

wobei t^H wieder typischerweise „morgen" ist.

Da die Preisfunktion nun aber eine Abbildung von $\mathbb{R}^2$ nach $\mathbb{R}$ ist, hat sie keine Inverse. Allerdings kennen wir S_{t^H} und r_{t^H} nach entsprechender Modellierung in Verteilung. Eine

---

[10] In Abschn. 2.2 steht das Subskript zur Unterscheidung in Klammern. Insofern ist die Notation hier die Vereinfachung von $r_{(T-t_0), t^H}$.

3.3 Value-at-Risk

erste Möglichkeit ist wieder die lineare Approximation. Wir entwickeln F um $(\log S_t, \log r_t)$ und definieren zunächst $X_t := \log S_t$ und $Y_t := \log r_t$. Mit

$$F(X_t, Y_t) = e^{X_t} - K e^{-e^{Y_t}(T-t)}$$

rechnet man leicht nach, dass

$$\frac{\partial F(X_t, Y_t)}{\partial X_t} = e^{X_t} = S_t.$$

Außerdem gilt

$$\frac{\partial F(X_t, Y_t)}{\partial Y_t} = -K e^{-e^{Y_t}(T-t)}(-1)(T-t)e^{Y_t}$$
$$= K e^{-r_t(T-t)}(T-t)r_t.$$

Somit ist

$$\Delta F := F(X_{t^H}, Y_{t^H}) - F(X_t, Y_t) \approx \frac{\partial F(x, y)}{\partial x}\bigg|_{(\log S_t, \log r_t)} (X_{t^H} - X_t)$$
$$+ \frac{\partial F(x, y)}{\partial y}\bigg|_{(\log S_t, \log r_t)} (Y_{t^H} - Y_t)$$
$$\approx S_t X + K r_t e^{-r_t(T-t)}(T-t)Y, \quad (3.22)$$

mit $X \sim N[0, \sigma_S^2(t^H - t)]$ und $Y \sim N[0, \sigma_r^2(t^H - t)]$.

Falls S_{t^H} und r_{t^H} stochastisch unabhängig sind, ist ΔF normalverteilt mit Erwartungswert null und Varianz

$$S_t^2 \sigma_S^2(t^H - t) + K^2 r_t^2 e^{-2r_t(T-t)}(T-t)^2(t^H - t)\sigma_r^2.$$

Da der Zins r_t deutlich kleiner als eins ist, kann man Potenzen davon vernachlässigen, d. h. $r_t^2 \approx 0$. Für den Wertzuwachs gilt bei Definition von $t^H - t := 1$, wenn $T - t$ nicht zu groß ist,

$$Var(\Delta F) \approx S_t^2 \sigma_S^2.$$

Falls wir eine Korrelation $\rho := \rho(\log S_{t^H}, \log r_{t^H})$ annehmen, ist nur die Varianz betroffen. Diese muss dann vergrößert werden um

$$2\rho S_t K r_t e^{-r_t(T-t)}(T-t)(t^H - t)^2 \sigma_r \sigma_S.$$

Die genauere Darstellung der Verteilung kann wieder mittels *Monte-Carlo-Simulation* ermittelt werden. Bei Annahme der Unabhängigkeit von Aktienkurs und Zins können, wie bei der univariaten Risikoabschätzung für ein Geschäft aus Abschn. 3.3.1, sequenziell n_{sim} Zustände des Aktienkurses $S_{t^H}(\omega_i)$ und n_{sim} des Zinses $r_{t^H}(\tilde{\omega}_i)$ aus deren univariaten Verteilungsbeschreibungen simuliert werden. Bei Abhängigkeit sind n_{sim} zukünftige Zustände

ω_i für Aktienkurs und Zins aus deren gemeinsamer, zweidimensionaler Verteilung zu simulieren. Die Zustände können dann bei Unabhängigkeit wie bei Abhängigkeit zu n_{sim} zukünftigen Zuständen des Derivatepreises kombiniert werden:

$$F_i := \begin{cases} F[S_{t^H}(\omega_i), r_{t^H}(\tilde{\omega}_i)] & \text{bei Unabhängigkeit} \\ F[(S_{t^H}, r_{t^H})'(\omega_i)] & \text{bei Abhängigkeit} \end{cases} \quad (3.23)$$

Über die Ordnungsstatistiken $F_{(i)}$, $i = 1, \ldots, n_{sim}$ kann wieder das Value-at-Risk q_α als

$$VaR_\alpha \approx F_{([\alpha \cdot n_{sim}])} - F(S_t, r_t)$$

approximiert werden. Die marginalen Verteilungen ergeben sich aus den stochastischen Differentialgleichungen (3.9), d. h. bei Unabhängigkeit von Aktienkurs und Zins, wobei der Zins kein Kapital ist und damit keine Verzinsung μ erwarten lässt,

$$\begin{aligned} dS_t &= \mu_S S_t dt + \sigma_S S_t dB_t \\ dr_t &= \sigma_r r_t d\tilde{B}_t. \end{aligned} \quad (3.24)$$

Wieder folgt

$$\log S_{t^H} \sim N\left(\log S_t + \left(\mu_S - \frac{\sigma_S^2}{2}\right)(t^H - t), \sigma_S^2(t^H - t)\right)$$

$$\log r_{t^H} \sim N\left(\log r_t + \frac{\sigma_r^2}{2}(t^H - t), \sigma_r^2(t^H - t)\right).$$

Falls wir a priori Abhängigkeit erwarten, was z. B. bei zwei Zinsen verschiedener Währungen wie im Devisentermingeschäft durchaus nötig erscheint, folgt

$$\begin{pmatrix} \log S_{t^H} \\ \log r_{t^H} \end{pmatrix} \sim N_2(\boldsymbol{\theta}, (t^H - t)\boldsymbol{\Sigma}), \quad (3.25)$$

mit

$$\boldsymbol{\theta} = \begin{pmatrix} \log S_t + \left(\mu_S - \frac{\sigma_S^2}{2}\right)(t^H - t) \\ \log r_t + \frac{\sigma_S^2}{2}(t^H - t) \end{pmatrix} \text{ und}$$

$$\boldsymbol{\Sigma} = \begin{pmatrix} \sigma_S^2 & \rho\sigma_S\sigma_r \\ \rho\sigma_S\sigma_r & \sigma_r^2 \end{pmatrix}.$$

Wegen Formel (1.5) aus Abschn. 1.1.1 suchen wir nun die Wurzel der Varianz-Kovarianz-Matrix.[11] Mit der Verwendung von **A** aus (1.7) gilt $\mathbf{A} \in \mathbb{R}^{2 \times 2}$ und $\mathbf{AA}' = \boldsymbol{\Sigma}$. Somit kann

---

[11] Diese Prozeduren sind üblicherweise in mathematischer und statistischer Standardsoftware, wie z. B. Mathematika® und SAS®, implementiert.

3.3 Value-at-Risk

$$\begin{pmatrix} \log S_{t^H} \\ \log r_{t^H} \end{pmatrix} = \mathbf{A}\mathbf{Z} + \begin{pmatrix} \log S_{t^H} + \left(\mu_s - \frac{\sigma_s^2}{2}\right)(t^H - t) \\ \log r_{t^H} + \frac{\sigma_r^2}{2}(t^H - t) \end{pmatrix}$$

wie gewünscht simuliert werden, wobei $\mathbf{Z} \sim N_2(\mathbf{0}, \mathbf{I})$ als bivariate Normalverteilung mit Erwartungswertvektor $\mathbf{0}$ und der Einheitsmatrix $\mathbf{I}$ als Varianz-Kovarianz-Matrix aus zwei unabhängigen univariaten Stadardnormalverteilungen übereinander zu stapeln ist. Die simulierten Werte können wir nun komponentenweise durch Anwendung der Exponentialfunktion auf die Originalskala tranformieren,

$$\exp\left\{\begin{pmatrix} \log S_{t^H} \\ \log r_{t^H} \end{pmatrix}(\omega_i)\right\}_{i=1,\ldots,nsim} = \begin{pmatrix} S_{t^H}(\omega_i) \\ r_{t^H}(\omega_i) \end{pmatrix}_{i=1,\ldots,nsim},$$

und in die Preisfunktion $\{F[(S_{t^H}, r_{t^H})(\omega_i)]\}_{i=1,\ldots,nsim}$ einsetzen.

Beispiel 13 (2. Fortsetzung) *Programm zur Berechnung des Value-at-Risk eines Zinstermingeschäfts („FRA market risk engine"). Für das Beispiel steht der Terminzins, berechnet in Beispiel 13, nun fest als $K = 0{,}07$. Die Formel für den Marktwert eines Zinstermingeschäfts zu beliebiger Zeit t, zwischen Abschluss in t_0 und Kreditvergabe in t_1, ist in Satz 2.2 gegeben. Er ist für das Beispiel in der 1.Fortsetzung programmiert worden. Wir wollen nun bereits zum Zeitpunkt des Abschlusses, also bei $t = t_0$, das Value-at-Risk zum Niveau $\alpha = 1\,\%$ für einen halbjährigen Horizont, d.h. $t^H = t + 0{,}5$, berechnen. Die Bezeichnungen (dargestellt in Abb. 3.7) sind tabellarisch:*

t_0	*Zeitpunkt des Abschlusses*
	– identisch zu Betrachtungszeitpunkt $t = t_0$ –
t^H	*Horizont*
	– ein halbes Jahr nach Abschluss/Betrachtung $t^H = t + 0{,}5$ –
t_1	*Kreditbeginn – $t_1 = t + 1$ –*
T	*Laufzeitende – $T = t + 2$ –*

Der Wert in t^H wird gemäß Satz 2.2 lauten:

$$f_{t^H}(K) = \left(e^{K(T-t_1)} - e^{r^f_{(T-t_1),t^H}(T-t_1)}\right) e^{-r^s_{(T-t^H),t^H}(T-t^H)}, \qquad (3.26)$$

wobei, wie bei der 1. Fortsetzung, $A = 1$ angenommen wird. Erstmals verwenden wir hier ein zweites Subskript beim aktuellen Zins, denn da wir in t sind, müssen wir kennzeichnen, dass der zukünftig aktuelle Zins r^s im Zeitpunkt t^H gemeint ist. Genauso verfahren wir beim dann in t^H aktuellen Terminzins $r^f_{(T-t_1),t^H}$. Wir wollen den aktuellen Zins zum Zeitpunkt t^H für einen marktüblichen Kredit der Laufzeit $l \in \{0{,}5; 1{,}5\}$ mit $r^s_{(l),t^H}$ bezeichnen. Den Terminzins für die Periode von t_1 bis T, abgeschlossen in t^H, wollen wir genauer $r^f_{(T-t_1),t^H}$ nennen. Für die Berechnung von

$f_{t^H}(K)$ werden wir in t^H zwei aktuelle Zinssätze benötigen. Zunächst einmal direkte $r^s_{(T-t^H),t^H}$ bzw. konkret $r^s_{(18M),t^H}$. Für die Bewertung des Terminzins (aus Sicht von t^H) für ein Zinstermingeschäft, dessen Kredit dann in sechs Monaten beginnt und dessen Laufzeit von da an in 18 Monaten endet, benötigen wir den aktuellen Zins in t^H für sechs Monate, genannt $r^s_{(6M),t^H}$, und noch einmal den für 18 Monate. (Alternativ könnte z. B. auch direkt der Terminzins verwendet und modelliert werden, falls dafür Daten zur Schätzung der Parameter verfügbar sind.) Formel (2.5) vereinfacht sich zu:

$$r^f_{(T-t_1),t^H} = \frac{r^s_{(T-t^H),t^H}(T-t^H) - r^s_{(t_1-t^H),t^H}(t_1-t^H)}{T-t^H}$$
$$= \frac{r^s_{(18M),t^H} \cdot 1{,}5 - r^s_{(6M),t^H} \cdot 0{,}5}{1{,}5} \qquad (3.27)$$

Neben dem sechsmonatigen Zins direkt fließen über Formel (3.27) der sechs- und der 18-monatige aktuelle Zins indirekt in den Marktwert (3.26) ein. Nun folgt die Modellierung der Zinskurvenstochastik, wobei die Zinskurve heute (spot) die Form $r^s_{(T-t_0),t_0} = 0{,}01 + 0{,}02(T-t_0)$ habe.

Schritt 1 *(innerhalb der Simulationsschleife)*: Zum Zeitpunkt t_0 kennen wir beide Zinssätze $r^s_{(6M),t^H}$ und r^s_{18M,t^H} noch nicht, aber in Erweiterung unserer bisherigen Modellierung eines konstanten Zinses (3.24) können wir zwei Zinsmodelle mit Volatilität $\sigma_{(6M)}$, bzw. $\sigma_{(18M)}$, definieren, sodass:

$$\log r^s_{(6M),t^H} \sim N\left(\log r^s_{(6M),t_0} - \frac{\sigma^2_{(6M)}}{2}\left(t^H - t_0\right), \sigma^2_{(6M)}\left(t^H - t_0\right)\right)$$

$$\log r^s_{(18M),t^H} \sim N\left(\log r^s_{(18M),t_0} - \frac{\sigma^2_{(18M)}}{2}\left(t^H - t_0\right), \sigma^2_{(18M)}\left(t^H - t_0\right)\right)$$

Als Arbeitshypothese nehmen wir für die Varianzen der Zinsen $\sigma^2_{6M} = \sigma^2_{18M} = 0{,}25$ an. Nun sind die beiden Zinssätze sicherlich nicht unkorreliert. Wir wollen $\rho(\log r^s_{(6M),t^H}, \log r^s_{(18M),t^H}) = 0{,}9$ annehmen. Die technischen Schritte der Generierung der zufälligen Zinssätze lauten nun:

1. *Zufallsgenerierung zweier standardnormalverteilter Zufallsvariablen.*
2. *Multiplikation der zum Vektor gestapelten ZV mit der Wurzel aus der Matrix*

$$\begin{pmatrix} 1 & 0{,}9 \\ 0{,}9 & 1 \end{pmatrix}.$$

3.4 Schätzen des Volatilitätsparameters

3. Multiplikation der ersten Zufallsvariable mit $\sigma_{(6M)}\sqrt{t^H - t_0}$ und der zweiten mit $\sigma_{(18M)}\sqrt{t^H - t_0}$.
4. Addition zum Vektor

$$\begin{pmatrix} \log r^s_{(6M), t_0} - \frac{\sigma^2_{(6M)}}{2}\left(t^H - t_0\right) \\ \log r^s_{(18M), t_0} - \frac{\sigma^2_{(18M)}}{2}\left(t^H - t_0\right) \end{pmatrix}.$$

5. Anwendung der Exponentialfunktion auf die Komponenten des Vektors.

Schritt 2 *(Simulationsschleife): Führe für $i = 1, \ldots, nsim$ die Schritte 1.1. – 1.5. durch und (jeweils):*

a) *Setze in Terminzins (3.27) ein.*
b) *Setze Terminzins (3.27) und $r^s_{(18M), t^H}$ in Marktwertformel (3.26) ein.*

Schritt 3 *(nach Simulationsschleifen): Bestimme für diese nsim gemäß (3.23) definierten $f_{t^H}(K) = F_i = F(r^s_{(6M), t^H}, r^s_{(18M), t^H})'(\omega_i)$ das empirische α-Quantil $F_{([\alpha \cdot nsim])}$. Natürlich ist das Vorgehen in einem Swap wegen Satz 2.2 analog, mit nur dann mehr als zwei Zinssätzen.*

Eine statistische Frage ist, inwieweit sich die Schätzung der Varianz-Kovarianz-Matrix Σ auswirkt. Eine unverzerrte Schätzung stellt hier keine ausreichende Güte dar, da die Standardfehler der Schätzer sich auf die Quantile der Marktwertverteilung, also auf das Value-at-Risk, auswirken. Eine frühe Analyse in der Finanzökonomie beschreiben Klein und Bawa (1976). Rosenow und Weißbach (2009) untersuchen, wie sich die Verteilung der geschätzen Eigenwerte von Σ im Value-at-Risk fortpflanzt.

3.4 Schätzen des Volatilitätsparameters

Bis hierher waren die Berechnungen des Marktpreisrisikos eigentlich nur theoretischer Natur. Denn z. B. in der Marktwertformel für eine Option (3.16) war noch der Parameter σ^2 (in d_1 und d_2) zu spezifizieren. In den Value-at-Risk Formeln für eine Aktie (3.11), ein Aktientermingeschäft (3.19) oder ein Zinstermingeschäft (in der 2. Fortsetzung von Beispiel 13) waren ebenfalls noch Varianzen anzugeben. Mit der Varianz σ^2 war dabei immer

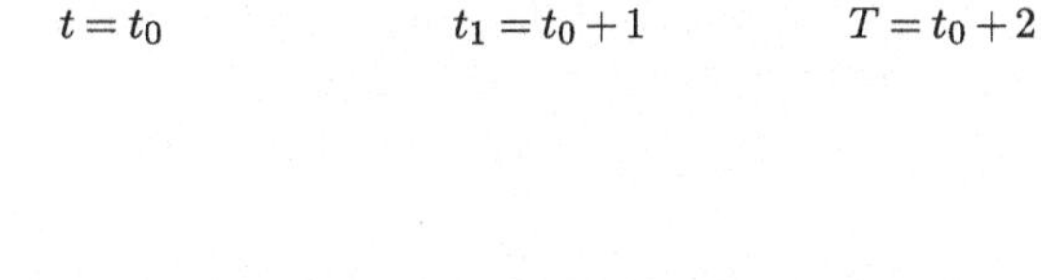

Abb. 3.7 Zeitpunkte für Value-at-Risk des Termingeschäfts in Beispiel 13

$t^H = t_0 + 0,5$

$t = t_0 \qquad t_1 = t_0 + 1 \qquad T = t_0 + 2$

der Parameter in der geometrischen Brown'schen Bewegung (3.9) gemeint. Auch wenn der Lokationsparameter μ mitunter auftaucht (etwa in (3.11)), so ist doch das Risiko dominiert durch die Wahl von σ^2. Auch weil die Lokationsschätzung ein elementares Problem darstellt, dem im Rahmen der einführenden Statistikliteratur viel Raum gegeben ist, wollen wir uns hier auf die Schätzung von σ^2 beschränken. Die Varianzschätzung ist in der einführenden Literatur weniger dargestellt, weil sie meist nur Mittel zum Zweck ist, wie etwa bei der Schätzung eines Konfidenzintervalls für den Mittelwert (siehe z. B. Bleymüller und Weißbach 2015a, Abschn. 14.2).

3.4.1 Beobachtung einer Brown'schen Bewegung

Nehmen wir zunächst an, wir würden eine geometrische Brown'sche Bewegung (3.9), etwa einen Aktienkursverlauf oder Ähnliches, beobachten. Black und Scholes (1973) schlagen in Abschn. 11.3 vor, diesen zu logarithmieren, womit wir eine Irrfahrt hätten (siehe Beispiel 9). Denn die Zuwächse über nacheinander folgende Intervalle der Breite dt wären wegen (3.10) zusammen mit der Eigenschaft c) aus Definition 1.12 ein weißes Rauschen nach Beispiel 8:

$$d \log S_t \sim N\left[\left(\mu - \frac{\sigma^2}{2}\right)dt, \sigma^2 dt\right] \quad (3.28)$$

Somit könnte $\sigma^2 dt$ durch den üblichen Varianzschätzer (siehe Bleymüller und Weißbach 2015a, Abschn. 4.2) approximiert werden und das Teilen durch dt würde dann auf σ^2 führen. Theoretisch könnten wir die Intervalllänge dt beliebig klein und damit die Stichprobe beliebig groß wählen. Damit würde σ^2 im Grenzwert nicht nur geschätzt, sondern wäre bekannt. Aber wie Black und Scholes (1973) in Abschn. 11.3 auch anmerken, werden Aktien- oder Wechselkurs, Zinsen oder Goldpreise für gewöhnlich nur in festen Intervallen beobachtet. Dieses vermeintlich alte Problem des diskreten „Abtastens" eines zeitstetigen Prozesses wird bis in die Gegenwart immer noch wissenschaftlich diskutiert (Aït-Sahalia 2002, Kremer und Weißbach 2013, 2014). Den Anfang macht aber die Zeitreihe, die bei diskreter Beobachtung einer Brown'schen Bewegung (wie in der 1. Fortsetzung von Beispiel 9) entsteht. Jede beobachtete Reihe $x_1, x_2, \ldots, x_n$ wird, sei es bei diskreter Beobachtung einer Standard-, oder einer geometrischen Brown'schen Bewegung, als Realisation eines stochastischen Prozesses aufzufassen sein (siehe Abschn. 1.3.2). Im Weiteren wird diese Realisation, d. h. die Zeitreihe, mit $\{x_t\}_{t=1}^n$ bezeichnet, während der stochastische Prozess mit $\{X_t\}_{t\in\mathcal{T}}$ bezeichnet wird.

Allerdings werden wir weitergehende Modelle studieren müssen, da die empirischen Ergebnisse der Annahme einer geometrischen Brown'schen Bewegung widersprechen. Ein anschauliches Beispiel, bei dem eine lineare Varianzsteigerung, auch auf der Log-Skala, unrealistisch erscheint, ist die Verzinsung von 10-jährigen US-Staatsanleihen (engl. *T-bond*). Abb. 3.8 stellt diese täglich für den Zeitraum der 1960er- bis 2010er-Jahre dar.[12]

---

[12] Für eine genauere Darstellung vom 05.01.1962 bis zum 04.03.2009 an den 11.950 Geschäftstagen siehe Abb. 1.1 in Weißbach et al. (2010).

3.4 Schätzen des Volatilitätsparameters

Abb. 3.8 Tägliche Verzinsung von US-Staatsanleihen (10-jährig) in den 1960er- bis 2010er-Jahren. (Daten: Zentralbank der USA – www.federalreserve.gov)

Somit steht aber die Rücktransformation der Varianzbegriffe über die Eigenschaft $Var(X_t) = \vartheta^2(t) = t\sigma^2$ infrage (siehe 2. Fortsetzung von Beispiel 9). Auch andere Eigenschaften können Anlass für Modellkritik sein. So wird der in Abschn. 1.3.1 erwähnten Markov-Eigenschaft der Brown'schen Bewegung vielfach widersprochen. Auch sind Pfade der Brown'schen Bewegung etwa stetig, und Aït-Sahalia und Jacod (2009) stellen einen Test auf Unstetigkeit vor.

Aus praktischer Sicht ist ein besonders einfaches Modell für einen Aktienkurs, einen Zins oder Ähnliches zwar hilfreich, etwa für eine geschlossene Formel eines Optionspreises. Es ist aber nicht zwingend notwendig. So können wir den bei der Berechnung des Value-at-Risk in Abschn. 3.3.1 und 3.3.2 vorgestellten Simulationsalgorithmus auch verwenden, um einen Marktwert ohne geschlossene Formel zu berechnen. Der Algorithmus, der dort zur Berechnung von Quantilen eingesetzt wurde, kann genauso für die Berechnung von erwarteten Marktwerten oder von Varianzen herangezogen werden. Lediglich Schritte 2 und 3 müssen in der 2. Fortsetzung von Beispiel 13 modifiziert werden.

Wenn die diskretisierte Beobachtung des logarithmierten Aktienkurses oder Zinses also keine Irrfahrt ist, müssen wir uns auf den Weg einer anderen Schätzung von σ^2 mittels Zeitreihen (eingeführt in Abschn. 1.3.2) machen. Dabei ist es hilfreich sich zu vergegenwärtigen, dass der Varianzbegriff nun weiter gefasst ist als in Definition 1.15. Grob gesagt, unterscheiden wir die Varianz für eine *Stelle* der Zeitreihe und für einen *Zuwachs* der Zeitreihe. Deswegen nennen wir die Varianz der Stelle auch $\vartheta^2(t)$. Auf die Rücktransformation, die bei einer Irrfahrt mittels Teilen durch t einfach war, wird zu achten sein.

Generell bleibt aber die Strategie, eine beobachtete Zeitreihe auf eine im Sinne von Definition 1.17 stationäre Zeitreihe zurück zu transformieren, in der dann die Varianz geschätzt werden kann. Bei der Irrfahrt war diese Transformation einfach die Reihe der Zuwächse. Ist eine Zeitreihe offensichtlich nicht mittelwertstationär im Sinne von Definition 1.17, so kann versucht werden, den Erwartungswert zeitabhängig zu schätzen und dann durch Abzug von Trends- oder Saisonkomponenten die Stationarität – typischerweise mit Mittel null – herzustellen.

3.4.2 Trend und saisonale Komponente

Die Standard-Brown'sche Bewegung aus Definition 1.12 hatte gar keinen Trend und die geometrische Brown'sche Bewegung (3.9) einen sehr einfachen monotonen. Beides lässt z. B. Abb. 3.8 aber nicht vermuten. Oft ist auch eine Saisonstruktur offensichtlich. Um beiden gerecht zu werden, unterteilen wir eine Zeitreihe additiv in Komponenten:

$$\text{Zeitreihe} = \text{Trend} + \text{Saisonkomponente} + \text{Störkomponente}$$
$$x_t = z_t + s_t + e_t \tag{3.29}$$

In diesem Abschnitt wollen wir uns hauptsächlich auf beschreibende Statistik beschränken. Die einzelnen Komponenten haben die folgenden Eigenschaften.

1. Der Trend z_t ist eine deterministische, „langfristige" Entwicklung. Man unterscheidet *globale* und *lokale* Trends. Ein Beispiel für einen globalen Trend ist der *polynomiale* Trend
$$z_t = b_0 + b_1 t + \cdots + b_k t^k.$$
2. Die Saisonkomponente s_t ist deterministisch und zyklisch wiederholend, also $s_t = s_{t+m}$ für ein m und alle t. Bei Quartalsdaten hat man z. B. $m = 4$.
3. Die Störkomponente e_t schwankt unregelmäßig um null. Also ist $\{e_t\}$ Ausprägung eines stationären Prozesses $\{\varepsilon_t\}$ mit $E(\varepsilon_t) = 0$, konkret also z. B. eines weißen Rauschens aus Beispiel 8.

Falls keine Saisonalität angenommen werden muss, $s_t = 0$, können die Koeffizienten $b_0, b_1, \ldots, b_k$ mittels der Methode der kleinsten Quadrate ermittelt werden (siehe z. B. Bleymüller und Weißbach 2015a, Abschn. 23.2). (Theoretische Betrachtungen im entsprechenden inferenzstatistischen Modell ranken sich dann um die bekannte Eigenschaft der Optimalität des Schätzers bei Stationarität des Störprozesses.) Für log-Aktienkurse ließe sich ein globaler linearer Trend wegen (3.28) vermuten. Seine Schätzung wäre dann auch für den Fall abhängiger Störvariablen beschrieben.

Nun liegt aber häufig kein globaler Trend vor, d. h., z_t ist nicht für alle $t = 1, \ldots, n$ durch eine einzige Funktion darstellbar. Zudem ist die zyklische Komponente im Allgemeinen nicht gleich null. Gesucht ist eine Methode, die die zyklische Schwankung s_t eliminiert und den lokalen Trend z_t für alle t ermittelt. Betrachte für Quartalsdaten folgende Approximation von z_t mittels gleitendem Mittel (mit $\sum_{i=-2}^{2} \Theta_i = 1$):

$$\hat{z}_t = \sum_{i=-2}^{2} \Theta_i x_{t+i} \text{ mit } \Theta_i = \frac{1}{4} \; (i \in \{-1, 0, 1\}) \text{ und } \Theta_i = \frac{1}{8} \; (i \in \{-2, 2\})$$
$$= \frac{1}{8} x_{t-2} + \frac{1}{4} x_{t-1} + \frac{1}{4} x_t + \frac{1}{4} x_{t+1} + \frac{1}{8} x_{t+2}$$

3.4 Schätzen des Volatilitätsparameters

Beispiel 19 *Es sei x_t additiv mit lokalem Trendmodell*

$$z_{t+i} = z_t + b_t \cdot i \tag{3.30}$$

für $|i|$ „klein" und $s_t = s_{t+4}$. Weiter sei $\sum_{i=1}^{4} s_{t+i} = 0$ für alle t, und $\{e_t\}$ sei Ausprägung eines weißen Rauschens mit Erwartungswert null. Die Anwendung eines gleitenden Mittels führt zu

$$\sum_{i=-2}^{2} \Theta_i x_{t+i} = \sum_{i=-2}^{2} \Theta_i z_{t+i} + \sum_{i=-2}^{2} \Theta_i e_{t+i},$$

weil

$$\sum_{i=-2}^{2} \Theta_i s_{t+i} = \frac{1}{8} s_{t-2} + \frac{1}{4} s_{t-1} + \frac{1}{4} s_t + \frac{1}{4} s_{t+1} + \underbrace{\frac{1}{8} s_{t+2}}_{= \frac{1}{8} s_{t-2}}$$

$$= \frac{1}{4}(s_{t-2} + s_{t-1} + s_t + s_{t+1}) = 0.$$

Für das Stichprobenmodell der Störkomponente gilt

$$Var\left(\sum_{i=-2}^{2} \Theta_i \varepsilon_{t+i}\right) = \sigma^2 \left(\frac{1}{64} + \frac{1}{16} + \frac{1}{16} + \frac{1}{16} + \frac{1}{64}\right) = \frac{7}{32}\sigma^2.$$

Im Modell (3.30) gilt

$$\sum_{i=-2}^{2} \Theta_i z_{t+i} = \sum_{i=-2}^{2} \Theta_i z_t + b_t \underbrace{\left(\frac{1}{8}(-2) + \frac{1}{4}(-1) + \frac{1}{4} \cdot 0 + \frac{1}{4} \cdot 1 + \frac{1}{8} \cdot 2\right)}_{=0}$$

$$= z_t \sum_{i=-2}^{2} \Theta_i = z_t,$$

sodass insgesamt:

$$\hat{z}_t = z_t + \sum_{i=-2}^{2} \Theta_i \varepsilon_{t+i} \quad mit \quad E\left(\sum_{i=-2}^{2} \Theta_i \varepsilon_{t+i}\right) = 0$$

$$und \; Var\left(\sum_{i=-2}^{2} \Theta_i \varepsilon_{t+i}\right) = \frac{7}{32}\sigma^2 \; („klein")$$

Die zyklische Komponente wurde also eliminiert, der lokale Trend unverändert gelassen, und die neue Störkomponente hat eine kleine Varianz, wobei die 7/32 „Varianzreduktionsfaktor" genannt wird. In Summe wurde also, wie bei dem gewöhnlichen Mittel einer einfachen Stichprobe, die Lokation mit einer kleinen Varianz geschätzt.

Auch ohne Annahme einer Saisonkomponente erscheint das Glätten von Zeitreihen sinnvoll zum Erkennen von Trends. Abb. 3.9 zeigt links das gleitende Mittel für die Zeitreihe des Textilkonsums aus Theil (1971, Tab. 3.1). Hier läuft i von -3 bis 3, es wird also über sieben Zeitpunkte gemittelt.

Das weiße Rauschen hat im Vergleich zur Irrfahrt eine kleinere Varianz. Auch die Glättung verringert die Varianz. In diesem Sinne ähneln sich also die beiden Transformationen der Differenzenbildung, von Irrfahrt auf Rauschen, und die der Glättung. Für die Anwendung auf den Finanzmarkt muss feststehen, welcher Parameter im Zeitreihenmodell, d. h. in der geglätteten Zeitreihe, dem benötigten Finanzmarktparameter entspricht. Anschaulich ist klar, dass saisonale Schwankungen nicht Teil der Varianzdefinition sein sollten. Denn idealerweise wissen wir, in welcher Saison wir uns befinden, und die Vorhersage ist lokal. Die Saison ist damit eher Teil der Lokation als der Störkomponente, deren Varianz in Zusammenhang mit der Varianz in den Marktpreisrisikoformeln steht.

Wir wollen nun die obige, willkürliche Wahl der Glättungskoeffizienten Θ_i objektivieren. Sowohl die „Breite" des Glättungsfensters (i von -2 bis 2) steht zur Disposition, als auch die Gleichheit der Gewichte jenseits der Ränder. Vorerst bleiben wir aber bei der Symmetrie, also i von $-m$ bis m. Nach wie vor im additiven Zeitreihenmodell (3.29) suchen wir einen gleitenden Durchschnitt mit

$$\sum_{i=-m}^{m} \Theta_i z_{t+i} = z_t, \quad \sum_{i=-m}^{m} \Theta_i s_{t+i} = 0, \quad \sum_{i=-m}^{m} \Theta_i = 1,$$

$$E\left(\sum_{i=-m}^{m} \Theta_i \varepsilon_{t+i}\right) = 0 \quad \text{und kleiner} \quad Var\left(\sum_{i=-m}^{m} \Theta_i \varepsilon_{t+i}\right).$$

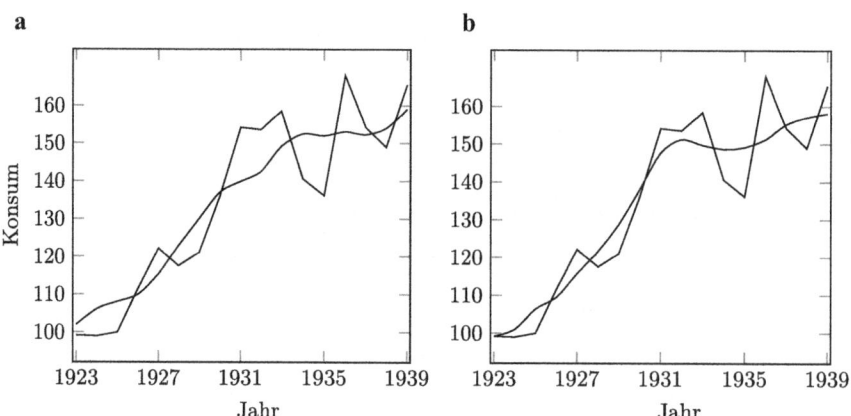

Abb. 3.9 Gleitendes (ungewichtetes) Mittel ((**a**), $2m+1 = 7$) und Mittel mit Gewichten aus Beispiel 20 (**b**) für Zeitreihe des jährlichen Textilkonsums von 1923 bis 1939 in den Niederlanden

3.4 Schätzen des Volatilitätsparameters

Wir wollen das lokallineare Trendmodell (3.30) auf ein lokalpolynomiales erweitern:

$$z_{t+i} := b_0^t + b_1^t i + \cdots + b_k^t i^k, \quad i = -m, \ldots, m$$

Wegen $z_t = z_{t+0} = b_0^t$ ist das Modell eine direkte Erweiterung von (3.30) auf $z_{t+i} = z_t + b_1^t i + \cdots + b_k^t i^k$. Während bisher das gleitende Mittel die Trendapproximation $\hat{z}_t$ war, wird nun die Berechnung von b_0^t der Trend. Wir verwenden nun die Methode der kleinsten Quadrate, und b_0^t wird sich wieder als gleitendes Mittel herausstellen. Insgesamt erhalten wir also

$$x_{t+i} = b_0^t + b_1^t i + \cdots + b_k^t i^k + \text{Rest}_{t+i},$$

was sich für *ein* t als lineares Regressionsmodell auffassen lässt, bei dem i die Merkmalsträger kennzeichnet:

1. Der Regressand ist x_{t+i}.
2. Die Regressoren sind $1, i, i^2, \ldots, i^k$.
3. Die Störgrößen sind Rest_{t+i} für $i = -m, \ldots, m$.

Beispiel 20 *Sei $m = 3$ und $k = 3$. Dann ergibt sich*

$$x_{t+i} = b_0^t + b_1^t i + b_2^t i^2 + b_3^t i^3 + \text{Rest}_{t+i} \quad i = -3, \ldots, 3.$$

Das Regressionsmodell ist dann

$$\overbrace{\begin{pmatrix} x_{t-3} \\ x_{t-2} \\ \vdots \\ x_{t+3} \end{pmatrix}}^{\mathbf{x}^t} = \overbrace{\begin{pmatrix} 1 & -3 & 9 & -27 \\ 1 & -2 & 4 & -8 \\ \vdots & \vdots & \vdots & \vdots \\ 1 & 3 & 9 & 27 \end{pmatrix}}^{=: \mathbf{Z}} \begin{pmatrix} b_0^t \\ b_1^t \\ b_2^t \\ b_3^t \end{pmatrix} + \begin{pmatrix} \text{Rest}_{t-3} \\ \text{Rest}_{t-2} \\ \vdots \\ \text{Rest}_{t+3} \end{pmatrix}.$$

Gesucht ist b_0^t. Die Normalgleichung lautet $(\mathbf{Z}'\mathbf{Z})\mathbf{b}^t = \mathbf{Z}'\mathbf{x}^t$, d.h.

$$\begin{pmatrix} 7 & 0 & 28 & 0 \\ 0 & 28 & 0 & 196 \\ 28 & 0 & 196 & 0 \\ 0 & 196 & 0 & 1588 \end{pmatrix} \begin{pmatrix} b_0^t \\ b_1^t \\ b_2^t \\ b_3^t \end{pmatrix} = \begin{pmatrix} \sum_{i=-3}^{3} x_{t+i} \\ \sum_{i=-3}^{3} i x_{t+i} \\ \sum_{i=-3}^{3} i^2 x_{t+i} \\ \sum_{i=-3}^{3} i^3 x_{t+i} \end{pmatrix}.$$

Von den zwei zweidimensionalen Gleichungssystemen benötigen wir nur das zum Auflösen nach b_0^t:

$$\begin{pmatrix} 7 & 28 \\ 28 & 196 \end{pmatrix} \begin{pmatrix} b_0^t \\ b_2^t \end{pmatrix} = \begin{pmatrix} \sum_{i=-3}^{3} x_{t+i} \\ \sum_{i=-3}^{3} i^2 x_{t+i} \end{pmatrix}$$

$$\Leftrightarrow \quad 7b_0^t + 28b_2^t = \sum x_{t+i}$$
$$28b_0^t + 196b_2^t = \sum i^2 x_{t+i} \qquad\qquad |:7 \ |\cdot(-1)$$

$$\Leftrightarrow \quad 7b_0^t + 28b_2^t = \sum x_{t+i}$$
$$-4b_0^t - 28b_2^t = -\frac{1}{7}\sum i^2 x_{t+i} \qquad |\text{Addition der Zeilen}$$

$$\Leftrightarrow \quad 3b_0^t \quad = \sum x_{t+i} - \frac{1}{7}\sum i^2 x_{t+i}$$
$$\Leftrightarrow \quad b_0^t \quad = \frac{1}{21}\left(7\sum x_{t+i} - \sum i^2 x_{t+i}\right)$$

Also ist

$$\hat{z}_t = \frac{1}{21}(-2x_{t-3} + 3x_{t-2} + 6x_{t-1} + 7x_t + 6_{t+1} + 3x_{t+2} - 2x_{t+3})$$

wieder ein gleitender Durchschnitt mit $\Theta_i = \Theta_{-i}$ und $\sum_{i=-m}^{m} \Theta_i = 1$, dessen Koeffizienten nicht von t abhängen. Abb. 3.9b wendet sie für die Textilkonsumdaten an. Die Koeffizienten führen zu einer glatteren Trendapproximation als das ungewichtete gleitende Mittel.

Man kann allgemeiner für die $\Theta_{-m}, \ldots, \Theta_m$ bei Anpassung eines polynomialen Trends der Ordnung $K = 2$ oder $K = 3$ und $m > 1$ berechnen:

$$\Theta_i = \frac{3(3m^2 + 3m - 1) - 15i^2}{(2m-1)(2m+1)(2m+3)}$$

Wir haben soeben versucht, eine beobachtete Zeitreihe zu glätten, um durch Eliminierung der Saison und Subtraktion des Trends die Stationarität herzustellen und den Störterm beobachtbar zu machen. Ähnliches passiert bei der Varianzschätzung des Störterms in einer linearen Regression mittels der Residuen (siehe Bleymüller und Weißbach 2015a, Abschn. 21.2). Wir können uns aber auch eine beobachtete Zeitreihe als geglättet vorstellen. Das heißt, unvorhersehbare Innovationen wurden vor ihrer Beobachtbarkeit von einem glättenden Prozess überlagert. Diesen Prozess werden wir dann, später, rückgängig machen.

3.4.3 MA-Prozess

1. Die Irrfahrt (Beispiel 9) konnte über Differenzenbildung in eine einfache Stichprobe, unabhängig und identisch verteilte Zufallsvariablen, transformiert werden, um die Varianz des weißen Rauschens σ^2 zu schätzen.

3.4 Schätzen des Volatilitätsparameters

2. Das Aktienkursmodell der geometrischen Brown'schen Bewegung (3.9) konnte erst logarithmisch und dann mittels Differenzenbildung auf ein weißes Rauschen transformiert werden, sodass die Aktienvolatiliät σ zu schätzen war. Dass im Trend der Parameter μ und noch einmal σ^2 auftauchen, lässt aber eine Trendschätzung und/oder eine simultane Schätzung der beiden Parameter wünschenswert erscheinen.
3. Eine Zeitreihe mit lokalpolynomialem Trend (Beispiel 20) wurde mittels Glättung transformiert, um den Trend zu bestimmen.

Transformationen sind also direkter Bestandteil einer Varianzschätzung (1. und 2.) oder indirekter zur Eliminierung eines Trends (2. und 3.). Wir wollen uns hier Zeit nehmen, um Transformationen von Zeitreihen formaler zu untersuchen. Es sei aber Geduld ausgebeten, denn die folgende Definition eines Filters umfasst nur die Transformationen unter 3.; es wird sich später zeigen, dass das Studium der Rücktransformationen dann alle drei Fälle umfasst.

Wir wollen nun ein gleitendes Mittel auf das weiße Rauschen anwenden und als Beispiel eines linearen Filters aus Definition 1.19 verstehen. Die Symmetrie bei der Glättung, also dass genauso viele Beobachtungen vor wie nach der Betrachtungsstelle t gemittelt werden, wird nun für eine „rückwärts" gewandte Definition aufgegeben.

Definition 3.3 Ein stochastischer Prozess $\{X_t\}_{t \in \mathcal{T}}$ heißt Moving-Average-Prozess der Ordnung q, kurz MA(q)-Prozess, wenn er sich in der Form

$$X_t = \varepsilon_t - \theta_1 \varepsilon_{t-1} - \ldots - \theta_q \varepsilon_{t-q},$$

darstellen lässt. Dabei ist $\{\varepsilon_t\}_{t \in \mathcal{T}}$ ein weißes Rauschen. Im Fall $q = \infty$ heißt $\{X_t\}_{t \in \mathcal{T}}$ unendlicher Moving-Average-Prozess.

Moving-Average-Modelle haben die folgende intuitive Interpretation. Zum Zeitpunkt t wird ein Zufallsschock ε_t ausgelöst, der unabhängig von den Zufallsschocks zu anderen Zeitpunkten ist. Der beobachtete Wert X_t entsteht dann als gewichtetes Mittel aus gegenwärtigen und vorangegangenen Schocks. Da sich Moving-Average-Prozesse als linearer Filter des weißen Rauschens ergeben, schreibt man auch:

$$X_t = \theta(B)\varepsilon_t \quad \text{mit} \quad \theta(B) = 1 - \theta_1 B - \theta_2 B^2 - \ldots - \theta_q B^q \qquad (3.31)$$

Der Backshift-Operator B (auch Lag-Operator genannt) versetzt den Index um eine Einheit nach links, also $B\varepsilon_t := \varepsilon_{t-1}$. Auf der Suche nach Transformationen, die eine reale nichtstationäre Zeitreihe in eine stationäre überführen, sehen wir nun, dass die Glättung des, gemäß 3. Fortsetzung von Beispiel 8 stationären, weißen Rauschens die Stationarität erhält.

Satz 3.3 *Für einen MA(q)-Prozess $X_t = \theta(B)\varepsilon_t$ gilt mit den Bezeichnungen aus Beispiel 8, $E(\varepsilon_t) = \mu_\varepsilon$ und $Var(\varepsilon_t) = \sigma^2$, und mit der Definition $\theta_0 := -1$:*

1. *$\{X_t\}$ ist stationär.*
2. *Der Mittelwert ist, gemäß Definition 1.15, $\mu_X = E(X_t) = \mu_\varepsilon \sum_{u=0}^{q}(-\theta_u)$.*
3. *Die Kovarianzfunktion lautet mit Definition 1.16 und γ_ε als Kovarianzfunktion des weißen Rauschens:*

$$\gamma(\tau) = \sum_{u=0}^{q}\sum_{v=0}^{q}\theta_u \theta_v \gamma_\varepsilon(\tau + u - v)$$

$$= \begin{cases} 0, & \tau > q \\ \sigma^2 \sum_{u=0}^{q-\tau}\theta_u \theta_{u+\tau}, & 0 \leq \tau \leq q \\ \gamma(-\tau), & \tau < 0 \end{cases}$$

Die Kovarianzfunktion eines $MA(q)$-Prozesses verschwindet also für Lags $\tau > q$.

4. *Insbesondere gilt für Varianz, nach Definition 1.15, $\vartheta^2 = \left(\sum_{u=0}^{q} \theta_u^2\right)\sigma^2$.*
5. *Für die Korrelationsfunktion gilt gemäß Definition 1.16:*

$$\rho(\tau) = \frac{\gamma(\tau)}{\gamma(0)} = \begin{cases} 0, & \tau > q \\ \dfrac{\sum_{u=0}^{q-\tau}\theta_u \theta_{u+\tau}}{\sum_{u=0}^{q}\theta_u^2}, & 0 \leq \tau \leq q \\ \rho(-\tau), & \tau < 0 \end{cases}$$

Beweis Anwendung der Formeln für Erwartungswert (1.14) und Kovarianz (1.15) eines linear gefilterten Prozesses auf Erwartungswert μ_ε und Kovarianzfunktion (σ^2, wenn $\tau = 0$ und null sonst) aus der 3. Fortsetzung von Beispiel 8. □

Beispiel 21 *Bei einem MA(1)-Prozess $\{X_t\}_{t \in \mathcal{T}}$,*

$$X_t = \varepsilon_t - \theta\varepsilon_{t-1},$$

ergeben sich die Korrelationen zu

$$\rho(\tau) = \begin{cases} 1 & \tau = 0 \\ \dfrac{-\theta}{(1+\theta^2)} & \tau = \pm 1 \\ 0 & sonst \end{cases}.$$

3.4 Schätzen des Volatilitätsparameters

> *Wegen*
> $$\frac{\theta}{1+\theta^2} = \frac{\frac{1}{\theta}}{1+\left(\frac{1}{\theta}\right)^2}$$
> *sind die Korrelationsfunktionen der MA(1)-Prozesse identisch für die Parameter θ und $1/\theta$.*

Dass für zwei Parameter die Korrelationsfunktionen identisch sind, bedeutet, dass wir bei Kenntnis der Funktion nicht auf den Parameter zurückschließen können. Der Parameter ist, nur bei Kenntnis der Funktion, nicht identifizierbar. Eine Schätzung des Parameters, z. B. mittels der empirischen Korrelationsfunktion, ist damit ausgeschlossen. Bedingen wir auf $|\theta| < 1$, so ist das Inverse nicht mehr im Parameterraum und damit die Identifizierbarkeit möglich. Der $MA(1)$-Prozess zeigt aber auch aus einem anderen Grund, warum der Parameterraum einzuschränken ist.

> **Beispiel 21 (Fortsetzung)** *Ein MA(1)-Prozess $X_t = \varepsilon_t - \theta\varepsilon_{t-1}$ ist genau dann invertierbar, wenn $|\theta| < 1$ ist.*
>
> *Denn: Die Gleichung des MA(1)-Prozesses lässt sich umstellen zu*
> $$\varepsilon_t = X_t + \theta_1 \varepsilon_{t-1}. \qquad (*)$$
> *Ebenso ist $\varepsilon_{t-1} = X_{t-1} + \theta_1 \varepsilon_{t-2}$, weil $X_{t-1} = \varepsilon_{t-1} - \theta_1\varepsilon_{t-2}$.*
> *Also ist (*) $\varepsilon_t = X_t + \theta(X_{t-1} + \theta\varepsilon_{t-2})$*
> $$= X_t + \theta X_{t-1} + \theta^2 \varepsilon_{t-2}$$
> $$\overset{v.I.}{=} \sum_{u=0}^{\infty} \theta^u X_{t-u}.$$
>
> *Hier steht v.I. für vollständige Induktion. Nur für $|\theta| < 1$ ist die Impulsantwortfunktion absolut summierbar.*

Es sei noch einmal an den Zweck der Inversion erinnert. Die Irrfahrt auf das weiße Rauschen zu invertieren, hat σ^2 schätzbar gemacht. Für ein $MA(1)$-Prozess wissen wir nun, bei Kenntnis von θ, ebenfalls σ^2 zu schätzen. Die Frage der Invertierbarkeit ist nun weiter für einen $MA(q)$-Prozess, symbolisch $\varepsilon_t = \theta^{-1}(B)X_t$, zu klären. Gesucht ist ein absolut summierbarer linearer Filter aus Definition 1.19. Der Fall $q = 2$ ist nun deswegen interessant, weil Eigenschaften komplexer Zahlen Verwendung finden.

Satz 3.4 *Ein MA(2)-Prozess $X_t = \varepsilon_t - \theta_1 \varepsilon_{t-1} - \theta_2 \varepsilon_{t-2}$ ist invertierbar, falls beide Nullstellen der charakteristischen Gleichung*

$$z^2 - \theta_1 z - \theta_2 = 0 \qquad (3.32)$$

innerhalb des Einheitskreises liegen.

Wie in Beispiel 21 wollen wir nun Eigenschaften für die Koeffizienten θ_1 und θ_2 mit der Hilfe von Differenzengleichungen angeben (siehe Goldberg 1968, Satz 4.2). Die Nullstellen von Gl. (3.32) sind nach der $p-q$-Formel

$$z_{1/2} := \frac{\theta_1}{2} \pm \sqrt{\frac{\theta_1^2}{4} + \theta_2} = \frac{1}{2}\left(\theta_1 \pm \sqrt{\theta_1^2 + 4\theta_2}\right). \qquad (3.33)$$

Für den Fall *reellwertiger Nullstellen* folgt aus (3.33) zunächst $|\theta_1| = |z_1 + z_2|$ und weiter, weil $|z_1| < 1$ und $|z_2| < 1$, mit der Dreiecksungleichung für reelle Zahlen:

$$|\theta_1| = |z_1 + z_2| \leq |z_1| + |z_2| < 2 \qquad (3.34)$$

Weiter gilt:

$$-1 < z_1 < 1 \qquad \wedge \qquad -1 < z_2 < 1$$
$$\Leftrightarrow -1 < \frac{1}{2}\left(\theta_1 + \sqrt{\theta_1^2 + 4\theta_2}\right) < 1 \quad \wedge \quad -1 < \frac{1}{2}\left(\theta_1 - \sqrt{\theta_1^2 + 4\theta_2}\right) < 1$$
$$\Leftrightarrow -2 - \theta_1 < \sqrt{\theta_1^2 + 4\theta_2} < 2 - \theta_1 \quad \wedge \quad -2 - \theta_1 < -\sqrt{\theta_1^2 + 4\theta_2} < 2 - \theta_1$$

Da nun θ_1 zwischen -2 und 2 liegt, ist die Ungleichung ganz links, $-2 - \theta_1 < \sqrt{\theta_1^2 + 4\theta_2}$, erfüllt, weil auf -2 weniger als 2 addiert werden und die Wurzel nicht negativ ist. Genauso verhält es sich mit der Ungleichung ganz rechts, $-\sqrt{\theta_1^2 + 4\theta_2} < 2 - \theta_1$, von deren rechter Seite weniger als 2 abgezogen werden. Es bleiben von der linken Hälfte

$$\sqrt{\theta_1^2 + 4\theta_2} < 2 - \theta_1 \Leftrightarrow \theta_1^2 + 4\theta_2 < 4 - 4\theta_1 + \theta_1^2 \Leftrightarrow \theta_1 + \theta_2 < 1 \qquad (3.35)$$

und von der rechten

$$-2 - \theta_1 < -\sqrt{\theta_1^2 + 4\theta_2} \Leftrightarrow 4 + 4\theta_1 + \theta_1^2 > \theta_1^2 + 4\theta_2 \Leftrightarrow \theta_2 - \theta_1 < 1. \qquad (3.36)$$

Für den Fall *komplexer Nullstellen*, also negativem $b := \theta_1^2/4 + \theta_2$, definiere $a := \theta_1/2$. Dass die Nullstellen im Einheitskreis liegen, heißt nun, dass die Längen von $z_1 = a + bi$ und $z_2 = a - bi$ kleiner eins sind:

$$|z_{1/2}| < 1 \Leftrightarrow |z_{1/2}|^2 < 1$$

Wegen

3.4 Schätzen des Volatilitätsparameters

$$|z_1|^2 = |z_2|^2 = a^2 + b^2 = z_1 z_2,$$

sind also die Nullstellen innerhalb des Einheitskreises genau dann, wenn

$$\begin{aligned} z_1 z_2 &= \left(\frac{\theta_1}{2} + \sqrt{\frac{\theta_1^2}{4} + \theta_2}\right)\left(\frac{\theta_1}{2} - \sqrt{\frac{\theta_1^2}{4} + \theta_2}\right) \\ &= \frac{\theta_1^2}{4} - \frac{\theta_1^2}{4} - \theta_2 = -\theta_2 < 1. \end{aligned} \quad (3.37)$$

Die 2. Gleichheit folgt aus der 3. binomischen Formel, die auch für komplexe Zahlen gilt, denn für $e := e_r + i e_i$ und $f := f_r + i f_i$ ist

$$\begin{aligned} (e+f)(e-f) &= [(e_r + ie_i) + (f_r + if_i)][(e_r + ie_i) - (f_r + if_i)] \\ &= [(e_r + f_r) + i(e_i + f_i)][(e_r - f_r) + i(e_i - f_i)] \\ &= (e_r + f_r)(e_r - f_r) - (e_i + f_i)(e_i - f_i) \\ &\quad + i[(e_i + f_i)(e_r - f_r) + (e_r + f_r)(e_i - f_i)] \\ &= e_r^2 - f_r^2 - e_i^2 + f_i^2 \\ &\quad + i[\underbrace{e_i e_r + f_i e_r - e_i f_r - f_i f_r + e_r e_i + f_r e_i - e_r f_i - f_r f_i}_{=2e_r e_i - 2 f_r f_i}] \\ &\quad (e_r^2 + 2ie_i e_r - e_i^2) - (f_r^2 + 2if_r f_i - f_i^2) \\ &= (e_r + ie_i)^2 - (f_r + if_i)^2 = e^2 - f^2. \end{aligned}$$

Da ich vorab nicht weiß, ob die Nullstelle reell oder komplex ist, stellt nur der Schnitt der Annahmensätze sicher, dass sie im Einheitskreis liegt. Alle Bedingungen für θ_1 und θ_2 zusammen, (3.35) und (3.36) sowie $\theta_2 > -1$ (siehe (3.37)), bilden ein Dreieck (siehe Abb. 3.10). Die Bedingung (3.34) schränkt die anderen nicht weiter ein. Eine ausführlichere Erklärung findet sich in Abschn. 1.5 von Hamilton (1994). Die Verallgemeinerung in q ist ähnlich (siehe Hamilton 1994, S. 67).

Definition 3.4 Ein MA(q)-Prozess $X_t = \theta(B)\varepsilon_t$ heißt invertierbar, wenn alle Nullstellen des charakteristischen Polynoms

$$\theta(z) = 1 - \theta_1 z - \theta_2 z^2 - \ldots - \theta_q z^q$$

außerhalb des Einheitskreises liegen.

Was ist in diesem Abschn. 3.4, nach der elementaren Situation einer Brown'schen Bewegung in Abschn. 3.4.1, bisher passiert? Wir haben in Abschn. 3.4.2 das intuitive Vorgehen des gleitenden Mittels betrachtet. Das erklärte Ziel des Vorgehens waren zwei Schritte: 1) Die Bestimmung der Parameter. 2) Die Transformation auf ein weißes Rauschen mittels

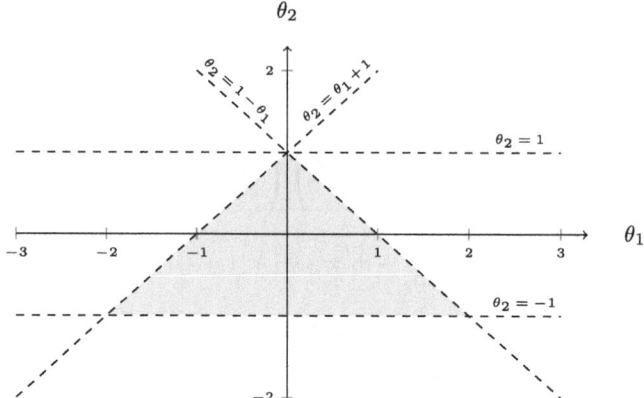

Abb. 3.10 Dreieck der Parameter invertierbarer MA(2)-Prozesse

Eliminierung des Trends. Danach war die Varianzschätzung möglich. Das Verfahren basierte auf der Annahme eines Modells mit lokalpolynomialem Trend.

Wir haben dann in diesem Abschn. 3.4.3 das Vorgehen wiederholt, unter der Annahme eines $MA(q)$-Modells. Allerdings haben wir ausschließlich den 2. Schritt, die Transformation auf das Weiße Rauschen, nun mittels der Inversionsformel in Beispiel 21, erreicht (und nur für $q = 1$). Danach wäre wieder die Varianzschätzung möglich. Den 1. Schritt, die Parameterschätzung, haben wir bisher unterlassen. Das wollen wir im übernächsten Abschn. 3.4.5 nachholen. Aber vorher wollen wir unseren Modellkatalog erweitern.

3.4.4 AR-Prozess

Wir können annehmen, dass z. B. ein Zins oder ein Aktienkurs als gleitendes Mittel entstanden, also $MA(q)$, ist und ihn auf ein weißes Rauschen invertieren, mit dem Ziel einer Varianzschätzung. Allerdings war die rekursiv definierte Irrfahrt näher am Modell für den Aktienkurs der (diskretisiert beobachteten) Brown'schen Bewegung, wie die 1. Fortsetzung von Beispiel 9 gezeigt hat, als der $MA(q)$-Prozess. Und die Inversion des Aktienkurses auf ein weißes Rauschen war eingangs des letzten Unterabschnitts das zweite Ziel. Wir wollen nun die Irrfahrt auf komplexere (auto-)regressive Prozesse verallgemeinern.

Definition 3.5 Ein stochastischer Prozess $\{X_t\}_{t \in \mathcal{T}}$ heißt autoregressiver Prozess der Ordnung p, kurz $AR(p)$-Prozess, wenn er der Beziehung

$$X_t = \varphi_1 X_{t-1} + \ldots + \varphi_p X_{t-p} + \varepsilon_t, \quad t \in \mathcal{T},$$

genügt. Dabei ist $\{\varepsilon_t\}_{t \in \mathcal{T}}$ ein weißes Rauschen.

3.4 Schätzen des Volatilitätsparameters

Für $p = \infty$ heißt er unendlicher AR-Prozess (AR(∞)). In Anlehnung an die Notation (3.31) für einen MA-Prozess schreibt man auch

$$\varphi(B)X_t = \varepsilon_t, \quad \text{mit} \quad \varphi(B) := 1 - \varphi_1 B - \varphi_2 B^2 - \cdots - \varphi_p B^p. \tag{3.38}$$

Für einen invertierbaren $MA(q)$-Prozess der Definition 3.3 folgt, wenn die c_u geeignet bestimmt werden ($c_0 := 1$),

$$\varepsilon_t = \sum_{u=0}^{\infty} c_u X_{t-u}, \quad \text{bzw.} \quad X_t = -\sum_{u=1}^{\infty} c_u X_{t-u} + \varepsilon_t,$$

wie schon in der Fortsetzung von Beispiel 21 für einen $MA(1)$-Prozess dargestellt. Die Invertierbarkeit des endlichen MA-Prozesses $\{X_t\}$ impliziert also, dass sich $\{X_t\}$ als unendlicher AR-Prozess darstellen lässt. Für $p = 2$ zeigt Hamilton (1994, S. 57) auch die Umkehrung.

Satz 3.5 *Ein AR(p)-Prozess $X_t = \varphi_1 X_{t-1} + \cdots + \varphi_p X_{t-p} + \varepsilon_t$ lässt sich genau dann als MA(∞)-Prozess mit absolut summierbarer Koeffizientenfolge (θ_u) darstellen, wenn alle Lösungen der charakteristischen Gleichung*

$$1 - \varphi_1 z - \varphi_2 z^2 - \ldots - \varphi_p z^p = 0$$

außerhalb des Einheitskreises liegen. Insbesondere ist $\{X_t\}_{t \in \mathcal{T}}$ dann stationär.

Beispiel 22 *Für den AR(1)-Prozess,*

$$X_t = \varphi X_{t-1} + \varepsilon_t, \tag{3.39}$$

lautet die charakteristische Gleichung $1 - \varphi z = 0$. Sie hat die Lösung $z = 1/\varphi$, sodass $|z| > 1$ genau dann gilt, wenn $|\varphi| < 1$ ist. Die $MA(\infty)$-Darstellung von $\{X_t\}$ folgt aus

$$\begin{aligned}
X_t &= \varphi(\varphi X_{t-2} + \varepsilon_{t-1}) + \varepsilon_t = \varphi^2 X_{t-2} + \varphi \varepsilon_{t-1} + \varepsilon_t \\
&= \varphi^2(\varphi X_{t-3} + \varepsilon_{t-2}) + \varphi \varepsilon_{t-1} + \varepsilon_t = \varphi^3 X_{t-3} + \varphi^2 \varepsilon_{t-2} + \varphi \varepsilon_{t-1} + \varepsilon_t \\
&\stackrel{v.l.}{=} \sum_{u=0}^{\infty} \varphi^u \varepsilon_{t-u} = \sum_{u=0}^{\infty} \varphi^u B^u \varepsilon_t.
\end{aligned}$$

Man kann symbolisch abkürzen zu $X_t = \varphi(B)^{-1}\varepsilon_t = (1 - \varphi B)^{-1}\varepsilon_t$, weil Umstellen von (3.39) zu $\varepsilon_t = X_t - \varphi X_{t-1} = (1 - \varphi B)X_t$ führt. Die Kovarianzfunktion ergibt sich aus der Darstellung als $MA(\infty)$-Prozess mithilfe von (1.15) und wieder der Notation von γ_ε als Kovarianzfunktion des weißen Rauschens:

$$\gamma(\tau) = \sum_{u=0}^{\infty}\sum_{v=0}^{\infty} \varphi^u \varphi^v \overbrace{\gamma_\varepsilon(\underbrace{\tau + u - v}_{=0 \Leftrightarrow v=\tau+u})}^{\neq 0 \Leftrightarrow \tau+u-v=0}$$

$$= \sum_{u=0}^{\infty} \varphi^u \varphi^{\tau+u} \gamma_\varepsilon(0) = \sum_{u=0}^{\infty} \varphi^{2u} \varphi^\tau \sigma^2 = \frac{\varphi^\tau}{1-\varphi^2}\sigma^2.$$

Die letzte Gleichheit ergibt sich aus der geometrischen Reihe $\sum_{i=0}^{\infty} p^i = 1/(1-p)$, weil mit $|\varphi| < 1$ auch $p := \varphi^2 < 1$. Insbesondere ist

$$\vartheta^2 = \gamma(0) = \frac{1}{1-\varphi^2}\sigma^2$$

stationär, und wegen $\gamma(-\tau) = \gamma(\tau)$ klingt die Korrelationsfunktion eines $AR(1)$-Prozesses $\rho(\tau) = \varphi^{|\tau|}$, für $\tau \in \mathbb{Z}$, exponentiell ab. Für negative Werte von φ alterniert $\rho(\tau)$.

Die Bedeutung der Stationaritätsbedingung $|\varphi| < 1$ bei einem $AR(1)$-Prozess wird deutlich, wenn man das Verhalten des Prozesses für Werte $|\varphi| \geq 1$ betrachtet. Für $\varphi = 1$ ergibt sich eine Irrfahrt, $X_t = X_{t-1} + \varepsilon_t$, die bekanntlich nicht stationär ist. So hatten wir in der 2. Fortsetzung von Beispiel 9 gesehen, dass die Varianz linear in t steigt. Für $\varphi = 2$ explodiert der Prozess förmlich. Da MA- und AR-Prozesse über die Inversion bereits miteinander verbunden sind, scheint es möglich, sie auch zu Autoregressiven-Moving-Average-Prozessen zu kombinieren.

3.4.5 ARMA-Prozess

Im $AR(1)$-Prozess hing X_t vom Vorgängerwert X_{t-1} ab, war aber unabhängig von der Innovation ε_{t-1} zu diesem Zeitpunkt. Im $MA(1)$-Prozess hingegen hing X_t von der Innovation ε_{t-1}, nicht aber vom eigenen Vorgänger X_{t-1} ab. Man kann versuchen, Daten über diese Abhängigkeiten und Unabhängigkeiten entscheiden zu lassen, also in dem Beispiel einen $ARMA(1, 1)$-Prozess zu definieren.

Definition 3.6 Ein stochastischer Prozess $\{X_t\}_{t \in \mathcal{T}}$ heißt Autoregressiver-Moving-Average-Prozess der Ordnung (p, q), kurz $ARMA(p, q)$-Prozess, wenn für ihn gilt

$$X_t = \varphi_1 X_{t-1} + \varphi_2 X_{t-2} + \ldots + \varphi_p X_{t-p} + \varepsilon_t - \theta_1 \varepsilon_{t-1} - \ldots - \theta_q \varepsilon_{t-q}.$$

Dabei bezeichne $\{\varepsilon_t\}_{t \in \mathcal{T}}$ wieder ein weißes Rauschen.

3.4 Schätzen des Volatilitätsparameters

In Erweiterung der Notationen (3.31) und (3.38) für MA- und AR-Prozesse ist die abkürzende Schreibweise

$$\varphi(B)X_t = \theta(B)\varepsilon_t.$$

Neben dem anschaulichen gibt es noch einen zweiten Grund, ARMA-Prozesse zu studieren. Auf den Finanzmärkten gibt es viele aggregierte Zeitreihen, etwa Aktien- oder Preisindizes, auf die derivative Finanzprodukte, wie Termingeschäfte und Optionen, Bezug nehmen. Folgen manche der disaggregierten Reihen einem MA-, andere aber einem AR-Modell, so resultiert daraus ein ARMA-Prozess, falls die Aggregation eine Addition ist. Die Voraussetzung ist zusätzlich, dass die einzelnen Reihen unabhängig sind.

Satz 3.6 (*Überlagerung von ARMA-Prozessen*) *Seien $\{X_t\}_{t \in \mathcal{T}}$ und $\{Y_t\}_{t \in \mathcal{T}}$ zwei unabhängige ARMA-Prozesse der Ordnung (p_1, q_1) und (p_2, q_2). Dann ist die Summe von $\{X_t\}$ und $\{Y_t\}$,*

$$\{Z_t\}_{t \in \mathcal{T}} = \{X_t + Y_t\}_{t \in \mathcal{T}},$$

wieder ein ARMA-Prozess der Ordnung (p, q). Für p und q gelten

$$p \leq p_1 + p_2 \quad und \quad q \leq max(p_1 + q_2, p_2 + q_1).$$

Im Allgemeinen nehmen p und q jeweils die Obergrenzen an.

Bemerkung Aus dem Satz folgt, dass wegen $p \leq p_1 + p_2$ die Summe zweier MA-Prozesse wieder einen MA-Prozess ergibt. Wegen $q \leq max(p_1 + q_2, p_2 + q_1)$ ist hingegen die Summe zweier AR-Prozesse in der Regel ein ARMA-Prozess mit nicht-verschwindendem MA-Teil.

Ein dritter Grund für die Anwendung von ARMA-Modellen, neben der Anschaulichkeit und der Aggregationseigenschaft, ist das statistische Prinzip der Sparsamkeit (engl. *parsimony*), wie wir jetzt sehen werden.

1. Wenn alle Nullstellen der charakteristischen Gleichung des AR-Teils, $\varphi(z) = 1 - \varphi_1 z - \varphi_2 z^2 - \ldots - \varphi_p z^p = 0$, außerhalb des Einheitskreises liegen, so ist $\varphi(B)^{-1}$ als Potenzreihe in B mit absolut summierbarer Koeffizientenfolge darstellbar und $\{X_t\}_{t \in \mathcal{T}}$ hat die MA(∞)-Darstellung

$$X_t = \varphi(B)^{-1}\theta(B)\varepsilon_t. \tag{3.40}$$

Insbesondere ist dann $\{X_t\}_{t \in \mathcal{T}}$ stationär.

2. Liegen die Nullstellen der charakteristischen Gleichung des MA-Teils, $\theta(z) = 1 - \theta_1 z - \theta_2 z^2 - \ldots - \theta_q z^q = 0$, alle außerhalb des Einheitskreises, so ist

$$\theta(B)^{-1}\varphi(B)X_t = \varepsilon_t$$

die Darstellung von $\{X_t\}_{t \in \mathcal{T}}$ als (stationärem) AR(∞)-Prozess. $\{X_t\}_{t \in \mathcal{T}}$ heißt dann invertierbarer ARMA-Prozess.

Ein ARMA-Prozess kann also unter geeigneten Bedingungen wahlweise durch einen AR-Prozess oder einen MA-Prozess mit jeweils genügend großer Ordnung approximiert werden. Werden einer Zeitreihe jeweils ein $MA(q)$-, ein $AR(p)$- und ein $ARMA(p', q')$-Prozess angepasst, so wird bei etwa gleicher Anpassungsgüte in der Regel gelten

$$p' + q' \leq q \quad \text{und} \quad p' + q' \leq p.$$

Das ARMA-Modell ist am sparsamsten, es benötigt die geringste Anzahl von Parametern.

Es soll noch auf eine Verallgemeinerung der Klasse der ARMA-Prozesse hingewiesen werden, die auch Zeitreihen mit Trend und saisonaler Komponente erfasst. Siehe allgemein Kap. 15 in Hamilton (1994) oder für ein Beispiel Weißbach et al. (2010). Liegt eine Zeitreihe mit Trend vor, so kann dieser eventuell durch entsprechende Differenzenbildung eliminiert werden. Die trendbereinigte Reihe kann dann an einen stationären ARMA-Prozess angepasst werden. Ist also $\{X_t\}_{t \in \mathcal{T}}$ die Ausgangsreihe, so erhält man unter Umständen nach d-maligem Bilden von Differenzen für:

$$W_t = \Delta^d X_t,$$

wobei die einmalige Differenz $\Delta^1 := \Delta$ gemäß Definition (1.13) ist, einen stationären ARMA-Prozess

$$\varphi(B) W_t = \theta(B) \varepsilon_t.$$

Einsetzen liefert $\varphi(B)\Delta^d X_t = \theta(B)\varepsilon_t$, bzw. mit $\Delta = 1 - B$ (denn $\Delta X_t = X_t - X_{t-1} = X_t - BX_t$):

$$\varphi(B)(1-B)^d X_t = \theta(B)\varepsilon_t$$

Die Ausgangsreihe $\{X_t\}_{t \in \mathcal{T}}$ folgt dann einem Modell, das durch Summieren oder „Integration" aus dem ARMA-Modell hervorgeht. Ein derartiger Prozess wird als Autoregressiv-Integrierter-Moving-Average-Prozess ($ARIMA(p, d, q)$) bezeichnet.

Beispiel 7 (4. Fortsetzung) *Die Irrfahrt $\{X_t\}$ ist ein $ARIMA(0, 1, 0)$-Prozess. Mit $\varphi(B) := 1$ und $\theta(B) := 1$ lässt sich nämlich $X_t = X_{t-1} + \varepsilon_t$ auch schreiben in der Form*

$$\varphi(B)(1-B) X_t = \theta(B)\varepsilon_t.$$

Wir wollen nun zur Schätzung der Parameter von ARMA-Prozessen, inklusive der interessierenden Varianz σ^2 des weißen Rauschens, kommen. Im Prinzip erfolgt die Schätzung der Zeitreihenparameter auf Basis der Korrelationsfunktion. Diese ist aber für einen $ARMA(p, q)$-Prozess explizit nicht mehr so einfach zu berechnen wie für $MA(q)$-Prozesse in Satz 3.3 oder für den $AR(1)$-Prozess in Beispiel 22. Sie genügt allerdings für $\tau > q$ derselben Beziehung wie beim $AR(p)$-Prozess. Allerdings werden die ersten q Startwerte $p_1, \ldots, p_q$ durch den MA-Term beeinflusst. Wir werden im Folgenden sehen, dass für die

Schätzung der Parameter aber auf die empirischen Kovarianzfunktionen von MA-Prozessen zurückgegriffen werden kann.

Zur Schätzung der ARMA-Parameter behandeln wir zunächst einmal Schätzungen für die Modellparameter von AR-Prozessen.

Die vorliegende Zeitreihe $\{X_t\}_{t \in \mathcal{T}}$ werde also als Ausschnitt aus einer Realisierung eines stationären AR-Prozesses mit bekannter Modellordnung p aufgefasst. In diesem Abschnitt wollen wir wieder auf eine Betrachtung des Erwartungswerts bzw. des Mittelwerts μ_X laut Definition 1.17 verzichten. Wir nehmen deswegen für das weiße Rauschen $\mu_\varepsilon = 0$ an, womit aus Satz 3.3 für einen MA-Prozess $\mu_X = 0$ folgt. Die MA-Darstellung für einen $AR(1)$-Prozess in Beispiel 22 legt nahe, dass dann auch dessen Erwartungswert null ist, vorausgesetzt, Erwartungswertbildung und unendliches Summieren sind vertauschbar. Grob gesagt, kann man den Mittelwert eliminieren, indem man das empirische Mittel, d. h. den Mittelwert $\bar{X}$, der n Beobachtungen $X_1, \ldots X_n$, von der Zeitreihe subtrahiert. Genauer wollen wir hier aber nicht werden; für die Behandlung *mit* Mittelwert siehe Abschn. 3.4 in Hamilton (1994). In der Modellgleichung eines $AR(p)$-Prozesses aus Definition 3.5 sind $\varphi_1, \ldots, \varphi_p$ unbekannte Parameter, die geschätzt werden sollen. Eine einfache Schätzung für die autoregressiven Parameter $\varphi_1, \ldots, \varphi_p$ gewinnen wir, ähnlich wie in Beispiel 20, als lokale Regression. Die Gleichung in der Definition 3.6 kann als Regressionsmodell aufgefasst werden, bei dem nun τ die „zurückliegenden" Merkmalsträger bezeichnet. Die Interpretation hat hier zusätzlich den Aspekt, dass die Regressoren $X_{t-1}, \ldots, X_{t-p}$ stochastische Größen darstellen. Dennoch sollen die Parameter wieder mit der Methode der kleinsten Quadrate bestimmt werden, sodass für $\widehat{\varphi}_1, \ldots, \widehat{\varphi}_p$ bei einer vorliegenden Reihe $\{x_t\}_{t=1}^n$ gilt:

$$\sum_{t=p+1}^{n} \left(x_t - \sum_{\tau=1}^{p} \widehat{\varphi}_\tau x_{t-\tau} \right)^2 \stackrel{!}{=} \min.$$

Diese Forderung führt, als linearer Mehrfachregression verstanden (siehe Bleymüller und Weißbach 2015a, Abschn. 23.2), zu den Normalgleichungen:

$$\varphi_1 \sum_{t=p+1}^{n} x_{t-1}^2 + \ldots + \varphi_p \sum_{t=p+1}^{n} x_{t-1} x_{t-p} = \sum_{t=p+1}^{n} x_t x_{t-1}$$

$$\varphi_1 \sum_{t=p+1}^{n} x_{t-2} x_{t-1} + \ldots + \varphi_p \sum_{t=p+1}^{n} x_{t-2} x_{t-p} = \sum_{t=p+1}^{n} x_t x_{t-2}$$

$$\vdots$$

$$\varphi_1 \sum_{t=p+1}^{n} x_{t-p} x_{t-1} + \ldots + \varphi_p \sum_{t=p+1}^{n} x_{t-p}^2 = \sum_{t=p+1}^{n} x_t x_{t-p}$$

Die $\sum_{t=p+1}^{n} x_{t-i} x_{t-j}$ sind mit n multiplizierte empirische Kovarianzen $\hat{\gamma}(i, j)$ (siehe Definition 1.16), die aber wegen der Stationarität nur von der Entfernung $|i - j|$ abhängen (siehe Definition 1.17) und deswegen effizienter geschätzt werden können als $n\hat{\gamma}(\tau)$ mit

$$\hat{\gamma}(\tau) := \frac{1}{n} \sum_{t=1}^{n-\tau} x_t x_{t+\tau}.$$

Man erhält dann das Gleichungssystem

$$\begin{pmatrix} \hat{\gamma}(0) & \hat{\gamma}(1) & \ldots & \hat{\gamma}(p-2) & \hat{\gamma}(p-1) \\ \hat{\gamma}(1) & \hat{\gamma}(0) & & & \\ \vdots & & & & \\ \hat{\gamma}(p1) & \hat{\gamma}(p-2) & \ldots & \hat{\gamma}(1) & \hat{\gamma}(0) \end{pmatrix} \begin{pmatrix} \varphi_1 \\ \varphi_2 \\ \vdots \\ \varphi_p \end{pmatrix} = \begin{pmatrix} \hat{\gamma}(1) \\ \hat{\gamma}(2) \\ \vdots \\ \hat{\gamma}(p) \end{pmatrix}$$

dessen Lösungen $\hat{\varphi}_1, \ldots, \hat{\varphi}_p$ als *Yule-Walker-Schätzer* bezeichnet werden.

Bemerkung Man beachte, dass dieses Gleichungssystem nach Division durch $\hat{\gamma}(0)$ auch äquivalent in den Korrelationen geschrieben werden kann.

Neben der Punktschätzung ist insbesondere der Schätzfehler bei der Berechnung eines Value-at-Risk interessant. Nach Definition 3.2 ist das VaR ein hohes Quantil der (verschobenen) Wertverteilung. Nun verhält es sich anders als bei der Preisbildung als *erwartetem* Wert, für die die unverzerrte Punktschätzung von Parametern eine unverzerrte Prognose vermuten lässt. Betrachte den Wert ähnlich wie die Prüfgröße beim Einstichprobentest auf das arithmetische Mittel. Für das Quantil ihrer Verteilungen ergibt sich ein Unterschied bei bekanntem und geschätztem Parameter, also der Varianz, (siehe Bleymüller und Weißbach 2015a, Abschn. 17.1 (1) und (2)). Im Einstichprobentest vergrößert die Parameterunsicherheit die hohen Quantile der Prüfgröße (siehe Bleymüller und Weißbach 2015b, Kap. 12 und 16). Für eine Schätzung aus zehn Werten erhöht sich das Quantil zum Niveau 95 % von 1,645 in der Normalverteilung, auf 1,812 in der Studentverteilung. Ähnliches wird auch für die Wertverteilung gelten und sich für eine unverzerrte Prognose risikoerhöhend auswirken. Diesem Aspekt wollen wir Rechnung tragen, indem wir ein Konfidenzintervall für den Parameter, hier die Volatilität, berechnen. Damit ist aber immer noch nicht klar, zu welchem Niveau des Konfidenzintervalls dessen obere Grenze in die Formel für das VaR – etwa (3.19) – eingesetzt, das VaR-Niveau erreicht. Gefordert werden – in ähnlichem Kontext – konservative Aufschläge, die in Zusammenhang mit dem Schätzfehler stehen (siehe Basel Committee on Banking Supervision 2004, Punkt 451).

Asymptotisch verhalten sich die Yule-Walker-Schätzer für die φ_τ genauso, wie Kleinste-Quadrate-Schätzer für die Regressionskoeffizienten in einem linearen Regressionsmodell. Es sei angemerkt, dass man in der Notation nicht nur den Schätzer $\hat{\varphi}$ vom Parameter φ unterscheiden sollte, sondern für Beweisführung ebenfalls beim Parameter die Variable in den Normalgleichungen φ vom wahren Parameter im Modell der Definition 3.5, manchmal φ_0 genannt. Das wird hier aber noch unterlassen und ist dem Kontext zu entnehmen. Die

3.4 Schätzen des Volatilitätsparameters

Beweisführung benutzt die Martingaleigenschaft aus Definition 1.13 aber auch als ein weiteres Konzept für Längsschnittsabhängigkeit noch die Ergodizität. Für einen Einstieg in die Beweisführung siehe Abschn. 19.5.1 in Greene (2008).

Satz 3.7 (**Asymptotik des Yule-Walker-Schätzers**) *Für einen stationären AR(p)-Prozess der Definition 3.5 mit $E(\varepsilon_t) = 0$ und $Var(\varepsilon_t) = \sigma^2 < \infty$ gilt für den Yule-Walker-Schätzer $\widehat{\varphi} = (\widehat{\varphi}_1, \ldots, \widehat{\varphi}_p)'$:*

1. *$\widehat{\varphi}$ konvergiert mit Wahrscheinlichkeit eins für $n \to \infty$ gegen den wahren Parameter φ.*
2. *$\sqrt{n}(\widehat{\varphi} - \varphi)$ ist asymptotisch multivariat normalverteilt mit Erwartungswert $\mathbf{0}$ und Kovarianzmatrix $\sigma^2 \Sigma_p^{-1}$. Dabei ist*

$$\Sigma_p = \left(\gamma_{|i-j|}\right)_{\substack{i=1,\ldots,p \\ j=1,\ldots,p}}$$

die Kovarianzmatrix p aufeinanderfolgender Variablen $\{X_t\}_{t \in \mathcal{T}}$ des Prozesses.

Die asymptotische Verteilung des Schätzvektors $\widehat{\varphi}$ kann auch ausschließlich durch den wahren Parametervektor φ und die Korrelationen $\rho(\tau)$ (siehe Definition 1.16) ausgedrückt werden. Sei dazu

$$Q(p) := \frac{\sigma^2}{\sigma_X^2} = \frac{\sigma^2}{\gamma(0)}$$

das Verhältnis von Stör- und Prozessvarianz, das bei der linearen Regression auch im Bestimmtheitsmaß r^2 verwendet wird (siehe Bleymüller und Weißbach 2015a, Abschn. 24.1). Diese Größe wird bei der Festlegung der Prozessordnung p als Maß für die Güte der Anpassung benutzt. Je kleiner $Q(p)$, desto besser die Anpassung, genau umgekehrt zum r^2.

Um $Q(p)$ als Funktion der Korrelation darzustellen, multipliziert man die Darstellung in Definition 3.5 mit X_t und bildet auf beiden Seiten den Erwartungswert. Es ist

$$E(X_t \varepsilon_t) = E[(\varphi_1 X_{t-1} + \ldots + \varphi_p X_{t-p} + \varepsilon_t)\varepsilon_t]$$
$$= E(\varepsilon_t^2) = \sigma^2,$$

da die $X_{t-\tau}$ unabhängig von ε_t sind und deren Erwartungswert null ist. Also gilt

$$\gamma(0) = \varphi_1 \gamma(1) + \ldots + \varphi_p \gamma(p) + \sigma^2.$$

Auflösen der Gleichung nach σ_ε^2 und Division durch $\gamma(0)$ liefert die gewünschte Beziehung

$$Q(p) = 1 - \varphi_1 \rho(1) - \ldots - \varphi_p \rho(p).$$

Damit gilt

$$\sigma^2 \Sigma_p^{-1} = \frac{\sigma^2}{\gamma(0)} \gamma(0) \Sigma_p^{-1} = Q(p)\gamma(0)\Sigma_p^{-1} = Q(p)\left(\frac{1}{\gamma(0)}\Sigma_p\right)^{-1} = Q(p)\mathbf{R}_p^{-1},$$

wobei $\mathbf{R}_p := (\rho(|i-j|)$ ist. Somit sind Erwartungswert und Kovarianzmatrix der asymptotischen Normalverteilung von $\widehat{\varphi}$ durch φ und $\rho(1), \ldots, \rho(p)$ dargestellt. In praktischen Anwendungen kann man Q(p) und $\mathbf{R}_p$ durch die entsprechenden empirischen Größen schätzen, etwa um approximative Konfidenzintervalle für die Yule-Walker-Schätzung zu berechnen.

Es gibt zwar keinen Schätzer mit kleinerer asymptotischer Varianz als den Yule-Walker-Schätzer, trotzdem ist die Methode der kleinsten Quadrate nicht der einzige Ansatz. Bessere Schätzer sind zu erwarten bei exakten Likelihood-Verfahren (siehe Gouriéroux und Monfort 1995a, Kap. 7), gerade in kurzen Reihen. Die Maximum-Likelihood Methode fordert, als Schätzung für den unbekannten Wert des Parameters den Wert zu wählen, bei dem die Likelihood-Funktion ihr Maximum annimmt. Der Wert hat, salopp gesagt, die gegebene Beobachtung mit größter Wahrscheinlichkeit produziert. Wir werden den Ansatz gleich für ARMA-Prozesse weiter verfolgen.

Rein praktisch können die Verfahren sogar kombiniert werden. Denn sowohl beim Kleinste-Quadrate-Schätzer als auch bei der Maximum-Likelihood-Methode kommen Approximationen zum Einsatz, deren Eignung vom konkreten Modell und Datensatz abhängen. In beiden Methoden gibt es asymptotische Rechtfertigungen. So muss streng genommen n unendlich groß sein, um die Standardfehler (und die Verteilungen des Schätzers) anzugeben. Außerdem benötigen in beiden Methoden die asymptotischen Standardfehler eine in praktischen Problemen üblicherweise numerische Inversion der Kovarianzmatrix. Und die Maximum-Likelihood-Methode, wie die Kleinste-Quadrate-Methode, ist eine Kurvendiskussion, die in vielen Problemen auch noch eine numerische Nullstellensuche oder Maximierung erfordert. Für Letztere erhält man oft bessere Schätzer, wenn die Yule-Walker-Schätzung $\widehat{\varphi}$ als Startwert für das exakte Likelihood-Verfahren verwendet wird.

Konzentriert man sich bei der Schätzung primär auf die Punktschätzung, rückt die algorithmische Beschreibung des Problems in den Vordergrund, wenn die Anzahl der Parameter groß ist. Statt simultan viele Parameter zu suchen, kann es hilfreich sein, eine Rekursion zu finden, die univariat Parameter sucht. Bei den Yule-Walker-Schätzungen können z. B. die Schätzer für einen $AR(p+1)$-Prozess rekursiv aus den Schätzern für einen $AR(p)$-Prozess ermittelt werden, was auch vorteilhaft ist, weil zur Bestimmung einer geeigneten Ordnung im Allgemeinen sukzessive die Schätzungen der Parameter für $p = 1, 2, 3, \ldots$ durchgeführt werden müssen. Die Berechnung der Schätzwerte $\widehat{\varphi}_1(p+1), \ldots, \widehat{\varphi}_{p+1}(p+1), \widehat{Q}(p+1)$ bei Unterstellung eines $AR(p+1)$-Prozesses aus den Werten $\widehat{\varphi}_1(p), \ldots, \widehat{\varphi}_p(p)$ und $\widehat{Q}(p)$ geschieht dabei mithilfe der Levinson-Durbin-Rekursion.

3.4 Schätzen des Volatilitätsparameters

Satz 3.8 (Levinson-Durbin-Rekursion) *Es seien mit*

$$\hat{\rho}(\tau) := \frac{\sum_{t=1}^{n-\tau} X_t X_{t+|\tau|}}{\sum_{t=1}^{n} X_t^2}$$

die empirischen Korrelationen der Zeitreihe $\{X_t\}_{t=1}^n$ *bezeichnet und mit*

$$\Delta(p+1) := \hat{\rho}(p+1) - \sum_{\tau=1}^{p} \widehat{\varphi}_\tau(p)\hat{\rho}(p-\tau+1).$$

Mit den Startwerten $\widehat{\varphi}_1(1) = \hat{\rho}(1)$ *und* $\widehat{Q}(1) = 1 - \hat{\rho}(1)^2$ *erhält man aus den Yule-Walker-Schätzwerten* $\widehat{\varphi}_1(p), \ldots, \widehat{\varphi}_p(p)$ *für die Parameter eines AR(p)-Modells und aus dem geschätzten Verhältnis von Stör- und Prozessvarianz*

$$\widehat{Q}(p) = 1 - \widehat{\varphi}_1(p)\hat{\rho}(1) - \ldots - \widehat{\varphi}_p(p)\hat{\rho}(p),$$

die Werte für einen AR(p+1)-Prozess durch

$$\widehat{\varphi}_{p+1}(p+1) := \Delta(p+1)/\widehat{Q}(p),$$
$$\widehat{\varphi}_\tau(p+1) := \widehat{\varphi}_\tau(p) - \widehat{\varphi}_{p+1}(p+1)\widehat{\varphi}_{p+1-\tau}(p), \quad \tau = 1, \ldots, p, \text{ und}$$
$$\widehat{Q}(p+1) := \widehat{Q}(p)[1 - \widehat{\varphi}_{p+1}^2(p+1)].$$

Es soll jetzt noch die Maximum-Likelihood-Schätzung der ARMA-Parameter vorgestellt werden. Dies erlaubt eine gleichzeitige Schätzung der AR- und MA-Parameter und simultan der Varianz σ^2. In der Zeitreihenanalyse sind die Beobachtungen Zeitreihen $x = \{x_t\}_{t=1}^n$ der Länge n. Ein ARMA-Modell nach Definition 3.6 fest vorgegebener Ordnung (p, q) wird durch den Parametervektor

$$v = (\sigma^2, \varphi_1, \ldots, \varphi_p, \theta_1, \ldots, \theta_q)'$$

mit $\sigma^2 = Var(\varepsilon_t)$ charakterisiert. Für jeden möglichen Wert von v bezeichne dann $f(x; v)$ den Wert der Wahrscheinlichkeitsverteilung, bzw. Dichte, auf der Menge aller Zeitreihen. Üblicherweise wird unterstellt, dass $\mathbf{X} = \{X_t\}_{t=1}^n$ multivariat normalverteilt ist, wie bereits in Beispiel 7 angedeutet ist. Die Verteilung von $\mathbf{X}$ ist dann durch den Vektor der n Erwartungswerte, die bei einem stationären Prozess natürlich alle identisch und hier annahmengetreu null sind, $E(\mathbf{X}) = (0, \ldots, 0)' = (0 \cdot \mathbf{1}_n)$, und durch die Kovarianzmatrix

$$\sigma^2 \Sigma = \sigma^2 \begin{pmatrix} \frac{\gamma(0)}{\sigma_\varepsilon^2} & \cdots & \frac{\gamma(n-1)}{\sigma_\varepsilon^2} \\ \vdots & & \vdots \\ \frac{\gamma(n-1)}{\sigma_\varepsilon^2} & \cdots & \frac{\gamma(0)}{\sigma_\varepsilon^2} \end{pmatrix}$$

bestimmt. Diese Form der Parametrisierung wurde gewählt, um Parameter σ^2 von den ARMA-Parametern φ, θ trennen zu können. Σ hängt nur noch von φ und θ ab, da $\{X_t\}_{t \in \mathcal{T}}$ wie in (3.40) als MA(∞)-Prozess $X_t = \varphi(B)^{-1}\theta(B)\varepsilon_t$ dargestellt werden kann. In die Kovarianzen geht σ^2 als multiplikativer Faktor ein und kürzt sich weg. Es sei noch darauf hingewiesen, dass Σ nicht die Korrelationsmatrix des Prozesses $\{X_t\}_{t \in \mathcal{T}}$ ist. Die Kovarianzen $\gamma(\tau)$ werden nicht durch die Prozessvarianz dividiert, sondern durch die Varianz σ^2 des Störprozesses. Die Wahrscheinlichkeitsdichte von $\mathbf{X}$ ist mit diesen Voraussetzungen wegen (1.6)

$$f(\mathbf{x}; \mathbf{v}) = (2\pi\sigma^2)^{-\frac{n}{2}} \det(\Sigma)^{-\frac{1}{2}} e^{-\frac{\mathbf{x}'\Sigma^{-1}\mathbf{x}}{2\sigma^2}}.$$

Liegt nur eine bestimmte Zeitreihe $\mathbf{x}$ vor, so ist $f(\mathbf{x}; \mathbf{v})$ mit festem $\mathbf{x}$ und variablem $\mathbf{v}$ die Likelihood-Funktion $\ell(\mathbf{v}) := f(\mathbf{x}; \mathbf{v})$ dieses statistischen Modells. Der Schätzwert $\hat{\mathbf{v}}$ von $\mathbf{v}$ wird nun nach dem Likelihood-Prinzip (siehe Robert 2001, Abschn. 1.3.2) z. B. so gewählt, dass $\ell(\mathbf{v})$ an dieser Stelle sein Maximum annimmt. Bei Normalverteilungsmodellen hat die Log-Likelihood-Funktion $L(\mathbf{v}) = \log \ell(\mathbf{v})$ eine einfachere Form und kann daher aufgrund der Monotonie der Logarithmusfunktion anstelle der Likelihood-Funktion verwendet werden. Denn aufgrund der Produktstruktur der Likelihood ist die Maximierung, konkret das Ableiten, schwierig. Nun ist für ein (eindeutiges) Maximum $\mathbf{x}_{max}$ per definitionem, für eine beliebige Funktion f in mehreren Veränderlichen, $f(\mathbf{x}_{max}) > f(\mathbf{x})$ für alle $\mathbf{x}$. Für eine (streng) monotone univariate Funktion g gilt: $y_1 > y_2 \Rightarrow g(y_1) > g(y_2)$ für alle y_1, y_2. Das heißt, $g[f(\mathbf{x}_{max})] > g[f(\mathbf{x})]$ für alle $\mathbf{x}$ und $\mathbf{x}_{max}$ ist auch Maximum von $g \circ f$. Wenden wir das auf f als $\log \ell(\mathbf{v})$, das heißt, $\mathbf{x}$ ist $\mathbf{v}$ mit $\mathbf{v}_{max}$ als Maximum von $\log \ell(\mathbf{v})$, an. Mit g als Exponentialfunktion, deren Monotonie wegen $(e^y)' = e^y > 0$ klar ist, ist $\mathbf{v}_{max}$ auch Maximum von $e^{\log[\ell(\mathbf{v})]} = \ell(\mathbf{v})$. Für ARMA-Modelle lautet die logarithmierte Likelihood-Funktion natürlich

$$\begin{aligned} L(\mathbf{v}) &= \log \ell(\mathbf{v}) \\ &= -\frac{n}{2} \log(2\pi\sigma^2) - \frac{1}{2} \log(\det \Sigma) - \frac{1}{2\sigma^2} Q(\mathbf{v}|\mathbf{x}), \\ \text{mit} \quad Q(\mathbf{v}|\mathbf{x}) &:= \mathbf{x}' \Sigma^{-1} \mathbf{x}. \end{aligned}$$

Die Maximum-Likelihood-Schätzer in diesem Kontext abhängiger Beobachtungen sind konsistent und asymptotisch normalverteilt (siehe Heijmans und Magnus 1986a, b). Hamilton (1994) schlägt z. B. (Abschn. 5.6.) eine einfacherer Berechnung mittels bedingter Likelihood vor. Es ist selbstverständlich, dass die ARMA-Prozesse nur einen Einstieg in die finanzstatistische Analyse von Zeitreihen darstellen. Eine umfassendere Grundlage findet man in Hamilton (1994). Beispielsweise gibt es auch Studien über nicht-lineare Zeitreihen (siehe z. B. Dette und Weißbach 2009, Weißbach et al. 2010).

Literatur

Aït-Sahalia, Y.: Maximum likelihood estimation of discretely sampled diffusions: a closed-form approximation approach. Econometrica **70**, 223–262 (2002)

Aït-Sahalia, Y., Jacod, J.: Testing for jumps in a discretely observed process. Ann. Stat. **37**, 184–222 (2009)

Basel Committee on Banking Supervision: International convergence of capital measurement and capital standards – A revised framework. Technical report, Bank for International Settlements, June (2004)

Black, F., Scholes, M.: The pricing of options and corporate liabilities. J. Polit. Econ. **81**, 637–654 (1973)

Bleymüller, J., Weißbach, R.: Statistik für Wirtschaftswissenschaftler, 17. Aufl. Vahlen, München (2015a)

Bleymüller, J., Weißbach, R.: Statistische Formeln und Tabellen, 13. Aufl. Vahlen, München (2015b)

Crack, T.F.: Basic Black-Scholes. Springer, New York (2004)

Dette, H., Weißbach, R.: A bootstrap test for the comparison of nonlinear time series. Comput. Stat. Data Anal. **52**, 1339–1349 (2009)

Duffie, D., Pan, J.: An overview of value at risk. J. Deriv. **4**(3), 7–49 (1997)

Elliott, R.J., Kopp, P.E.: Mathematics of Financial Markets. Springer, New York (1999)

Glasserman, P.: Monte Carlo Methods in Financial Engineering. Springer, New York (2004)

Goldberg, S.: Differenzengleichungen und ihre Anwendung in Wirtschaftswissenschaften. Psychologie und Soziologie. Oldenbourg, München (1968)

Gouriéroux, C., Monfort, A.: Statistics and Econometric Models, Bd. 1. Cambridge University Press, Cambridge (1995a)

Greene, W.H.: Econometric Analysis, 6. Aufl. Pearson, New Jersey (2008)

Hamilton, J.D.: Time Series Analysis. Princeton University Press, New York (1994)

Heijmans, R.D.H., Magnus, J.R.: Consistent maximum-likelihood estimation with dependent observations. J. Econometrics **32**, 253–285 (1986a)

Heijmans, R.D.H., Magnus, J.R.: Asymptotic normality of maximum-likelihood estimators obtained from normally distributed dependent observations. Econometric Theory **2**, 374–412 (1986b)

Hull, J.C.: Options, Futures, and other Derivatives, 9. Aufl. Pearson, Boston (2015)

Johnson, N.L., Kotz, S., Balakrishnan, N.: Continuous Univariate Distributions, Bd. 1. John Wiley & Sons, New York (1994)

Klein, R., Bawa, V.: The effect of estimation risk on optimal portfolio choice. J. Finance Econ. **3**, 215–231 (1976)

Kremer, A., Weißbach, R.: Consistent estimation for discretely observed Markov jump processes with an absorbing state. Stat. Pap. **54**, 993–1007 (2013)

Kremer, A., Weißbach, R.: Asymptotic normality for discretely observed Markov jump processes with an absorbing state. Stat. Probab. Lett. **904**, 136–139 (2014)

Krengel, U.: Einführung in die Wahrscheinlichkeitstheorie und Statistik. Vieweg, Braunschweig (1991)

McNeil, A.J., Frey, R., Embrechts, P.: Quantitative Risk Management: Concepts, Techniques and Tools. Princeton University Press, New York (2005)

Neftci, S.N.: An Introduction to the Mathematics of Financial Derivatives. Academic, London (2000)

Robert, C.P.: The Bayesian Choice. Springer, New York (2001)

Rosenow, B., Weißbach, R.: Modelling correlations in credit portfolio risk. J. Risk Manage. Financ. Institutions **3**, 16–30 (2009)

Shreve, S.E.: Stochastic Calculus for Finance I. Springer, New York (2005)

Theil, T.: Principles of Econometrics. Wiley, New York (1971)

Weißbach, R., Poniatowski, W., Zimmermann, G.: The Yield of Constant Maturity 10-years US Treasury. In: Gregoriou, G.N., Pascalau, R. (Hrsg.) Nonlinear Financial Econometrics, S. 3–17. Palgrave, London (2010). (Notes: Stumbling Towards an Accurate Forecast)

Kreditrisiko 4

Das Kreditrisiko ist das Risiko, dass ein Kreditereignis eintritt, also sich plötzlich der Wert eines Finanzguts ändert. Während beim Marktpreisrisiko sowohl der Ablauf der Zeit als auch die Wertänderung stetig waren, ist die Wertänderung nun sprunghaft.

Kap. 2 hatten wir den Kosten für das Marktpreisrisiko gewidmet und kostenneutrale Strategien entwickelt. In einigen Situation konnten nur noch erwartete Kosten ermittelt werden. Die Höhe des erwarteten Kreditverlusts ist im Finanzgewerbe ein weiterer Risikofaktor, der häufig Standardrisikokosten genannt wird. Der Portfolioverlust ist die Summe der Verluste aus Einzelengagements. Wir möchten wissen, wie hoch die Standardrisikokosten (also die erwarteten Kosten) eines Portfolios sind. Praktischerweise ist der Erwartungswert linear – wir können daher genauso gut fragen: Wie viel Verlust erwarten wir für jedes Einzelengagement? In Abschn. 4.2 wollen wir die Auswirkung der Einjahresausfallwahrscheinlichkeit auf die Kostenhöhen studieren. Dabei stellt der Kredit einen geeigneten Einstieg dar. Wir nehmen dabei zunächst an, dass die (Einjahres-)Ausfallwahrscheinlichkeit eines Schuldners heute dieselbe sei wie in einem Jahr (gegeben der Schuldner ist bis dahin solvent). Man kann auf der einen Seite die Frage auch zeitlich differenzierter stellen, also die Ausfallmöglichkeit stetig modellieren. Nun tritt die „instantane Ausfallneigung" eines Schuldners an die Stelle der pauschal einjährigen Ausfallwahrscheinlichkeit (siehe z. B. Duffie und Singleton 2003, Abschn. 3.5). Auf der anderen Seite denken wir uns das Bernoulli-Ereignis als Modell für einen Ausfall, welches mittels der Ausfallwahrscheinlichkeit parametrisiert ist. Falls dieses Modell zu grob ist, kann der Ausfall stattdessen als Endergebnis einer Historie von Übergängen zwischen Ratingklassen modelliert werden. Die Beziehung zwischen Ausfallwahrscheinlichkeit und dem Parameter der Ratinghistorie, dem Generator, wird ebenfalls besprochen.

In Abschn. 4.3 geht es darum, die Ausfallwahrscheinlichkeit eines Schuldners festzulegen, also z. B. aus einer historischen Stichprobe zu schätzen. Neben der Ausdifferenzierung nach Ratingklassen, soll dabei auch die Frage möglicher Kovariablen erörtert werden. Einer typischen Frage, nämlich ob die Ausfallwahrscheinlichkeit abhängig von der Zeit ist, nähern wir uns dann mittels eines Tests. Arbeiten dazu sind Nickell et al. (2000), Hakenes und Altrock (2001), Weißbach und Dette (2007) und Weißbach et al. (2009).

4.1 Modellierung des Kreditereignisses

Häufig kann man zwar den Ausfall eines Schuldners als diskretes, dichotomes und daher Bernoulli-verteiltes Ereignis modellieren. Um allerdings die Betrachtung verschiedener Zeithorizonte zu ermöglichen, wollen wir zunächst den Ausfallzeitpunkt τ modellieren. Typische Modelle einer Ereigniszeitenanalyse (engl. *event history analysis*) betrachteten z. B. Aalen (1978), Kalbfleisch und Prentice (1980), Lancaster (1992), Lee (1992), Andersen et al. (1993), Borgan (1997) und Hougaard (2001). Eine andere Idee der Modellierung extremer Ereignisse entwickeln Embrechts et al. (2000).

Betrachte die folgende *stetige* Idee: Der Schuldner „bewegt" sich (nach der Entstehung der Schuld, etwa bei seiner Gründung) durch die Zeit und hat für ein (kurzes) Intervall ein „instantanes" Ausfallrisiko

$$P(\tau \in [t, t + dt[\,|\, \tau \geq t) \approx h(t)dt, \tag{4.1}$$

mit τ als nicht-negativem Ausfallzeitpunkt. Wie bei der Entwicklung des Marktpreisrisikos in (3.9) wird eine Linearität des erwarteten Zuwachses, der nun eine Wahrscheinlichkeit ist, in dt angenommen. Die Sicht eines Kreditwertes, analog zum Aktienwert in Abhängigkeit von t, also als stochastischen Prozess, entwickeln wir gleich. Anders als in (3.8), wo der erwartete Zuwachs μ nicht spezifisch für t sein durfte, wollen wir die Abhängigkeit des Erwartungswert h von t zulassen.[1] Wir werden noch die Entsprechung von S_t in (3.8) sehen. Bilden wir, wie im letzten Kapitel bei (3.8), den Grenzwert, so entsteht als Parameter des Kreditrisikos die Hazardrate aus Definition 1.22.

Lemma 4.1 *Es gilt*

$$h(t) = \frac{f(t)}{1 - F(t)} = \frac{f(t)}{S(t)},$$

wobei $f(t)$ die Dichte, $F(t)$ die kumulative Verteilungsfunktion und $S(t) := P(\tau > t) = 1 - F(t)$ die Überlebenszeitfunktion von τ darstellen.

---

[1] Das Zeitsymbol t kann in Kap. 3 und 4 unterschiedlich sein. In Kap. 3 ist es die eine Verschiebung der Kalenderzeit um einen meist willkürlichen Ursprung. In diesem Kapitel ist es die Verschiebung der Kalenderzeit um ein schuldnerspezifisches Ereignis. Das Symbol t wird als „Alter" interpretierbar.

4.1 Modellierung des Kreditereignisses

Denn es ist

$$P(\tau \in [t, t+dt[| \tau \geq t) = \frac{P(\tau \in [t, t+dt[)}{P(\tau \geq t)} \approx \frac{f(t)dt}{S(t)}, \quad (4.2)$$

siehe z. B. Lee (1992). Man kann eine nicht-negative Zufallsvariable über die Dichte oder äquivalent über die Hazardrate beschreiben. Bei Kenntnis von $f(\cdot)$ ist $h(\cdot)$ eindeutig. Es gibt eine monotone Beziehung zwischen der kumulativen Hazardrate $H(t) := \int_0^t h(s)ds$ und der kumulativen Verteilungsfunktion.

Lemma 4.2 *Für $t \geq 0$ ist $F(t) = 1 - e^{-H(t)}$.*

Beweis Setze in der Substitutionsregel, $\int_a^b g(j(x))j'(x)dx = \int_{j(a)}^{j(b)} g(y)dy$ – siehe Beweis zu Satz 1.7 – $g(x) = 1/x$ und $j(x) = S(x)$ ein. Dann ist $j'(x) = -f(x)$. Verwende als Integrationsgrenzen $a = 0$ und $b = t$, also $j(0) = S(0) = 1$ und $j(t) = S(t)$. Damit ist

$$\int_0^t \frac{-f(s)}{S(s)} ds = \int_1^{S(t)} \frac{1}{y} dy$$
$$= \left[\log(y)\right]_1^{S(t)}$$
$$= \log[S(t)] - \log(1) = \log[S(t)],$$

also

$$H(t) = \int_0^t h(s)ds = \int_0^t \frac{f(s)}{S(s)} ds = -\log[S(t)] = -\log[1 - F(t)]$$
$$\Leftrightarrow F(t) = 1 - e^{-H(t)}.$$

□

Somit kennen wir, bei Kenntnis von $h(\cdot)$, auch $f(\cdot)$. Es besteht also eine bijektive Beziehung. Die Parametrisierungen einer Verteilungsfamilie für Ereigniszeiten über die Dichte und die Hazardrate sind äquivalent.

In der Finanzwirtschaft wird das Kreditrisiko meist in Abhängigkeit von der Ausfallwahrscheinlichkeit binnen eines Zeitraumes (PD von engl. *Probability of Default*) formuliert. Deshalb wollen wir diesen Parameter bei der diskreten Modellierung des Kreditwerts bzw. Kreditverlusts verwenden. Da der Zeitraum typischerweise ein Jahr beträgt, nun als Subskript angedeutet, lautet der Zusammenhang zur Hazardrate

$$PD_1 = P(\text{Schuldner fällt binnen eines Jahres aus})$$
$$= P(\text{Ausfallzeitpunkt des Schuldners} \leq 1 \text{ Jahr})$$
$$= P(\tau \leq 1) = F(1)$$
$$= 1 - e^{-\int_0^1 h(s)ds} \quad \text{wegen Lemma 4.2.} \tag{4.3}$$

Dieser Ausdruck enthält die kumulativen instantanen Ausfallwahrscheinlichkeiten eines Jahres.

Die PD wird in der Finanzwirtschaft mitunter differenziert gesehen. Eine geordnete „Meinung" über die unterschiedlichen Kreditwürdigkeiten von (gewerblichen) Schuldnern heißt „Rating". Es wird mitunter von Agenturen vergeben, aber Gläubiger bilden sich auch selbst eine Meinung. Jeder Ratingklasse wird dann eine PD zugeordnet. Eine Möglichkeit dazu sehen wir in Unterabschnitt 4.3.3.

Wollen wir eine einjährige PD_1 nun andererseits in der Zeit differenzieren, also z. B. unterjährige Ausfallwahrscheinlichkeiten berechnen, stellen wir zunächst fest, dass PD_1 nur das Integral $\int_0^1 h(s)ds = -\log(1 - PD_1)$ festlegt. Die „Form" der Hazardrate, die zeitlich ausdifferenzieren lässt, wird nicht modelliert. Solange wir keine Information über die Form der Hazardrate haben, können wir eine konstante Hazardrate $h(t) \equiv h$ annehmen. Das entspricht einer Annahme exponentialverteilter Ausfallzeiten (siehe Bleymüller und Weißbach 2015a, Abschn. 10.2). Die Ausfallwahrscheinlichkeit für ein Jahr lässt sich dann als $PD_1 = 1 - e^{-h}$ darstellen. Die Ausfallwahrscheinlichkeit bis zum Zeitpunkt t ist dann gegeben, als

$$F(t) = P(\tau \leq t) = 1 - e^{-\int_0^t h ds}$$
$$= 1 - e^{-t[-\log(1-PD_1)]} = 1 - (1 - PD_1)^t. \tag{4.4}$$

4.2 Bewertung von Finanzprodukten

4.2.1 Kredit

Die Bewertung einer zukünftigen *deterministischen* Zahlung in einem Finanzprodukt, aus Sicht eines Zeitpunkts t, erfolgte in Kap. 2 als Diskontierung. In Beispiel 15 sahen wir dann, dass für eine zukünftige *stochastische* Zahlung, der Erwartungswert zu bilden ist. Wir berücksichtigen nun für einen Kredit aus Abschn. 2.1.1 sein Ausfallrisiko. Anstatt die zu erwartende Zahlung zu berechnen, ziehen wir für das *Ausbleiben* der Zahlung den zu erwartenden Verlust, „Standardrisikokosten" genannt, vom Wert der hypothetisch risikofreien Zahlung ab. Im einfachsten Modell für einen Schuldner A ist der Verlust das Produkt aus (feststehender) Engagementhöhe v_A und einem Bernoulli-verteilten Ausfallindikator:

4.2 Bewertung von Finanzprodukten

$$\text{Engagement bei Schuldner } A \cdot \mathbb{1}_{\{\text{Schuldner } A \text{ fällt aus.}\}} = \nu_A \mathbb{1}_A$$

Der einzige unbekannte Parameter ist die Ausfallwahrscheinlichkeit über den Betrachtungshorizont, PD. Deren Quantifizierung werden wir in Abschn. 4.3 behandeln. Wir wollen sie hier zunächst als gegeben annehmen. Wir wollen die Wahrscheinlichkeit nun anwenden, um für Kredite mit mehrfachen Rück- und Zinszahlungen, wie in Abb. 2.2, den erwarteten Verlust zu berechnen. War ohne Zufall gemäß Definition 2.1 der Wert einer Zahlungsfolge noch die Summe der diskontierten Einzelzahlungen, ist nun, wegen der zeitlichen Ordnung, nicht mehr der Wert der zufälligen Zahlungsfolge die Summe der erwarteten Einzelzahlungen. Genauer modellieren wir den Verlust als Sprungprozesse aus Definition 1.21. Im Erneuerungsprozess aus Definition 1.24 heißt die Hazardrate auch Intensität. Wir betrachten die zwei Fälle der konstanten und der allgemeinen, zeitlich differenzierten Ausfallintensität.

Konstante Ausfallintensität

Um den erwarteten Verlust für eine nicht-einjährige Zahlung in einem Kreditgeschäft zu berechnen, müssen wir auf Basis der Einjahresausfallwahrscheinlichkeit PD_1 ein Modell für den Ausfall des haftenden Schuldners entwickeln. Wenn wir keine Kenntnis über das Ausfallverhalten haben, wollen wir wie im einfachsten Fall des Abschn. 4.1 annehmen, dass die Ausfallneigung zu jedem Zeitpunkt in der Zukunft, falls er diesen „erlebt", gleich ist. Das heißt, wir nehmen für die Ausfallzeit τ in Vereinfachung von (4.1) eine Exponentialverteilung an:

$$P(\tau \in [t, t + dt[| \tau \geq t) \approx h dt \tag{4.5}$$

Die konstante Ausfallintensität der Höhe h ist wieder äquivalent zur einjährigen Ausfallwahrscheinlichkeit PD_1 über den Zusammenhang

$$F(1) = 1 - e^{-h}. \tag{4.6}$$

Eine Ausfallwahrscheinlichkeit über einen beliebigen Horizont ist mit Lemma 4.2 als Verteilungsfunktion der Exponentialverteilung gegeben durch $F(t) = 1 - e^{-ht}$.

Vereinfachen wir zur Vorbereitung zunächst den Kredit, sodass ein Anleger seinem Schuldner im Zeitpunkt $t_0 = 0$ *eine* Einheit einer Währung leiht (oder äquivalent eine Anleihe mit Nominal eins kauft). Es soll nur *einen* Zeitpunkt T in der Zukunft geben, zu dem dieser Betrag zurückzuzahlen ist. Der Anleger möchte den anfangs ausgehändigten Betrag, die eine Einheit, um die Kosten für den erwarteten Verlust verringern.

Die Kosten des gesamten erwarteten Verlusts werden in der Praxis für einen Kredit mit Laufzeit T (in Jahren) häufig mithilfe von (4.6) berechnet als

$$TF(1) = T(1 - e^{-h}). \tag{4.7}$$

Wie wir auch die Kosten in Abschn. 3.1.2 im Ablauf der Zeit als Prozess modelliert haben, wollen wir nun auch die Kosten durch den Verlust modellieren. Wir stellen uns vor, dass der Anleger seinen Kredit über den Vertragszeitraum beobachtet, beginnend in $t_0 = 0$. Das Ende in T lassen wir hier zunächst der Einfachheit halber weg. Die Verlustsituation ist für ihn gegeben durch den Sprungprozess nach Definition 1.21:

$$L_t = \mathbb{1}_{\{\tau \leq t\}} \tag{4.8}$$

Da nun τ im Index eines stochastischen Prozesses auftritt, sei hier erwähnt, dass es zur genaueren Beschreibung der σ-Algebra als Stoppzeit im Sinne von Definition 1.3 aufgefasst werden kann. Da L_t monoton steigt, kann L_t nicht mittelwertstationär im Sinne der Definition 1.17 sein. Der Trend, also der zu erwartende Wert in t, ist die Summe der erwarteten Anstiege. Wie in Tab. 4.1 dargestellt, können die Änderungen dL_t nur die Werte 0 oder 1 annehmen. Dabei ist das Inkrement definiert in (1.16), und nun werden, im Gegensatz zum Marktpreisrisiko beim stetigen Aktienkursmodell (3.8), die linksseitigen Grenzwerte an der Sprungstelle wirksam.

Um den Kompensator zu bestimmen, ist in Vereinfachung zu (1.17) mit (4.5):

$$E(dL_t|\mathcal{F}_{t-}) \approx \mathbb{1}_{\{\tau \geq t\}} P(\tau \in [t, t + dt[|\tau \geq t) \approx \mathbb{1}_{\{\tau \geq t\}} h dt \tag{4.9}$$

Beachte die sprachliche Unterscheidung des Intensitätsprozesses eines Sprungprozesses $\lambda(t) = \mathbb{1}_{\{\tau \geq t\}} h$ von der Intensitätsrate des Erneuerungsprozesses h. Somit ist wie in Lemma 1.9

$$L_t = \Lambda_t + M_t,$$

mit $\Lambda_t = \int_0^t \mathbb{1}_{\{\tau \geq s\}} h ds = \mathbb{1}_{\{\tau \geq t\}} h t + \mathbb{1}_{\{\tau < t\}} h \tau$ als kumulativer Intensität. Wegen $L_0 = 0$ und $\Lambda_0 = 0$ haben wir $E(M_T) = E(M_0) = 0$, sodass wie in (1.18) aus Sicht von $t_0 = 0$:

$$E(L_T) = E(\Lambda_T) + E(M_T) = \int_0^T E\mathbb{1}_{\{\tau \geq s\}} h ds$$

$$= \int_0^T f(s) ds = F(T) = 1 - e^{-hT} \tag{4.10}$$

Tab. 4.1 Änderungen des Verlustprozesses L_t auf Intervall $[t, t + dt[$

$L_t \backslash L_{t+dt}$	0	1
0	0	1
1	Nicht definiert	0

4.2 Bewertung von Finanzprodukten

Bemerkung Ein Betrag der Kredittilgung, das Nominal, von eins vereinfacht die Darstellung. Für einen beliebigen (bekannten) Betrag A ist (4.10) dann ein prozentualer Betrag. Man multipliziere A mit demselben.

Wie für Kredite und Anleihen ohne Kreditrisiko in Abschn. 2.1.1 erläutert, zahlt eine Anleihe das Nominal bei Laufzeitende aus. Beim endfälligen Kredit wird das Nominal am Anfang der Laufzeit ausgegeben und mit Zinsen in T zurückgezahlt. Bei Auszahlung von A erfolgt die Rück- oder Auszahlung B – mit Kosten für den erwarteten Verlust – mittels Dreisatz in Höhe von

$$B = \frac{A}{1 - (1 - e^{-hT})} = Ae^{hT}. \tag{4.11}$$

Formel (4.11) zeigt, dass die Berücksichtigung des erwarteten Verlusts gleichbedeutend ist mit einer stetigen Verzinsung von A mit Zins h (siehe auch Hull 2015, Abschn. 20.2). Letzteres werden wir noch als *Fundamentaltheorem* bei der Bewertung von Derivativen mit Kreditrisiko kennenlernen.

Beispiel 23 *Wir betrachten einen endfälligen Kredit mit einem Nominal von 10.000.000 €. Die Kreditvergabe erfolgt heute und die Rückzahlung in fünf Jahren. Der Schuldner habe eine Ratingklasse, die mit einer einjährigen Ausfallwahrscheinlichkeit von 0,5 % assoziiert ist. Um wie viel muss der Gläubiger die Kreditsumme bei Vergabe reduzieren, damit er keine zu erwartenden Kosten selbst übernimmt?*

Formel (4.6) gibt den Zusammenhang zwischen der einjährigen Ausfallwahrscheinlichkeit und der Hazardrate an:

$$PD_1 = 0{,}005 = 1 - e^{-h}$$
$$\Leftrightarrow h = -\log(0{,}995) = 0{,}005012542$$

Damit ist der erwartete Verlust für einen verliehenen Euro gemäß Formel (4.10)

$$\begin{aligned} E(L_5) &= 1 - e^{-5h} \\ &= 1 - \left(e^{\log(0{,}995)}\right)^5 \\ &= 1 - 0{,}995^5 = 0{,}02475125. \end{aligned} \tag{4.12}$$

Demnach muss der Ausgabebetrag um 247.512 € auf 9.752.488 € reduziert werden.

Bei der allgemeinen Zahlungsfolge aus Abb. 2.2 ist der Verlust, dargestellt in Abb. 4.1 und bis zum kommenden Satz 4.3 weiter ohne Zeitwert der Zahlungen, der stochastische Prozess

$$L_t = \mathbb{1}_{\{t \geq \tau\}} \sum_{t_i \geq \tau} a_{t_i} = \mathbb{1}_{\{t \geq \tau\}} \sum_{i=1}^{n} \mathbb{1}_{\{\tau \leq t_i\}} a_{t_i}.$$

Um den Kompensator zu berechnen, betrachten wir die erwarteten Inkremente wie in (1.17):

$$E(dL_t \mid \mathcal{F}_{t-}) = \mathbb{1}_{\{\tau \geq t\}} \sum_{t_i \geq t} a_{t_i} E(\mathbb{1}_{\{\tau \in [t, t+dt[\}} \mid \mathcal{F}_{t-})$$

$$= \mathbb{1}_{\{\tau \geq t\}} \sum_{t_i \geq t} a_{t_i} h dt \qquad (4.13)$$

Zur Berechnung des erwarteten Verlusts zur Zeit T, müssen wir den erwarteten Trend zur Zeit T berechnen aus Sicht von $t_0 = 0$, da wieder $EL_T = E\Lambda_T$. Nun ist

$$E\Lambda_T = E \int_0^T \sum_{t_i \geq s} a_{t_i} \mathbb{1}_{\{\tau \geq s\}} h ds = \int_0^T \sum_{t_i \geq s} a_{t_i} E \mathbb{1}_{\{\tau \geq s\}} h ds$$

$$= \sum_{i=1}^{n} a_{t_i} \int_0^T \mathbb{1}_{\{t_i \geq s\}} f(s) ds = \sum_{i=1}^{n} F(t_i) a_{t_i}.$$

Wir wollen das mit (4.4), also $F(t_i) = 1 - (1 - PD_1)^{t_i}$, zusammenfassen.

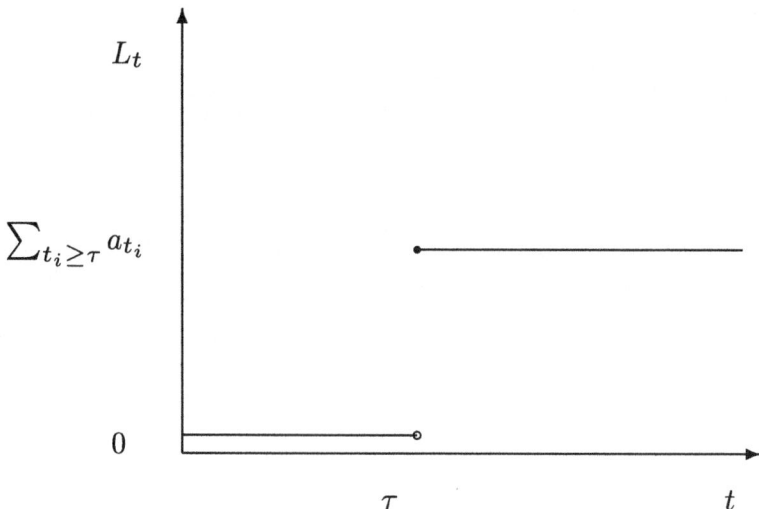

Abb. 4.1 Pfad des Verlustprozesses beim Kredit mit mehrfachen Zins- und Tilgungszahlungen

4.2 Bewertung von Finanzprodukten

Satz 4.1 *Der erwartete Verlust eines Kredits mit Laufzeit T an einen haftenden Schuldner mit konstanter instantaner Ausfallwahrscheinlichkeit, die durch die einjährige Ausfallwahrscheinlichkeit PD_1 festgelegt ist, lässt sich berechnen als*

$$E(L_T) = \sum_{i=1}^{n} \left(1 - (1 - PD_1)^{t_i}\right) a_{t_i}.$$

Beispiel 23 **(1. Fortsetzung)** *Die Verlustmodellierung mit dem Verlustprozess ermöglicht nun, veränderte Information zu berücksichtigen und damit den Marktwert des Kredits zwischen Ausgabe und letzter Rückzahlung zu berechnen. Was passiert z. B., wenn der Schuldner nach zwei Jahren in eine Ratingklasse migriert, für die eine einjährige Ausfallwahrscheinlichkeit von 0,7 % zu veranschlagen ist? Nach zwei Jahren läge somit neue Information vor, also ändert sich die Wahrscheinlichkeitsverteilung, die wir zur Berechnung des zu erwartenden Verlusts verwenden müssen. Der nach der Ratingmigration zu erwartende Verlust ist in Prozent, wieder mit Formel (4.10):*

$$\begin{aligned} E(L_3) &= 1 - e^{-3\,h^{neu}} \\ &= 1 - (1 - PD_1^{neu})^3 \\ &= 1 - 0{,}993^3 = 0{,}02085334 \end{aligned}$$

Auf der anderen Seite ist der Schuldner nach zwei Jahren immer noch solvent, d. h., kurz vor der Migration war der erwartete Verlust von 2,48 % auf $1 - 0{,}995^3 = 1{,}49\,\%$ gefallen. Durch die Migration hat also die Anlage $0{,}0209 - 0{,}0149 = 60$ Basispunkte an Marktwert verloren.

Bemerkung Vereinfachend wird für Kredite mit mehrfachen Zahlungen häufig ein ähnlicher Ansatz verwendet wie bei der einfachen Zahlung: Die Einjahreswahrscheinlichkeit, PD_1, wird für jedes Jahr angewandt und die jährlichen Kosten werden addiert. Das heißt, es wird zum einen angenommen, dass die Ausfallintensität konstant ist. Zum anderen wird so getan, als ob sich ein Kredit mit mehrfacher Zahlung genauso verhält wie mehrere unabhängige endfällige Kredite. Dieses Vorgehen lässt sich mittels einer linearen Taylor-Approximation rechtfertigen.

Satz 4.2 *Mit der bekannten Notation und unter Annahme einer konstanten Hazardrate des Ausfallzeitpunkts gilt*

$$EL_T \approx \sum_{i=1}^{n} PD_1 t_i a_{t_i}.$$

Die Gleichheit gilt für $PD_1 = 0$.

Beweis Man entwickele die Koeffizienten in Theorem 4.1 bezüglich der Variable PD_1 um den Entwicklungspunkt null, da Ausfälle im Kreditgeschäft selten sind:

$$1 - (1 - PD_1)^{t_i} = \sum_{\nu=1}^{\infty} (-1)^{\nu+1} \frac{t_i!}{\nu!(t_i - \nu)!} PD_1^{\nu}$$

Eine lineare Approximation von $\nu = 1$ liefert $1 - (1 - PD_1)^{t_i} \approx t_i PD_1$. □

Beispiel 24 *Zur Bewertung der Vereinfachung betrachte einen 10-jährigen Kredit über 100 Mio. € an einen Schuldner mit einer Einjahres-PD_1 von 1 %. Das entspricht in etwa einem Rating von BB in der Klassifikation von Standard & Poor's (siehe Gordy 2000, Tab. 2). Nehmen wir jährlich gleiche Tilgungen an, d. h. $a_{t_i} = 10$ Mio. € in $t_i = i, i = 1, \ldots, 10$. Der erwartete Verlust nach der praktischen Methode aus Satz 4.2 beträgt, mit der Gauß'schen Summenformel $\sum_{i=1}^{n} i = n(n+1)/2$,*

$$\sum_{i=1}^{n} PD_1 t_i a_{t_i} = 0{,}01 \cdot 10 \cdot \sum_{i=1}^{10} i = 0{,}01 \cdot 10 \cdot \frac{10 \cdot 11}{2} = 5{,}5$$

Millionen Euro bzw. 5,5 %. Dagegen beträgt der exakte erwartete Verlust nach Theorem 4.1, weiter unter Vernachlässigung der Abzinsung, 5,34 Mio. €(oder 5,34 %). Diese Differenz von 16 Basispunkten ist allerdings nicht auf jährlicher Basis ausgewiesen. Eine Division durch 10 wäre nur grob, da zukünftige Zahlungen wieder ausfallgefährdet und damit weniger wert sind.

Beispiel 23 (2. Fortsetzung) *Man bemerke, dass die genaue Rechnung, d. h. die Verwendung von (4.12), von der approximativen Rechnung (4.2),*

$$E(L_5) \approx 0{,}005 \cdot 5 = 0{,}025,$$

nur um 13 Basispunkte übertroffen wird, was an der geringeren PD des Schuldners liegt.

Altersspezifische Ausfallintensität

Die konstante Hazardrate ist dann sinnvoll, wenn außer dem Vorliegen einer Ausfallwahrscheinlichkeit über *einen* Zeithorizont keine weitere Information vorliegt. Zum einen sprechen aber vielleicht theoretische Überlegungen wie ein Produktlebenszyklus gegen eine konstante Hazardrate. Oder es liegen Daten vor, die eine genauere Spezifikation

4.2 Bewertung von Finanzprodukten

erlauben. Ein erster Schritt, nämlich die Hypothese einer konstanten Form zu testen, wird in Abschn. 4.3 erläutert.

Es sei an dieser Stelle einmal auf die Ambivalenz des Begriffes der Stationarität aus Definition 1.17 eingegangen. Der Verlustprozess L_t aus (4.8) ist auch dann nicht stationär, wenn seine Intensität eine konstante Hazardrate enthält. Ist eine Ausfallrate, im Sinne des Anteils von Schuldnern, die über ein gegebenes Intervall, von z. B. einem Jahr, ausfallen, nicht stationär, so spricht das erst einmal nicht gegen die Konstanz der Hazardrate des Ausfalls der einzelnen Schuldner. Die *gemeinsame* Betrachtung eines makroökonomischen Kalenderzeitbegriffs und eines mikroökonomischen Alterszeitbegriffs soll hier zugunsten einer *getrennten* vermieden werden. Für eine gemeinsame Modellierung siehe etwa Hougaard (2001, Abschn. 2.4.4), Lando und Skødeberg (2002) oder Kremer et al. (2014).

Für eine altersspezifische Hazardrate $h(t)$ verändert sich der erwartete Verlustzuwachs für das endfällige Darlehen (4.9) wegen (4.1) zu

$$E(dL_t|\mathcal{F}_{t-}) = \mathbb{1}_{\{\tau \geq t\}} h(t) dt, \qquad (4.14)$$

mit neuem Intensitätsprozess $\lambda(\cdot) = \mathbb{1}_{\{\tau \geq t\}} h(t)$. Das Wiederholen der Argumente von (4.10) führt auf einen erwarteten Verlust von

$$EL_T = E\Lambda_T = 1 - e^{-\int_0^T h(s)ds}. \qquad (4.15)$$

Es sei hier angemerkt, dass also nicht die Hazardrate selbst, sondern die *kumulative* Hazardrate $H(T)$ der Parameter des Kreditrisikos ist. Das wird für die Schätzung in Abschn. 4.3 wichtig werden, weil, wie im Fall der Dichte, die kumulative Hazardrate mitunter einfacher zu schätzen ist. Bei der Verallgemeinerung auf Kredite mit mehrfachen Zahlungen, wie in (4.13), muss ebenfalls nur von h auf $h(t)$ übergegangen werden, sodass sich

$$EL_T = \sum_{i=1}^{n} F(t_i) a_{t_i}$$

ergibt. Die Verteilungsfunktion $F(t)$ ist nun nicht mehr die einer Exponentialverteilung. Nehmen wir nun wieder explizit die Diskontierung der Zahlungen, und damit auch die Barwerteigenschaft in der leicht geänderten Interpretation des erwarteten Barwerts, in die Notation auf.

Satz 4.3 *Der Barwert des erwarteten Verlusts aus einem Kredit mit Zahlungszeiten t_i und Abzinsungsfaktoren df_{t_i}, $i = 1, \ldots, n$, aus Definition 2.1 bei einem haftenden Schuldner mit Hazardrate $h(t)$ ist gegeben durch*

$$PV(EL_T) = \sum_{i=1}^{n} \left(1 - e^{-\int_0^{t_i} h(s)ds}\right) \tilde{a}_{t_i} df_{t_i}.$$

Interessant ist hier Folgendes. Das Eintreten von Verlusten der einzelnen Zahlungen ist voneinander abhängig, denn eine spätere Zahlung schließt den Verlust jeder vorangegangenen Zahlung aus. Und ebenfalls folgt aus dem Verlust einer Zahlung der Verlust aller darauffolgenden. Trotzdem können die Zahlungen unabhängig voneinander mittels Erwartungswert (wie in (4.15)) bewertet und die Werte addiert werden. Das ist ein Beispiel für den Satz, dass der Erwartungswert einer Summe von potenziell abhängigen Zufallsvariablen die Summe der erwarteten Zufallsvariablen ist (siehe z. B. Bleymüller und Weißbach 2015a, Abschn. 8.5).

Korollar 4.1 *Aus Sicht eines Gläubigers lässt sich der Barwert einer positiven deterministischen Zahlungsfolge als Summe der diskontierten Zahlungen darstellen. Auf den instantanen Terminzins $r^f_{(u)}$ aus Definition 2.2 ist die Hazardrate des Ausfallzeitpunkts seines Schuldners $h(\cdot)$ aufzuschlagen (engl. credit spread) :*

$$PV[(\tilde{a}_{t_i})_{i=1,\ldots,n}] = \sum_{i=1}^{n} \tilde{a}_{t_i} e^{-\int_0^{t_i} r^f_{(s)}+h(s)ds}$$

Beweis Der erwartete Wert ist der hypothetische Wert ohne Unsicherheit, abzüglich des erwarteten Verlusts:

$$PV[(\tilde{a}_{t_i})_{i=1,\ldots,n}] = \sum_{i=1}^{n} a_{t_i} - EL_T = \sum_{i=1}^{n} a_{t_i} e^{-\int_0^{t_i} h(s)ds}$$
$$= \sum_{i=1}^{n} \tilde{a}_{t_i} e^{-\int_0^{t_i} r^f_{(s)}+h(s)ds}$$

Die letzte Gleichheit folgt aus Satz 2.1. □

Kann der erwartete Verlust bei einem Kredit nicht zu Anfang des Geschäfts erhoben werden, müssen immer gleiche Zuschläge an den Zahlungsterminen daraus abgeleitet werden. Den Fall *einer* Zahlung stellt (4.11) dar. Nehmen wir nun für mehrere Zahlungen die Situation konstanter Hazardrate sowie fehlenden risikolosen Zinses des vorangegangenen Unterabschnitts an. Wir wollen einen Aufschlag ε auf die a_{t_i} berechnen. Der Erwartungswert dieser zusätzlichen, potenziell abreißenden Zahlungsfolge muss dem erwarteten Verlust aus Satz 4.1 gleichen. Der Erwartungswert lautet (nach Korollar 4.1)

$$\varepsilon \sum_{i=1}^{n} (1 - PD_1)^{t_i},$$

und der immer gleiche Aufschlag beträgt deshalb

$$\varepsilon = \frac{\sum_{i=1}^{n} \left(1 - (1 - PD_1)^{t_i}\right) a_{t_i}}{\sum_{i=1}^{n} (1 - PD_1)^{t_i}}.$$

4.2 Bewertung von Finanzprodukten

> **Beispiel 24 (Fortsetzung)** *Für unser Beispiel des 10-jährigen Kredits mit 1 % jährlicher Ausfallwahrscheinlichkeit ist* $\varepsilon = 0{,}5639\,\%$.

Soll bei altersspezifischer Hazardrate mit Diskontfaktoren, um den erwarteten Verlust zu kompensieren, ein immer gleicher Aufschlag $\tilde{\varepsilon}$ ermittelt werden, der den Barwert des erwarteten Verlusts in seinem Barwert

$$\tilde{\varepsilon} \sum_{i=1}^{n} df_{t_i} e^{-\int_0^{t_i} h(s)ds}$$

entspricht, muss die Gleichung wieder nur nach $\tilde{\varepsilon}$ umgestellt werden.

> **Beispiel 25** *Anstatt aus risikolosem Zins und Ausfallwahrscheinlichkeit auf den Wert eines Kredits oder auf seinen Zins zu schließen, wollen wir nun umgekehrt von den Zinsen einer risikolosen Anlage (Bundesschatzbrief) und einer risikobehafteten Anlage (Firmenanleihe) den Rückschluss auf die* PD_1 *der (ausfallgefährdeten) Firma ziehen.*
>
> | | Bundesschatzbrief | Firmenanleihe |
> |---|---|---|
> | *Laufzeit* | 5 Jahre | 5 Jahre |
> | *Zins* | 5 % | 5,5 % |
> | *Zahlungen* | Laufzeitende | Laufzeitende |
>
> *Habe weder der Bundesschatzbrief eine jährliche Ausschüttung noch zahle die Anleihe einen jährlichen Coupon. Beide Anlagen zahlen am Laufzeitende das Nominal von* 100 € *aus. Um nach 5 Jahren* 100 € *ausgezahlt zu bekommen, muss der Käufer des Bundesschatzbriefs*
>
> $$100 \cdot e^{-0{,}05 \cdot 5} \text{ €} = 77{,}88 \text{ €}.$$
>
> *investieren, wobei wir annehmen, dass Deutschland binnen fünf Jahren nicht insolvent werden kann. Der Preis der Firmenanleihe für die Auszahlung der* 100 € *beträgt*
>
> $$100 \cdot e^{-0{,}055 \cdot 5} \text{ €} = 75{,}96 \text{ €}.$$
>
> *Die Differenz der Preise von* 1,92 € *ist die Kreditrisikoprämie. Bezeichne* PD_5 *die 5-jährige Ausfallwahrscheinlichkeit der Firma, dann ist der Barwert des erwarteten Verlusts*

$$PV[E(L_5)] = 100 \cdot PD_5 \, e^{-0,05 \cdot 5} \, \text{€}.$$

Mit dem risikolosen Zins von 5 % ist abzuzinsen, da wir, um den Wert einer zukünftigen Zahlung heute zu bewerten, eine sichere Replikation durchführen müssen. Die Gleichheit von erwartetem Verlust und Risikoprämie bedeutet, dass

$$100 \cdot PD_5 e^{-0,05 \cdot 5} \, \text{€} = 1,92 \, \text{€} \Leftrightarrow PD_5 = 2,47 \%.$$

Da wir für die Firma nur die eine Information haben, gehen wir von einer konstanten Hazardrate aus, und somit ist

$$PD_5 = P(\text{Ausfallzeit} \leq 5) = F(5) = 1 - e^{-H(5)}$$
$$= 1 - e^{-\int_0^5 h ds} = 1 - e^{-5h} \Leftrightarrow h = -\frac{\log(1 - PD_5)}{5}$$

und damit die einjährige Ausfallwahrscheinlichkeit

$$PD_1 = 1 - e^{-h} = 1 - (1 - PD_5)^{\frac{1}{5}} = 0,499\%.$$

Alternativ kann man Theorem 4.3 mit $h(t) \equiv h$ heranziehen. Es gilt wieder $PD_1 = F(1) = 1 - e^{-h}$ zu ermitteln. Also ist

$$1,92 = PV[E(L_5)] = \left(1 - e^{-5h}\right) 100 \cdot e^{-0,05 \cdot 5}$$
$$\Leftrightarrow 100 \cdot \left(e^{-0,05 \cdot 5} - e^{-0,055 \cdot 5}\right) = 100 \cdot e^{-0,05 \cdot 5} \left(1 - e^{-5h}\right)$$
$$\Leftrightarrow \left(e^{-0,05 \cdot 5} - e^{-0,055 \cdot 5}\right) e^{0,05 \cdot 5} = 1 - e^{-5h}$$
$$\Leftrightarrow 1 - e^{-0,005 \cdot 5} = 1 - e^{-5h}$$
$$\Leftrightarrow h = 0,005.$$

Also ist wieder $PD_1 = 1 - e^{-0,005} = 0,00499$.

Es stellt sich allerdings die Frage, warum ein risikoaverser Anleger, von dem in der mikroökonomischen Theorie zumeist ausgegangen wird (siehe Varian 2010), eine Anleihe kaufen sollte, die im Erwartungswert den gleichen Zins erwirtschaftet wie eine sichere Anlage. Es erscheint plausibel, dass der Anleger auch im Erwartungswert einen höheren Zins erhalten möchte.

Definition 2.1 formuliert, dass der Barwert einer Zahlungsfolge die Summe der Zahlungsbarwerte ist, auch wenn die Zahlungen zufällig sind. Dann aber ist die Rechnung zum Zeitpunkt t_0 nicht durchführbar. Für den Fall von ausschließlich positiven Zahlungen, also einem Kredit, haben wir die Durchführbarkeit mittels Erwartungswertbildung nun erlangt.

Weder waren aber die Zahlungshöhnen stochastisch (wie etwa bei einer Option), noch waren auch negative Zahlungen möglich (wie bei einem Swap). Das wollen wir nun angehen.

4.2.2 Derivative Finanzprodukte mit Kreditrisiko

Charakteristisch für Finanzprodukte von Abschn. 2.1.2 und 2.2 bis Abschn. 2.4 war, dass Zahlungshöhen, anders als in den letzten beiden Unterabschnitten, unvorhersehbar, also als zufällig zu bezeichnen sind. Genauso wie bei primären Finanzprodukten sind derivative Produkte auf dem Sekundärmarkt dem Kreditrisiko unterworfen. Wir wollen aber das Kreditrisiko nicht an Termin- oder Optionsgeschäften diskutieren, weil dort das Marktpreisrisiko dominiert. Vielmehr wollen wir das Kreditderivat der Kreditversicherung (siehe Stute 2002; Schönbucher 2003) betrachten, das wiederum keinem Marktpreisrisiko ausgesetzt ist.

Wieder müssen wir den Ausfall des Schuldners vor Ablauf des Geschäfts modellieren. Seien wieder T das Laufzeitende und τ der Ausfallzeitpunkt. Es geht also um $\{\tau \leq T\}$. Wir wollen das Sprungprozessmodell, zur Modellierung für nur *einen* Schuldner, nun mit τ als erstem Wert $\tilde{\tau}_1 := \tilde{E}_1$, für $n > 1$ erweitern auf

$$\tilde{\tau}_n := \sum_{i=1}^{n} \tilde{E}_i \quad \text{und} \quad \tilde{N}_t := \sup\{n : \tilde{\tau}_n \leq t\}.$$

Das Ziel ist insbesondere, die Annahme aufgeben zu können, dass die Hazardrate der Solvenzverweildauer τ, $h(\cdot)$, deterministisch ist, denn externe Einflüsse, stochastische Kovariablen im Sinne einer linearen Regression, lassen eine Abhängigkeit allein vom Alter t als zu restriktiv erscheinen. Dafür machen wir noch einen weiteren Schritt, denn wir erlauben dem stochastischen Prozess $\tilde{N}_t$ weitere Sprünge. Es handelt sich dann um einen Zählprozess aus Definition 1.27. Genauer verwenden wir für $\tilde{N}_t$ einen Cox-Prozess gemäß Definition 1.26. Betrachte eine (einmalige) potenziell zufällige Zahlung X_T. Besteht Erfüllungsrisiko, so ist der Zahlungsstrom

$$\mathbb{1}_{\{\tau > T\}} X_T.$$

Nun ist $\tilde{N}$ (in t) wegen Satz 1.8 ein homogener Poisson-Prozess N in H_t mit einem $E_1 \sim Exp(1)$:

$$\{\tau > T\} = \{\tilde{N}_T = 0\} = \{N_{H_T} = 0\} = \{H_T < E_1\}$$
$$= \left\{ \int_0^T h(s, Z_s) ds < E_1 \right\} \tag{4.16}$$

In der dritten Gleichung wurde genutzt, dass auf der transformierten Skala ein erster Sprung erst noch folgt.

Die Wahrscheinlichkeit dieses Ereignisses hängt von der gemeinsamen Verteilung von Z und E_1 ab, da bekanntermaßen

$$P(X > Y) = \int_0^\infty \int_0^x f(x,y) dy dx$$

für eine gemeinsame Dichte $f(\cdot,\cdot)$ von X und Y gilt. Bedingt gilt jedoch unter Unabhängigkeit

$$P(\tau > T \mid Z_s, 0 \leq s \leq T) = e^{-\int_0^T h(s,Z_s)ds}, \qquad (4.17)$$

da $P(E_1 > t) = e^{-t}$ die Überlebensfunktion von E_1 ist. Es sei bemerkt, dass bei einem Pfad von Z mit großer Intensität $h(t,Z_t)$ die rechte Seite klein, also die *frühe* Ausfallwahrscheinlichkeit groß ist.

An dieser Stelle sei auf einen Umstand hingewiesen, der auch beim Kredit schon Erwähnung hätte finden können. Generell fällt bei Insolvenz des Schuldners üblicherweise für den Gläubiger nicht der gesamte Betrag aus. Bei Termingeschäften z. B. geht der Marktwert (F_t) zum Zeitpunkt des Ausfalls verloren, siehe Abschn. 2.1.2 und 2.2. Da die Einteilung in Gläubiger und Schuldner mithin schwanken kann, spricht man auch vom Kontrahentenrisiko (engl. *counterparty risk*). Weil Produkte in den Portfolios einen Zweck verfolgen, muss sich der betroffene Kontrahent mit demselben Produkt wiedereindecken, was den Begriff „Wiedereindeckungsrisiko" (engl. *pre-settlement risk*) begründet. Ob aber zur Bewertung der ausstehenden Zahlungen eines Schuldners etwa Handelsgeschäfte mit negativem Marktwert in Abzug gebracht werden, unterliegt sogenannten „Nettingregeln". Zur Feststellung des Engagements zum Ausfallzeitpunkt (engl. *exposure at default [EAD]*) müssen dann noch physische Sicherheiten (engl. *collateral*) (z. B. Immobilien) und Garantien (engl. *securities, warrants*) (z. B. Staatsbürgschaften) abgezogen werden. Letztendlich ist noch zu klären, wie viel dieses Betrags ausfällt, denn aus der Konkursmasse werden sicherlich noch Zahlungen an den Gläubiger vom Konkursverwalter zugeteilt. Nach Wiedereinbringung (engl. *recovery*) wird der verbleibende Verlust mit „Loss Given Default" (LGD) bezeichnet. Diesen Betrag wollen wir im Folgenden vereinfachend Engagement (engl. *exposure*) nennen, oder auch Obligo. Für die Einbeziehung eines zufälligen Wiedereinbringungsmodells in die Ausfallhöhen siehe z. B. Weißbach et al. (2010), hier soll aber das Modell ohne stochastische Wiedereinbringung (engl. *zero recovery*) angenommen werden. Weiter einschränkend wollen wir auch den Zeitpunkt des Ausfalls noch nicht anrechnen, sondern so tun, als würde der Ausfall erst bei Vertragsende T bekannt. Auch wollen wir von unendlich vielen Sprüngen $\tilde{\tau}_i$, also $H(\infty) = \infty$, ausgehen. Der Wert der Auszahlung $\mathbb{1}_{\{\tau > T\}} X_T$ beträgt in t:

$$E\left\{ e^{-\int_t^T r_u^f du} X_T \mathbb{1}_{\{\tau > T\}} \mid \mathcal{F}_t \right\}$$

4.2 Bewertung von Finanzprodukten

Der Diskontfaktor aus Satz 2.1 enthält die Terminzinskurve r_u^f, das von Z_u abhängen kann. Zudem nehmen wir an, dass E_1 (bedingt) unabhängig von den anderen stochastischen Größen ist. Das ist wegen $EX = E[E(X|Y)]$ und $E(E(X|Y)|Z) = E(E(X|Z)|Y)$

$$E\left(e^{-\int_t^T r_u^f du} X_T E(\mathbb{1}_{\{\tau>T\}} \mid \mathcal{F}_t, X_T, Z_u, r_u^f, 0 \leq u \leq T) \mid \mathcal{F}_t\right).$$

Ein vorangestellter Indikator $\mathbb{1}_{\{\tau>t\}}$ ergibt sich nun, um der Möglichkeit einer Insolvenz bis t Rechnung zu tragen:

$$E\left(\mathbb{1}_{\{\tau>T\}}|\mathcal{F}_t\right) = \begin{cases} 0 & \text{für } \tau \leq t \\ E\left(\mathbb{1}_{\{\tau>T\}}|\tau > t, \mathcal{F}_t\right) & \text{für } \tau > t \end{cases}$$
$$= \mathbb{1}_{\{\tau>t\}} P(\tau > T | \tau > t)$$

Die Wahrscheinlichkeit lässt sich umschreiben zu

$$P\left(E_1 > \int_0^T h(s, Z_s) ds \,\bigg|\, E_1 > \int_0^u h(s, Z_s) ds, 0 \leq u \leq t\right),$$

und da $\mathbb{1}_{\{E_1 > t\}}$ ein Markov-Prozess ist (siehe Definition 1.11), gilt weiter

$$P\left(E_1 > \int_0^T h(s, Z_s) ds \mid E_1 > \int_0^t h(s, Z_s) ds\right)$$
$$= \frac{P(E_1 > \int_0^T h(s, Z_s) ds)}{P(E_1 > \int_0^t h(s, Z_s) ds)} = e^{-\int_t^T h(s, Z_s) ds}.$$

Somit erhalten wir (siehe Stute 2002, Satz 6.5.1):

Satz 4.4 (Fundamentalformel) *Verspricht ein Schuldner mit Insolvenzintensität $h(\cdot)$ in $t_0 = 0$ einem Gläubiger die Zahlung X_T in T, so ist der Wert in $0 \leq t \leq T$*

$$E\left(e^{-\int_t^T r_u^f du} X_T \mathbb{1}_{\{\tau>T\}} \mid \mathcal{F}_t\right) = \mathbb{1}_{\{\tau>t\}} E\left(e^{-\int_t^T r_u^f + h(u) du} X_T \mid \mathcal{F}_t\right).$$

Die Intensität $h(\cdot)$ ist eine allgemeinere Definition eines Kreditrisikoaufschlags (engl. *credit spread*) als die Hazardrate in Korollar 4.1, weil sie zufällig sein darf (siehe auch Bielecki und Rutkowski (2002), S. 221 ff.). Für eine zufällige (positive) Wiedereinbringung siehe Duffie und Singleton (1999) oder Schönbucher (2003), Abschn. 3.2, und für Abschwächungen der Modellannahmen Collin-Dufresne et al. (2004).

Beispiel 26 *Betrachte einen endfälligen Kredit bzw. eine zero-coupon-Anleihe, mit Nominal eins und ohne risikofreien Zins, $r_t^f \equiv 0$. Mit der Notation*

$$P(t, T) := E\left\{e^{-\int_t^T h(s, Z_s) ds} \mid \mathcal{F}_t\right\}$$

> *führt die Anwendung von Satz 4.4 mit* $X_T = 1$ *auf einen Wert in t von*
>
> $$E(\mathbb{1}_{\{\tau > T\}} \mid \mathcal{F}_t) = \mathbb{1}_{\{\tau > t\}} P(t, T). \tag{4.18}$$

Bemerkung $P(t, T)$ ist die bedingte Wahrscheinlichkeit, dass der Schuldner nicht vor T ausfällt. Lemma 4.2 ergab für deterministische Hazardrate des Ausfallzeitpunkts, $h(\cdot)$, eine Überlebenswahrscheinlichkeit von

$$P(\tau > T \mid \tau > t) = e^{-\int_t^T h(s)ds}.$$

Korollar 4.2 *Die Bewertung einer nicht-ausfallgefährdeten Anleihe mit Nominal eins und konstantem Zins,* $B(t, T)$*, war in (2.3) gegeben. Aus Satz 4.4 und in Erweiterung des Beispiels 26 ist der Wert einer ausfallgefährdeten – aber noch nicht ausgefallenen – Anleihe mit Nominal eins (engl. bond pricing)*

$$\bar{B}_0(t, T) = E\left(e^{-\int_t^T r_u^f du} \mathbb{1}_{\{\tau > T\}} \mid \mathcal{F}_t\right) = \mathbb{1}_{\{\tau > t\}} P(t, T) B(t, T),$$

wobei r_t^f *deterministisch ist.*

Schönbucher (2003) stellt in Abschn. 5.3, kombiniert mit (3.1), den Fall $X_T \equiv 1$, d. h. die Verallgemeinerung von Korollar 4.2 auf eine *zufällige Hazardrate* für *eine* deterministische Zahlung dar.

Das Kreditrisiko betrifft auch derivative Finanzprodukte. Derivative Produkte, für die das Marktpreisrisiko in Kap. 3 bestimmt wurden, wie etwa Termingeschäfte, wurden schon in Kap. 2 beschrieben, weil dort noch keine stochastischen Methoden für die Bewertung nötig waren. Stochastik wurden erst für das Value-at-Risk gebraucht. Da wir gesehen haben, dass selbst für einen Kredit eine Bewertung stochastische Überlegungen erfordert, wird auch das einzige derivative Kreditprodukt erst hier beschrieben. Wieder wird sich unser Verständnis, was ein Kreditrisikoparameter ist, leicht ändern. Der Verkäufer einer *digitalen Ausfallversicherung* (DDP) (engl. *digital default put*) zahlt *eine* Geldeinheit an den Käufer, wenn eine Referenz, typischerweise eine Firma, ausfällt. Falls die versicherte Firma bis zum Laufzeitende T nicht ausfällt, erlischt der Vertrag ohne Zahlung. Betrachte zunächst den Fall, dass die Zahlung für den Ausfall erst am Laufzeitende T erfolgt. Dann beträgt der Wert des Produkts in einem t

$$D(t, T) = E\left(e^{-\int_t^T r_u^f du} \mathbb{1}_{\{\tau \leq T\}} \mid \mathcal{F}_t\right) = E\left(e^{-\int_t^T r_u^f du}(1 - \mathbb{1}_{\{\tau > T\}}) \mid \mathcal{F}_t\right)$$
$$= B(t, T) - \bar{B}_0(t, T).$$

4.2 Bewertung von Finanzprodukten

Wieder kann man sich den Wert mit einer Replikationsstrategie verdeutlichen (siehe Stute 2002, Abschn. 6.6). Die Auszahlung eines Portfolios, bestehend aus einer *gekauften* nichtausfallgefährdeten Anleihe und einer *verkauften* ausfallgefährdeten Anleihe der zu versichernden Firma hat, wie Tab. 4.2 vor Augen führt, im Zeitpunkt T die gleichen Auszahlungen wie die Ausfallversicherung.

Für den realistischen Fall, dass die Versicherungszahlung schon zum Ausfallzeitpunkt erfolgt, ist

$$D(t,T) = \mathbb{1}_{\{t<\tau\}} E\left(e^{-\int_t^\tau r_u^f du} \mathbb{1}_{\{\tau \leq T\}} \mid \mathcal{F}_t\right).$$

Auf eine genauere Betrachtung des Ausfallzeitpunkts als Stoppzeit im Sinne von Definition 1.3 wird hier verzichtet. Ziel ist nun, den Erwartungswert in der Form $E[g(X)] = \int g(x) f(x) dx$ (mit $f(\cdot)$ als Dichte von X) darzustellen. Dazu berechne zunächst die bedingte Überlebensfunktion durch Austausch von 0 und t, bzw. T und x in (4.17):

$$P(\tau > x \mid \underbrace{r_u^f, u \leq T, Z_s, s \leq T, \{\tau \leq s\}, s \leq t}_{=:\mathcal{G}_T}) = \mathbb{1}_{\{\tau>t\}} e^{-\int_t^x h(s) ds}$$

Entweder mittels Ableiten oder der Eigenschaft $f(x) = h(x) S(x)$ folgt, dass τ auf $x > t$ die bedingte Dichte

$$\mathbb{1}_{\{\tau>t\}} h(x) e^{-\int_t^x h(s) ds}$$

hat. Also ist (siehe Stute 2002, Formel (6.7)):

$$\begin{aligned}
D(t,T) &= E\left(\mathbb{1}_{\{t<\tau \leq T\}} e^{-\int_t^\tau r_u^f du} \mid \mathcal{F}_t\right) \\
&= E\left(E\left(\mathbb{1}_{\{t<\tau \leq T\}} e^{-\int_t^\tau r_u^f du} \mid \mathcal{G}_T\right) \mid \mathcal{F}_t\right) \\
&= E\left(\mathbb{1}_{\{\tau>t\}} \int_t^T e^{-\int_t^x r_u^f du} h(x) e^{-\int_t^x h(u) du} dx \mid \mathcal{F}_t\right) \\
&= \mathbb{1}_{\{\tau \geq t\}} E\left(\int_t^T h(x) e^{-\int_t^x [r_u^f + h(u)] du} dx \mid \mathcal{F}_t\right) \\
&= \mathbb{1}_{\{\tau \geq t\}} \int_t^T E\left(h(x) e^{-\int_t^x [r_u^f + h(u)] du} \mid \mathcal{F}_t\right) dx \quad (4.19)
\end{aligned}$$

Tab. 4.2 Auszahlungen im Replikationsportfolio für digitale Ausfallversicherung

	$B(T,T)$	$-\bar{B}_0(T,T)$	Portfolio
Ohne Ausfall	+1	−1	0
Mit Ausfall	+1	0	1

Daran sieht man, dass nicht nur, wie nach (4.15) erklärt, die kumulative, sondern auch die Hazardrate *selbst* ein Parameter des Kreditrisikos ist.

4.3 Schätzen des Ausfallparameters

Wir stellen uns einen Kredit an einen Schuldner A aus Abschn. 2.1.1 als Bernoulli-Experiment $\mathbb{1}_A$ vor. Die Lehrbuchsituation für die Schätzung der Ausfallwahrscheinlichkeit wäre das Vorliegen einer Stichprobe unabhängig und identisch verteilter (u. i. v.) ausgelaufener Kredite. Diese uneingeschränkte Zufallsauswahl (siehe Bleymüller und Weißbach 2015a, Abschn. 12.2) wird auch einfache Stichprobe genannt. Die Ausfallrate wäre dann eine in vielerlei Hinsicht gute Schätzung der Ausfallwahrscheinlichkeit (siehe Bleymüller und Weißbach 2015a, Abschn. 15.2). Zum Beispiel ist sie die Maximum-Likelihood-Schätzung (siehe Gouriéroux und Monfort 1995a, Kap. 7). In der Praxis wird eine Stichprobe nicht verfügbar sein, und bei historischen Beobachtungen dürfte nicht nur die Unabhängigkeit infrage stehen (siehe Hougaard 2001, Kap. 3 und 4). Auch die Annahme identischer Verteilung, also Ausfallwahrscheinlichkeit, scheint etwa bei unterschiedlichen Kreditlaufzeiten fraglich. Eine typische Frage ist, wie mit noch nicht abgelaufenen Krediten zu verfahren ist, oder allgemeiner wie die Zeitabhängigkeit einer Beobachtung zu berücksichtigen ist. Anstatt einer Aussage über die gesamte Kreditlaufzeit sind sicher auch Aussagen über einen kürzeren Zeitraum informativ. Auch andere Messungen am Merkmalsträger, sei es Kredit oder Schuldner, können, als Kovariablen verstanden, informativ sein. Ein wichtiges Beispiel stellt hier das (Bonitäts-)Rating dar, das die Messung des Kreditrisikos im Solvenzzustand gerade verfeinern soll. Eine eher unstatistische Frage, wie Informationen anzuwenden sind, die der „Markt" enthält, wollen wir auch kurz diskutieren.

Eine weitere mögliche Frage wäre die nach der Schätzung bei Vorliegen *selektierter* Schuldner. Bücker et al. (2013) behandeln den betriebswirtschaftlichen Fall, bei dem die Stichprobe ein Portfolio ist, also ausschließlich Schuldner mit *bewilligtem* Kreditantrag vorliegen. Dörre (2017) verwendet als Stichprobe ausschließlich Information zu *insolventen* Firmen einer Volkswirtschaft.

4.3.1 Schätzung aus Verweildauern

Wir können uns einen Kredit als Sprungprozess aus Definition 1.21 vorstellen, also als einen zeitstetigen Markov-Prozess mit zwei Zuständen, von denen einer absorbierend ist (siehe Definition 1.11). Die Intensität des Übergangs, des Ausfalls, vom nicht-absorbierenden Solvenzzustand in den absorbierenden Insolvenzzustand ist im Wesentlichen die Hazardrate der Verweildauer in Solvenz (siehe (1.17)). Zunächst wird die Vorstellung als stochastischem Prozess wegen der äquivalenten Formulierung als univariater Verweildauer unnötig kompliziert sein.

4.3 Schätzen des Ausfallparameters

Genauer als in der einfachen Stichprobe von Kreditindikatoren würde eine einfache Stichprobe an Verweildauern in Solvenz – bzw. Altern bei Insolvenz –, $E_A = E_i$ mit Abzählung der Schuldner A als $i = 1, \ldots, n$, Unterschiede der Ausfallwahrscheinlichkeiten für verschiedene Kreditlaufzeiten berücksichtigen lassen. Bei Vorliegen einer solchen Stichprobe wäre die parametrische Schätzung der Verteilung – und damit der Hazardrate – möglich. Damit kann dann eine Einjahresausfallwahrscheinlichkeit (PD) geschätzt werden. Elementar ist hierbei die Annahme einer Exponentialverteilung für die E_i mit Parameter h, wie in Definition 1.24, und erstmals verwendet in (4.6). Sie hat laut Lemma 1.6 Erwartungswert $1/h$ (siehe auch Bleymüller und Weißbach 2015a, Abschn. 10.2). Der Momentenschätzer ist natürlich

$$\hat{h} = \frac{n}{\sum_{i=1}^{n} E_i}, \qquad (4.20)$$

also die Anzahl der Ausfälle geteilt durch die gesamte Zeit, die Schuldner unter Ausfallrisiko standen. Wie leicht nachzurechnen, ist $\hat{h}$ auch der Maximum-Likelihood-Schätzer (siehe z. B. Miller 1981). Auf dasselbe Ergebnis kommt man, wenn man den homogenen Poisson-Prozess bis zum n-ten Sprung als Beobachtung verwendet. Auch stochastische Prozesse haben, als funktionswertige Zufallsvariablen, eine – funktionswertige – Dichte, die in dem Fall im Wesentlichen die Likelihood der Stichprobe ist.

Parametrische und nicht-parametrische Schätzung bei Rechtszensierung

Allerdings ist immer noch unrealistisch, dass jeder Schuldner (sichtbar) früher oder später ausfällt. Um einer realen Datenbasis näherzukommen, verwenden wir in einem Datensatz (unabhängiger) Schuldner (oder Kredite) nur das erste Jahr nach Schuldemission. Zähle Y die Schuldner zu Jahresbeginn und bezeichne ΔN die Ausfälle bis Jahresende. Somit ist der Bernoulli-Schätzer für die Einjahresausfallwahrscheinlichkeit $(\Delta N)/Y$. Beobachten wir jeden verbleibenden Schuldner auch über das folgende Jahr, sodass wir $Y_{erstes\ Jahr} + Y_{zweites\ Jahr}$ Bernoulli-Ereignisse haben, die nicht mehr alle unabhängig sind, aber deren Verteilungen wir als identisch annehmen wollen. Weil wir für mögliche Ausprägungen grob mit dem Multiplikationssatz (siehe Bleymüller und Weißbach 2015a, Abschn. 6.1) schreiben können

$P[\text{(kein) Ausfall im 1. Jahr, (kein) Ausfall in 2. Jahr}]$
$= P[\text{(kein) Ausfall in 2. Jahr}|\text{(kein) Ausfall in 1. Jahr}]$
$P[\text{(kein) Ausfall in 1. Jahr}],$

gleicht der Maximum-Likelihood-Schätzer bei fehlendem Einfluss des Vorjahres dem bei Annahme der Unabhängigkeit aller Ereignisse:

$$\frac{\Delta N_{erstes\ Jahr} + \Delta N_{zweites\ Jahr}}{Y_{erstes\ Jahr} + Y_{zweites\ Jahr}}. \tag{4.21}$$

Diese Schätzung wird Kohortenmethode genannt (siehe Schönbucher 2003, Abschn. 8.3.1). Eine Ähnlichkeit zum Schätzer für den Parameter der Exponentialverteilung (4.20) besteht darin, dass die Zähler Ausfälle zählen und die Nenner Zeit unter Risiko. Die Nenner addieren nur die Jahre in anderer Reihenfolge. Beim Vorliegen aller Ausfallzeitpunkte ist die Konstruktion eines Poisson-Prozesses noch möglich. Nun aber ist der Prozess, der die Ausfälle im Ablauf der Kalenderzeit zählt, keine zeitdiskrete Version eines homogenen Poisson-Prozesses mehr, weil die Anzahl der Schuldner unter Risiko, und damit der erwartete Zuwachs im zweiten Jahr, kleiner ist als im ersten. Das ist zu beachten, will man unterscheiden zwischen einer (mikroökonomischen) Ausfallanzahl in einem Portfolio, bei der Y bekannt ist, und einer (makroökonomischen) z. B. in Deutschland vom statistischen Bundesamt erhobenen jährlichen Anzahl an Insolvenzen mit unbekanntem Y.

Auch wenn eine Maximum-Likelihood-Schätzung nicht per se unverzerrt ist, liegt für diesen Schätzung aber keine Verzerrung vor, falls die Ausfallwahrscheinlichkeit im ersten Jahr auch die bedingte Ausfallwahrscheinlichkeit im zweiten Jahr ist.

Dass für einen Schuldner, der nach dem ersten Jahr solvent ist, keine Aussage über das zweite Jahr getroffen werden kann, ist genauso möglich wie unterjährige Information für einen Schuldner. Eventuell lässt sich die Frage „Ist der Schuldner binnen eines Jahres ausgefallen?" nicht beantworten, sondern nur die Frage „Ist der Schuldner binnen eines Zeitraums kürzer als ein Jahr ausgefallen?". Diese Teilinformation hatten wir in Abschn. 1.2 als Messbarkeitsfrage im Modell der Information als Filtration kennengelernt. Der Fall heißt hier Rechtszensierung. Schuldner mit Teilinformation bei der Schätzung aus den Verweildauern nicht zu verwenden, führt zu einer Überschätzung der Hazardrate und mittelbar einer überschätzten Ausfallwahrscheinlichkeit. Betrachten wir zunächst beispielhaft die unmittelbare Schätzung der Ausfallwahrscheinlichkeit über einen gegebenen Risikohorizont.

Beispiel 27 *Zu schätzen ist die Einjahresausfallwahrscheinlichkeit (PD_1). Uns sei bekannt, dass 27 von 1500 Schuldnern nach einem Jahr ausgefallen sind. Unser erster Schätzer ist die Rate $PD_1 \approx 27/1500 = 1,8\%$. Die zeitliche Entwicklung der Ausfälle ist in Tab. 4.3 (links) dargestellt. Unter der Annahme, dass die kalendarische Zeitachse keinen Einfluss hat, stellt Tab. 4.3 (rechts) die Ausfälle mit individuellem Zeitursprung dar. Die Beschränkung auf Schuldner, deren Beobachtung über das volle Jahr geht (reduced sample estimate) lässt schließen:*

$$\widehat{PD_1} = 1 - \frac{483}{500} = 3,4\% \tag{4.22}$$

Ein Nachteil ist, dass (viele) Beobachtungen verschwendet werden.

4.3 Schätzen des Ausfallparameters

Tab. 4.3 Beispielhafte Studie von Ausfällen bei 1500 Schuldnern im Jahr 2007 (links) und in ihrem ersten Jahr (rechts)

Datum	Untergruppe 1	Untergruppe 2	Halbjahr	Untergruppe 1	Untergruppe 2
01.01.2007	500	Nicht definiert	Ursprung	500	1000
30.06.2007	490	1000	1	490	990
01.01.2008	483	990	2	483	Fehlt

Wir wollen alle Beobachtungen nutzen, und Kaplan und Meier (1958) betrachten die Überlebenswahrscheinlichkeit $S(t)$ anstatt der Ausfallwahrscheinlichkeit:

$$S(1) = S\left(\frac{1}{2}\right) \frac{S(1)}{S(\frac{1}{2})} = S\left(\frac{1}{2}\right) \frac{P\left(\tau > 1, \tau > \frac{1}{2}\right)}{S\left(\frac{1}{2}\right)} = S\left(\frac{1}{2}\right) P\left(\tau > 1 | \tau > \frac{1}{2}\right)$$

Die zweite Gleichheit nutzt die Eigenschaft der Zeit $\{\tau > 1/2\} \subset \{\tau > 1\}$. Die letzte Gleichung erhält man auch bei Anwendung des Theorems der totalen Wahrscheinlichkeit (siehe Bleymüller und Weißbach 2015a, Abschn. 6.4) auf das Ereignis $\tau > 1$ und die beiden disjunkten Ereignisse $\tau > 1/2$ und $\tau \leq 1$. Der Vorteil ist nun, dass wir die Wahrscheinlichkeit, ein halbes Jahr zu erleben, $S(1/2)$, getrennt schätzen können.

Beispiel 27 (**Fortsetzung**) *Unter Nutzung beider halbjähriger Wahrscheinlichkeiten ist naheliegend*

$$\widehat{PD_1} = 1 - \left[\left(\frac{490 + 990}{500 + 1000}\right)\left(\frac{483}{490}\right)\right] = 2{,}7\,\%. \tag{4.23}$$

Damit haben wir den Standardfehler verringert. Die Wahrscheinlichkeit, dass der Abstand von Schätzer zu PD_1 kleiner als eine Schranke ist, ist bei (4.23) größer als bei (4.22).

Wollen wir weiter aus *Verweildauern* die Hazardrate schätzen, brauchen wir für die Maximum-Likelihood-Methode die Dichten der Beobachtungen. Die übliche Modellierung von rechtszensierten Verweildauern ist die Ausprägung unabhängig und identisch verteilter Verweildauern $E_1, \ldots, E_n$, und davon unabhängig und untereinander unabhängig identisch verteilter Zensierungszeiten $C_1, \ldots, C_n$ mit

$$X_i := \min\{E_i, C_i\} \quad \text{für } i = 1, \ldots, n,$$

bei Beobachtbarkeit von X_i. Das heißt, die Überlebenszeit kann nur beobachtet werden, wenn die Zensierungszeit nicht kleiner ist. Dieser Fall ist im Kreditrisiko sehr häufig. Etwa kann eine Bank bei der Analyse aktueller und vergangener Schuldner für die „noch" solventen Schuldner naturgemäß nur feststellen, wie lange die aktuellen schon solvent sind. Weitere Fälle sind Fusionen von Schuldner oder Verlust einer Historie ehemaliger Schuldner. Neben der Variablen X_i kann aber auch noch die Variable

$$\delta_i := \mathbb{1}_{\{E_i \leq C_i\}} \quad \text{für } i = 1, \ldots, n,$$

beobachtet werden, also die Information, ob die Beobachtung X_i ein Ausfall- oder ein Zensierungszeitpunkt ist. Es interessiert die Hazardrate $h(\cdot)$ von E_1. Hierbei unterscheidet Zufallsvariable und ihre Ausprägung der Kontext. Für die zufällige Rechtszensierung gilt (siehe Miller 1981, S. 60):

Lemma 4.3 *Sei $G(t)$ die Verteilungsfunktion der Zensierungszeiten C_i. Dann gilt für die Subüberlebenszeitfunktion der unzensierten Beobachtungen, definiert als $S_u^*(x) := P(X_1 > x, \delta_1 = 1)$:*

$$S_u^*(x) = \int_x^\infty [1 - G(t)] dF(t)$$

Beweis Die Wahrscheinlichkeit ist als Integral über die bivariate Dichte $\tilde{f}(x_1, x_2)$ von (E_1, C_1) darstellbar. Der Integrationsbereich oberhalb der Winkelhalbierenden wird aber noch zusätzlich nach unten durch x in e_1-Richtung beschränkt. Mit $f(t)$ als Dichte von E_1 und $g(s)$ als Dichte von C_1 ist wegen der Unabhängigkeit von E_1 und C_1 und des Satzes 1.6 (Fubini) nach einem Integrationswechsel wie in Abb. 1.3:

$$P(X_1 > x, \delta_1 = 1) = P(E_1 > x, C_1 \geq E_1) = \int_x^\infty \int_x^s \tilde{f}(t, s) dt ds$$
$$= \int_x^\infty \int_x^s f(t) g(s) dt ds = \int_x^\infty \int_t^\infty g(s) ds f(t) dt$$

□

Außerdem gilt mit der Definition der Subüberlebenszeitfunktion für die zensierten Beobachtungen, $S_z^*(x) := P(X_1 > x, \delta_i = 0) = P(C_1 > x, C_1 < E_1)$, dass wegen des Additionssatzes (siehe Bleymüller und Weißbach 2015a, Abschn. 5.5) und $\{X_1 > x, \delta_1 = 1\} \cap \{X_1 > x, \delta_1 = 1\} = \emptyset$:

$$S_X(x) = S_u^*(x) + S_z^*(x).$$

Hier ist mit $S_X(x) := P(X_1 > x)$ die Überlebenszeitfunktion der X_i bezeichnet. Mittels Ableitung kann nun die Dichte bestimmt werden.

Weder das Beispiel 27 noch die Berechnung gerade haben eine konkrete Verteilungsannahme getroffen. In der Fortsetzung des Beispiels 27 etwa wäre die Schätzung der PD_1 unter der Annahme identischer Ausfallwahrscheinlichkeiten in beiden Halbjahren mittels

4.3 Schätzen des Ausfallparameters

Maximum-Likelihood nicht von der gegebenen Form. Betrachten wir nun allerdings eine Stichprobe, z. B. alle ehemaligen und aktuellen Schuldner einer Bank. Wir bezeichnen das Alter des i-ten Schuldners nach Eintritt in das Portfolio bei seinem Ausfall mit E_i. Wir wollen zunächst, parametrisch, den Parameter h einer Exponentialverteilung schätzen. Man kann zeigen, dass die Likelihood proportional zu

$$\ell\left(\sum_{i=1}^{n} X_i, \sum_{i=1}^{n} \delta_i, h\right) \propto h^{\sum_{i=1}^{n} \delta_i} e^{-h \sum_{i=1}^{n} X_i} \qquad (4.24)$$

und maximal in $\hat{h} = \sum_{i=1}^{n} \delta_i / \sum_{i=1}^{n} X_i$ ist. Der Schätzer unterscheidet sich von (4.20) nur dadurch, dass der Zähler nicht mehr die Schuldner, sondern die, nun davon verschiedenen, Ausfälle zählt.

Wie weiter oben diskutiert, verhindert schon die Kohortenmethode den Einsatz eines Poisson-Prozess-Modells für die Ausfallanzahl. Es gibt noch einen zweiten Grund, warum ein Poisson-Prozess bei der Schätzung des Kreditrisikoparameters typischerweise nicht zum Einsatz kommt. Als erste „Kovariable" für den Ausfall kommt das Alter t selbst infrage, also als Modell für den Ausfall eines Schuldners der Sprungprozess aus Definition 1.21 mit den in Abschn. 4.2.1 erwähnten Implikationen für die Kreditbewertung. Dabei wird in der Literatur für die Alterszählung oft die Firmengründung oder eine Kreditvergabe als Ursprung der Schuldemission verwendet.

Die Beobachtung *eines* homogenen Poisson-Prozesses N, und sogar $N(T)$, reicht für die Schätzung des Parameters der Exponentialverteilung *aller* Wartezeiten E_i, h, aus. Würden wir aber jetzt versuchen, die Schätzung auf einem inhomogenen Poisson-Prozess, bei dem ja $h(\cdot)$ auch von t abhängt, aufzubauen, reichte nun *ein* beobachteter Prozess nicht mehr aus. Sowohl die Rechtszensierung als auch die altersspezifische Ausfallintensität erzwingen also allgemeinere Zählprozesse wie in Andersen et al. (1993) als Grundlage der Schätzung. Wollen wir nun Kreditrisikoparameter nicht-parametrisch schätzen (siehe z. B. Kim et al. 2012), so müssen wir, unter Fortsetzung der Notation in (4.21), die Anzahl der Ausfälle unter den Schuldnern bis zum Zeitpunkt t als einen stochastischen Zählprozess gemäß Definition 1.27,

$$\tilde{N}_t := \sum_{i=1}^{n} \mathbb{1}_{\{E_i \le t\}}, \qquad (4.25)$$

auffassen. Im Unterschied zum Poisson-Prozess steigt $\tilde{N}_t$ nur bis n. Abb. 4.2 stellt einen exemplarischen Pfad dar.

Bei der Beschreibung des Prozesses fällt zunächst auf, dass er eine Summe an Sprungprozessen (Definition 1.21) ist, die wir auch schon als Verlustprozesse (4.8) und in (4.14) genutzt haben. Wegen (1.17) ist

$$E(d\tilde{N}_t \mid \mathcal{F}_{t-}) = \sum_{i=1}^{n} E\left(d\mathbb{1}_{\{E_i \le t\}} \mid \mathcal{F}_{t-}\right) = \tilde{Y}_t h(t) dt,$$

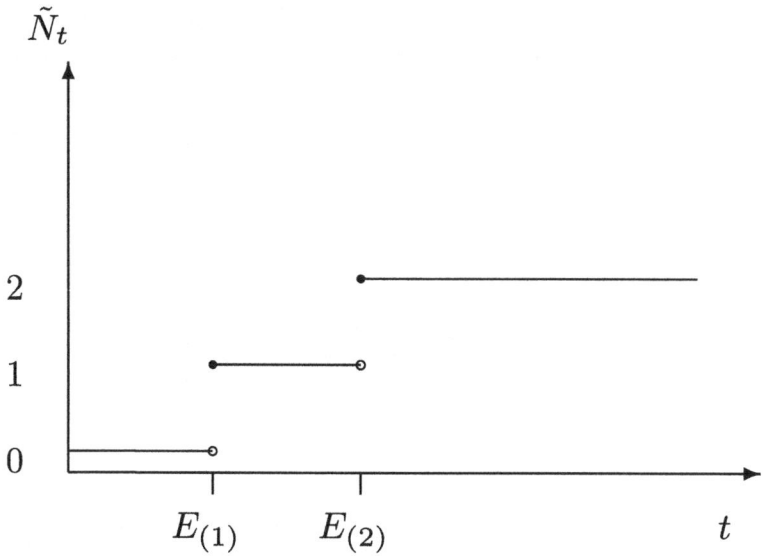

Abb. 4.2 Anzahl an Ausfällen als Funktion des jeweils individuellen Alters

mit der Definition

$$\tilde{Y}_t := \sum_{i=1}^{n} \mathbb{1}_{\{E_i \geq t\}}, \qquad (4.26)$$

die wieder die Notation in (4.21) erweitert. Das Inkrement ist definiert in (1.16). Der *Intensitätprozess* des Zählprozesses $\tilde{\lambda}(t) := \tilde{Y}_t h(t)$ ist wegen $\tilde{Y}_t$ stochastisch, was die Formalisierung des Unterschieds zum inhomogenen Poisson-Prozess (siehe Definition 1.25) ist, die kurz nach (4.21) mit der Veränderlichkeit der erwarteten Zuwächse bereits erwähnt wurde. Der Prozess fällt aber vielleicht in die Klasse der Cox-Prozesse. Man kann die Martingaleigenschaft der um den Kompensator bereinigten Ausfallanzahl hier leicht nachrechnen (siehe auch Andersen et al. 1993, S. 77). Mit $\tilde{\Lambda}_t := \int_0^t \tilde{\lambda}(s) ds$ ist für

$$\tilde{M}_t := \tilde{N}_t - \tilde{\Lambda}_t \qquad (4.27)$$

weil $\tilde{Y}_t$ bezüglich $\mathcal{F}_{t-}$ messbar ist:

$$\begin{aligned} E(d\tilde{M}_t \mid \mathcal{F}_{t-}) &= E(d\tilde{N}_t \mid \mathcal{F}_{t-}) - E(d\tilde{\Lambda}_t \mid \mathcal{F}_{t-}) \\ &= \tilde{\lambda}(t)dt - \tilde{Y}_t h(t)dt = 0. \end{aligned}$$

Der Fall $n = 1$, also für den Sprungprozess in Definition 1.21, ist in Abschn. 1.3 ausführlich beschrieben.

4.3 Schätzen des Ausfallparameters

Zur Berücksichtigung der rechtszensierten Dauern zählen wir jetzt nur noch die Ausfälle:

$$N_t := \sum_{i=1}^{n} \mathbb{1}_{\{X_i \leq t, \delta_i = 1\}} \qquad (4.28)$$

Lemma 4.4 *Mit der Definition*

$$Y_t := \sum_{i=1}^{n} \mathbb{1}_{\{X_i \geq t\}} \qquad (4.29)$$

gilt $E(dN_t \mid \mathcal{F}_{t-}) = Y_t h(t) dt$.

Beweis Zu zeigen ist, dass wegen der Unabhängigkeit der Zensierung gilt:

$$P(X_i \in [t, t+dt[, \delta_i = 1 \mid \mathcal{F}_{t-}) = \begin{cases} h(t)dt & \text{falls } X_i \geq t \\ 0 & \text{falls } X_i < t \end{cases} \qquad (4.30)$$

Wir nehmen zunächst an, dass sowohl Ausfallzeiten, als auch Zensierungszeiten $Exp(h)$-verteilt sind. Wir müssen zeigen, dass $\lim_{dt \to 0} P(X_i \in [t, t+dt[, \delta_i = 1 \mid X_i > t)/dt = h$. Bezeichne mit S^G die Überlebenszeitfunktion von C_i. Die gemeinsame Dichte ist wieder $f(x)g(y)$. Also ist (siehe Abb. 4.3)

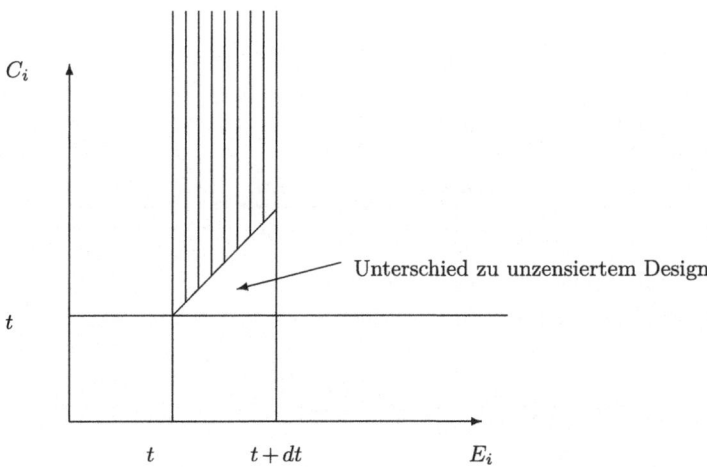

Abb. 4.3 Vergleich der Integrationsbereiche für Kompensatorinkremente von N mit Rechtszensierung (gestrichelte Fläche) und ohne Zensierung (zuzüglich leerem Dreieck) für den Beweis zu Lemma 4.4

$$P(E_i \in [t, t+dt[, E_i \geq C_i | E_i \geq t, C_i \geq t)$$
$$= \frac{P(E_i \in [t, t+dt[, E_i \geq C_i, C_i \geq t)}{\int_t^\infty \int_t^\infty f(x)g(y)dxdy}$$
$$= \frac{1}{S(t)S^G(t)} P(E_i \in [t, t+dt[, E_i \geq C_i, C_i \geq t)$$
$$= \frac{1}{S(t)S^G(t)} \int_t^{t+dt} \int_x^\infty f(x)g(y)dydx = \frac{1}{S(t)S^G(t)} \int_t^{t+dt} f(x)S^G(x)dx$$
$$\stackrel{Exp(h)}{=} \frac{1}{e^{-ht}e^{-ht}} \int_t^{t+dt} he^{-hx}e^{-hx}dx = \frac{-1}{2e^{-2ht}} \int_t^{t+dt} -2he^{-2hx}dx$$
$$= \frac{-1}{2e^{-2ht}} \int_{-2ht}^{-2h(t+dt)} e^y dy = \frac{1}{2e^{-2ht}}[e^y]_{-2h(t+dt)}^{-2ht}.$$

Zur letzten Zeile hin wurde $k(z) = -2hz$ substituiert in $\int_a^b k'(x)j[k(x)]dx = \int_{k(a)}^{k(b)} j(y)dy$. Es ist

$$ae^{at} = \frac{de^{at}}{dt} = \lim_{dt \to 0} \frac{e^{a(t+dt)} - e^{at}}{dt},$$

für negatives a. Setzte $a := -2h$, dann ist

$$\lim_{dt \to 0} \frac{P(X_i \in [t, t+dt[, \delta_i = 1 | X_i > t)}{dt} = \frac{1}{2e^{-2ht}} 2he^{-2ht} = h.$$

Die Verallgemeinerung für altersspezifisches $h(\cdot)$ und allgemeines $g(\cdot)$ ist ähnlich. $\square$

Durch Bilden der Differenz ergibt sich wieder ein Martingal M_t, sodass $dN_t = Y_t h(t)dt + dM_t$ gilt. Für die t mit $Y_t > 0$ ist äquivalent:

$$\frac{dN_t}{Y_t} = h(t)dt + \frac{dM_t}{Y_t} \qquad (4.31)$$

Interessant ist nun, dass, wegen der Messbarkeit von Y_t in $\mathcal{F}_{t-}$, der zweite Summand in (4.31) wieder ein Martingal ist:

$$E\left(\frac{dM_t}{Y_t} | \mathcal{F}_{t-}\right) = \frac{E(dM_t | \mathcal{F}_{t-})}{Y_t} = 0$$

Nur um wieder einen direkten Zusammenhang zu Abschn. 1.3.3 herzustellen, sei erwähnt, dass wir den vorhersagbaren Variationsprozess berechnen können:

$$Var\left(\frac{dM_t}{Y_t} | \mathcal{F}_{t-}\right) = \frac{Var(dM_t | \mathcal{F}_{t-})}{Y_t^2} = d\langle M \rangle_t \left(\frac{1}{Y_t}\right)^2$$

4.3 Schätzen des Ausfallparameters

Wir erzielen durch die Multiplikation von (4.31) mit $\mathbb{1}_{\{Y_t>0\}}$ und Integration bis t, bei $0/0 := 0$, einen Schätzer

$$\hat{H}(t) := \int_{0<s\leq t} \frac{\mathbb{1}_{\{Y_s>0\}}}{Y_s} dN_s, \tag{4.32}$$

auf $t \in [0, \infty]$ für die (gekappte) kumulative Hazardrate

$$H^*(t) = \int_{0<s\leq t} \mathbb{1}_{\{Y_s>0\}} h(s) ds, \tag{4.33}$$

wie wir ihn erstmal in (4.15) benötigt haben. Folgende Martingaltransformation ist ein stochastisches Integral

$$Z(t) = \int_{0<s\leq t} \frac{\mathbb{1}_{\{Y_s>0\}}}{Y_s} dM_s \tag{4.34}$$

und wieder ein Martingal, wie Satz 1.10 für M_t als Brown'sche Bewegung und $H(t)$ (in der Notation aus Satz 1.10) als elementare Prozess nahelegen. Nicht nur Ersteres wäre natürlich zu erweitern, auch bei Y_t sind nicht nur die Sprunghöhen zufällig, sondern auch die Sprungzeitpunkte. Wenn man t durch s in (4.31) ersetzt und bis t integriert, bekommt man

$$\hat{H}(t) = H^*(t) + Z(t).$$

Da $Z(t)$ keine Information über die Lokation zu enthalten scheint, stellt $\hat{H}(t)$ einen unverzerrten Schätzer für $H(t)$ dar, den *Nelson-Aalen*-Schätzer. Er wurde in dieser Weise von Aalen (1978) beschrieben.

> **Beispiel 28** *Betrachten wir ein Portfolio aus zehn Schuldnern. Sieben Schuldner fielen im Alter von ein, zwei, fünf, acht, zwölf, 13 und 15 Monaten nach der Kreditvergabe, also der Aufnahme ins Portfolio, aus. Zwei Schuldner fusionierten am 01.01.2016, einer war dann sieben, der andere zehn Monate im Portfolio. Ein Schuldner zahlte nach einem halben Jahr fristgerecht seine letzten Schulden zurück. Gerüchten nach war er zwei Monate später insolvent. Wir vollziehen die Nelson-Aalen-Schätzung (4.32) der kumulativen Hazardrate nach. Dazu stellt zunächst Tab. 4.4 die notwendigen Verweildauern aus der Portfoliobeschreibung zusammen. Abb. 4.4 stellt die Zählprozesses N_t und Y_t sowie die relativen Zuwächse dN_t/Y_t dar. Die einzelnen Zuwächse sind $dN_{1/12}/Y_{1/12} = 1/10$, $dN_{1/6}/Y_{1/6} = 1/9$, $dN_{5/12}/Y_{5/12} = 1/8$, $dN_{2/3}/Y_{2/3} = 1/5$, $dN_1/Y_1 = 1/3$, $dN_{1\frac{1}{12}}/Y_{1\frac{1}{12}} = 1/2$ und $dN_{1\frac{1}{4}}/Y_{1\frac{1}{4}} = 1$. Abb. 4.4 stellt ebenfalls den Schätzer $\hat{H}(t)$ dar.*

Tab. 4.4 Verweildauern im Kreditportfolio in Jahren

Schuldner i	E_i	C_i	X_i	δ_i	Rang(X_i)
1	1/12		1/12	1	1
2	1/6		1/16	1	2
3	5/12		5/12	1	3
4	2/3		2/3	1	6
5	1		1	1	8
6	$1\frac{1}{12}$		$1\frac{1}{12}$	1	9
7	$1\frac{1}{4}$		$1\frac{1}{4}$	1	10
8		7/12	7/12	0	5
9		5/6	5/6	0	7
10	(2/3)	1/2	1/2	0	4

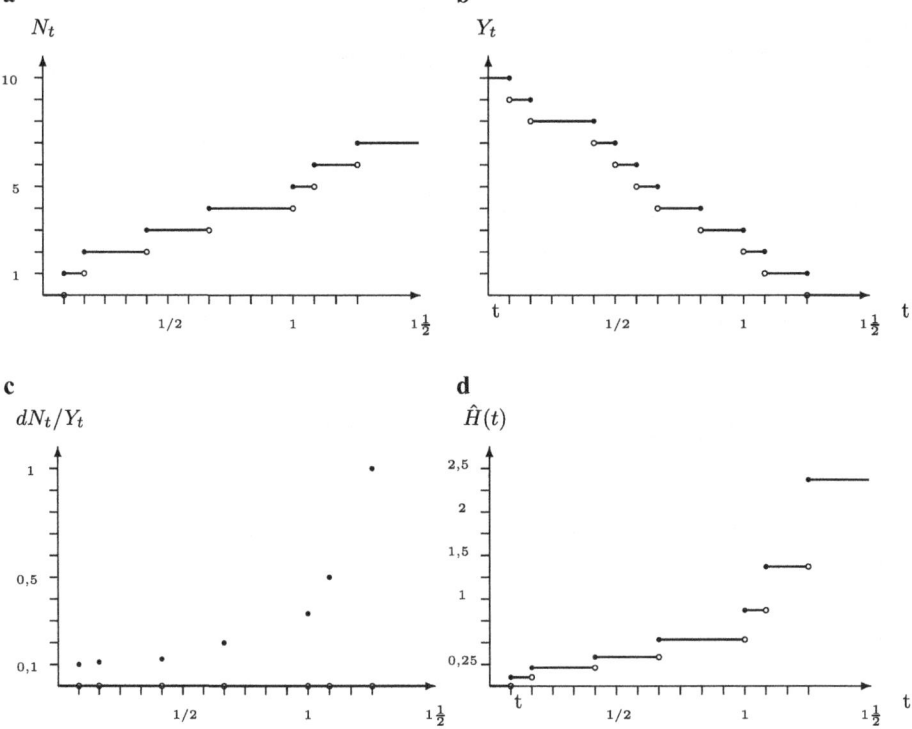

Abb. 4.4 Pfade der Zählprozesse N_t (**a**) und Y_t (**b**), des Prozesses dN_t/Y_t (**c**) und des Nelson-Aalen-Schätzers $\hat{H}(t) = \int_0^t dN_s/Y_s$ (**d**)

4.3 Schätzen des Ausfallparameters

Nelson (1972) hat $\hat{H}(t)$ vorher einfacher erklärt. Denn bemerke, dass die Lebesgue-Stieltjes-Integration den Schätzer vereinfacht, da der Zählprozess eine Sprungfunktion mit Sprüngen der Höhe eins ist. Somit ist, eingeschränkt auf $t \leq X_{(n)}$:

$$\hat{H}(t) = \sum_{i:X_{(i)} \leq t} \frac{1}{Y_{X_{(i)}}} [N(X_{(i)}) - N(X_{(i)}-)]$$

$$= \sum_{i:X_{(i)} \leq t} \frac{1}{\sum_{j=1}^{n} \mathbb{1}_{\{X_j \geq X_{(i)}\}}} = \sum_{i:X_{(i)} \leq t} \frac{1}{n-i+1}$$

Anschaulich kann zur Schätzung von $H(t) = \int_0^t h(t)dt$, nun auch ohne Zensierung und wegen (4.2), $h(t)dt \approx f(t)dt/[1 - F(t)]$, geschätzt werden. Der Zähler kann mit dem Dirac-Schätzer der Dichte

$$\widehat{f(t)} = \frac{1}{n} \sum_{i=1}^{n} \mathbb{1}_{\{X_i = t\}}(t) = \begin{cases} \frac{1}{n} & \text{für } t = X_i \\ 0 & \text{sonst} \end{cases} \tag{4.35}$$

und der Nenner mit dessen Integral $1 - F_n(t) = 1 - \frac{1}{n} \sum_{i=1}^{n} \mathbb{1}_{\{X_i < t\}}(t)$ geschätzt werden. Somit ist, für $dt \to 0$,

$$\widehat{h(t)} := \begin{cases} \frac{\frac{1}{n}}{\frac{n-i+1}{n}} = \frac{1}{n-i+1} & \text{für } t = X_{(i)} \\ 0 & \text{sonst} \end{cases}, \tag{4.36}$$

und die Integration zur kumulativen Hazardfunktion stellt sich als Summe dar. Wird, wie in Satz 4.2 für die Bewertung eines Kredits, die Ausfallwahrscheinlichkeit benötigt, kann $\hat{H}(t)$ mit dem Zusammenhang aus Lemma 4.2 ungerechnet werden in $\widehat{PD_t} = 1 - \exp[-\hat{H}(t)]$.

Für die Überlebenszeitfunktion $S(t)$ ergibt das Einsetzen von $\hat{H}(t)$ und die lineare Taylor-Approximation, $\exp(-x) \approx 1 - x$,

$$\widehat{S}(t) = e^{-\sum_{i:X_{(i)} \leq t} \frac{1}{n-i+1}} = \prod_{i:X_{(i)} \leq t} e^{-\frac{1}{n-i+1}} = \prod_{i:X_{(i)} \leq t} \frac{n-i}{n-i+1},$$

was dem *Kaplan-Meier*-Schätzer (siehe Kaplan und Meier 1958) oder (Lee 1992)

$$\prod_{i:X_{(i)} \leq t} \left(\frac{n-i}{n-i+1} \right)^{\delta_{(i)}}$$

bei fehlender Zensierung entspricht. Hierbei ist die Ordnung der Zensierungsindikatoren $\delta_{(i)}$ bezogen auf die zugehörigen Überlebenszeiten.

Schätzung der Hazardrate

Zur Berechnung des Kreditrisikos für ein derivatives Produkt muss, wie (4.19) zeigt, eine Hazardrate im Allgemeinen spezifiziert werden. Will man weder eine konstante noch eine andere parametrische Form, aber trotzdem, anders als in (4.36), eine glatte Hazardrate annehmen, so können wir zur unter- und überjährigen Spezifikation $\hat{H}(t)$ „glätten". Die Ideen sind für die Kernglättung der Dichte leichter. Seien $X_1, \ldots, X_n$ u. i. v. stetige Zufallsvariablen mit Dichte $f(\cdot)$. Ein unmittelbares Vorgehen ist das Histogramm (siehe Bleymüller und Weißbach 2015a, Abschn. 2.3), wie es Abb. 4.5 skizziert.

Neben einer meist subjektiven Klassierung steht es im Widerspruch zu einer üblichen Stetigkeitsannahme an die Dichte. Wir wollen von der empirischen Masse $1/n$, die sowohl (4.35) als auch die empirische Verteilungsfunktion,

$$\hat{F}(x) = \frac{1}{n} \sum_{i=1}^{n} \mathbb{1}_{\{X_i \leq x\}}$$

(siehe Bleymüller und Weißbach 2015a, Abschn. 2.2), auf einen Punkt X_i legen, wegen der Stetigkeit von $f(\cdot)$, auf eine positive Dichte in einer Umgebung des Punkts x_i schließen. Das lässt sich dadurch gewährleisten, dass wir ein von X_i stochastisch unabhängiges Y_i, mit Dichte $f_Y(y)$, zu X_i addieren. Sei $K(\cdot)$ eine sogenannte Kernfunktion mit $\int_{\mathbb{R}} K(t)dt = 1$, $\int_{\mathbb{R}} tK(t)dt = 0$ und $\int_{\mathbb{R}} t^2 K(t)dt < \infty$. Für $\varepsilon \sim K(\cdot)$ hat $Y := b\varepsilon$ die Dichte $1/b K(y/b)$, was man sich wegen $P(b\varepsilon \leq y) = F_\varepsilon(y/b)$ und dessen Ableitung schnell klarmacht. Der Skalierungsparameter b entscheidet, wie weit weg entfernt von x_i die Dichte positiv ist, bzw. welche Beobachtungen zur Dichteschätzung an einer Stelle x Verwendung finden. Die Dichte von $Z = X + Y$ ist wegen der Faltungsformel (siehe Rinne 2008, Abschn. 3.5.4)

$$f_Z(x) = \int_{\mathbb{R}} f_Y(x-y) f(y) dy = \int_{\mathbb{R}} \frac{1}{b} K\left(\frac{x-y}{b}\right) dF(y).$$

Da wir nun $f(\cdot)$ mit $f_Z(\cdot)$ approximieren wollen, liegt es nahe, $f_Z(x)$ zu schätzen mit dem Lebesgue-Stieltjes-Integral:

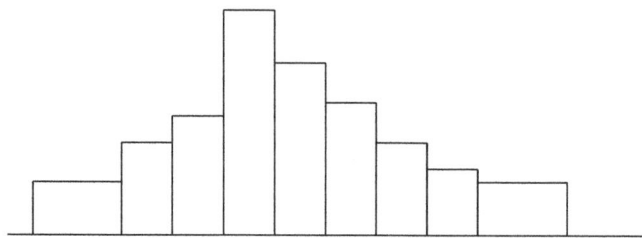

Abb. 4.5 Skizze eines Histogramms

4.3 Schätzen des Ausfallparameters

$$\hat{f}(x) := \hat{f}_Z(x) = \int_{\mathbb{R}} \frac{1}{b} K\left(\frac{x-y}{b}\right) d\hat{F}(y)$$

$$= \sum_{i=1}^{n} \frac{1}{b} K\left(\frac{x-X_i}{b}\right) \left(\hat{F}(X_i) - \hat{F}(X_i-)\right)$$

$$= \frac{1}{bn} \sum_{i=1}^{n} K\left(\frac{x-X_i}{b}\right), \tag{4.37}$$

z. B. mit einem Dreieckskern $\mathbb{1}_{[-1/2, 1/2]}(\cdot)(2 - |\cdot|)$ wie in Abb. 4.6.

Wegen $Var(Z) = Var(X) + Var(Y)$ überschätzt der Kernschätzer die Varianz, und das zunehmend in b. Für die Wahl von b siehe als Einstieg z. B. Parzen (1962), und etwa das Verfahren aus Jones et al. (1996) ist in der Prozedur *proc kde* des Moduls *STAT* von SAS® implementiert.

Anstatt einen Schätzer der kumulativen Verteilungsfunktion, die empirische Verteilungsfunktion, mit einem Kern zu falten, d. h. zu einem Schätzer der Ableitung, der Dichte, zu glätten, können wir für die Hazardrate den Nelson-Aalen-Schätzer glätten:

$$\hat{h}(t) := \int_{\mathbb{R}^+} \frac{1}{b} K\left(\frac{t-y}{b}\right) d\hat{H}(y) = \frac{1}{b} \sum_{i=1}^{n} K\left(\frac{t-X_i}{b}\right) \frac{1}{n-i+1}. \tag{4.38}$$

Für einen Konsistenzbeweis siehe Weißbach (2006). Zum Thema der Bandbreitenwahl in diesem Kontext siehe Weißbach et al. (2008). Die Einbeziehung der Rechtszensierung verursacht keine Komplikationen.

Ist der Ausfall altersspezifisch?

Sich für oder gegen eine altersspezifische Modellierung der Hazardrate zu entscheiden, ist ein Testproblem. Wir wollen insoweit realistisch bleiben, als wir rechtszensierte Verweildauern annehmen. Wir wollen aber annehmen, das generelle Niveau des Kreditrisikos, also PD_1, zu kennen. Insbesondere wollen wir die Verwendung der Zählprozesse illustrieren. Wegen (4.6) ist die Nullhypothese

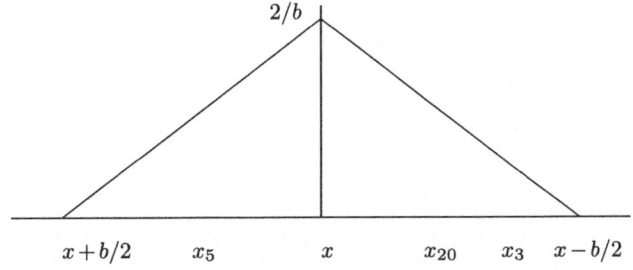

Abb. 4.6 Skizze einer Dichteschätzung in x mit einem Dreieckskern

$$H_0: \quad h(t) = h_0(t) := -\log(1 - PD_1). \tag{4.39}$$

Die statistische Masse kann entweder wieder ein Portfolio oder aber die Einschränkung auf eine Ratingklasse sein. Folgender „Einstichproben-Log-Rang-Test" ist elementar in Breslow (1975) und im Kontext von Zählprozessen in Andersen et al. (1993, S. 335) dargestellt. Wir wollen die Hypothese $H_0: h(t) = h_0(t)$ ablehnen, wenn die beobachtete Anzahl von unzensierten Ausfällen N_t (siehe (4.28)) bis zu einem Zeitpunkt t „zu stark" von den erwarteten Ausfällen, $E(N_t)$, abweicht. Die Standardisierung erfolgt zunächst nicht, wie beim Einstichprobentest für einen Anteilswert (siehe Bleymüller und Weißbach 2015a, Abschn. 16.3) mit einem Standardfehler, sondern mit der Standardabweichung von N_t. Stellen wir uns für N_t grob, unter Vernachlässigung des zeitlichen Ablaufs und der Zensierung, die Binomialverteilung vor. Die Varianz ist dann $np(1-p) \approx np$, entspricht also der erwarteten Anzahl $E(N_t)$ bei seltenem Ereignis. Das motiviert die Teststatistik

$$\frac{N_t - E(N_t)}{\sqrt{E(N_t)}}. \tag{4.40}$$

Wenn, anstatt der Anzahl, der Anteil Ausgangspunkt der Konstruktion ist, so steht im Nenner der Standardfehler, und der Faktor $\sqrt{n}$ vor dem Bruch erinnert an den ZGWS.

Lemma 4.5 *Für die erwartete Anzahl von Ausfällen $E(N_t)$ unter Annahme von $h_0(t)$ und mit Y_t wie in (4.29) ist*

$$E(N_t) = \int_0^t Y_s h_0(s) ds = -\log(1 - PD_1) \sum_{i=1}^n (X_i \wedge t).$$

Beweis (Variante 1: siehe Andersen et al. 1993, S. 335) Die erste Gleichheit folgt aus Lemma 4.4. Nun ist $h_0(s) = -\log(1 - PD_1)$, bezeichne mit i^* den Index der letzten geordneten Beobachtung X_i, die t noch nicht übersteigt, d. h. $X_{(i^*+j)} > t$ für $j = 1, \ldots,$ und definiere $X_{(0)} := 0$, dann ist

$$\int_0^t Y(s) ds = \sum_{i=1}^{i^*} (X_{(i)} - X_{(i-1)})[n - (i-1)] + (t - X_{(i^*)})(n - i^*)$$

$$= \sum_{i=1}^n [\min(X_{(i)}, t) - \min(X_{(i-1)}, t)][n - (i-1)]$$

$$= \sum_{i=1}^n \min(X_{(i)}, t)(n - i + 1) - \sum_{i=0}^{n-1} \min(X_{(i)}, t)(n - i)$$

$$= \sum_{i=1}^n \min(X_{(i)}, t)(n - i) + \min(X_{(i)}, t) - \sum_{i=0}^{n-1} \min(X_{(i)}, t)(n - i). \quad \square$$

4.3 Schätzen des Ausfallparameters

Beweis (Variante 2)

$$\int_0^t Y(s)ds = \sum_{i=1}^n \int_0^t \mathbb{1}_{[0,X_i]}(s)ds = \sum_{i=1}^n \int_0^\infty \mathbb{1}_{[0,t]}(s)\mathbb{1}_{[0,X_i]}(s)ds$$

$$= \sum_{i=1}^n \int_0^\infty \mathbb{1}_{[0,\min(X_i,t)]}(s)ds = -\log(1-PD_1)\sum_{i=1}^n \min(X_i,t).$$

$\square$

Wir können nun den Zähler von (4.40) für $t \leq X_{(n)}$ schreiben als

$$D_t := N_t - E(N_t) = \int_0^t Y_s\left(\frac{1}{Y_s}dN_s - h_0(s)ds\right).$$

Den Term in Klammern kennen wir von der Zerlegung des Nelson-Aalen-Schätzers der kumulativen Hazardrate $\hat{H}(s)$ (4.32) in den Kompensator der gekappten kumulativen Hazardrate H_0^* (4.33) bei wahrer Hazardrate $h_0(t)$, also unter Nullhypothese, und das Martingal (4.34). Es ist

$$D_t = \int_0^t Y_s d\left(\hat{H}(s) - H_0^*(s)\right) = \int_0^t Y_s dZ(s).$$

Anschaulich „summieren" wir also die Differenzen der nicht-parametrisch geschätzten Hazardrate und der hypothetischen Hazardrate, gewichtet mit Y_s auf. Man bemerke, dass die Teststatistik nur auf gerichtete Abweichungen von der Hypothese, also z.B. auf $h(s) > h_0(s)$ $0 \leq t \leq$ testet. Sie ist also nicht allgemein konsistent. Für den vorhersagbaren Variationsprozess $\langle D \rangle_t$ von D_t legt das Beispiel der Brown'schen Bewegung aus Abschn. 1.3.4 für die stochastische Integration, $\langle \int H dM \rangle = \int H^2 d\langle M \rangle$, nahe, dass

$$\langle D \rangle_t = \int_0^t Y_s^2 d\langle Z \rangle_s = \int_0^t Y_s h_0(s)ds = E(N_t).$$

Für die vorletzte Gleichheit beachte, dass wegen (4.34)

$$Z_t = \int_0^t \frac{1}{Y_s}dM_s$$

und wieder $\langle Z \rangle_t = \int_0^t (1/Y_s)^2 d\langle M \rangle_s$ und $\langle M \rangle_t = \Lambda_t$ (siehe (1.20)) also $d\langle M \rangle_s = Y_s h_0(s)ds$.

Unsere Teststatistik (4.40) ist also das standardisierte Martingal

$$\frac{D_t}{\sqrt{\langle D \rangle_t}} = \frac{\frac{1}{\sqrt{n}}D_t}{\sqrt{\langle \frac{1}{\sqrt{n}}D \rangle_t}}. \tag{4.41}$$

Sein vorhersagbarer Variationsprozess konvergiert gegen eine deterministische Funktion:

$$\frac{1}{n}\langle D\rangle_t = \int_0^t \frac{Y_s}{n} h_0(s)ds \xrightarrow{n\to\infty, P} \int_0^t [1 - F(s)]h_0(s)ds = F(t). \quad (4.42)$$

Außerdem gilt die Lindeberg-Bedingung

$$\frac{1}{n}\int_0^t Y_s h_0(s)\mathbb{1}_{\{|\frac{1}{\sqrt{n}}|>\epsilon\}}ds \xrightarrow{P} 0.$$

Also konvergiert $D_t/\sqrt{n}$ nach einem Martingalgrenzwertsatz (Rebolledo 1980; Andersen et al. 1993) gegen ein Gauß'sches Martingal mit Varianzfunktion $r(t) = F(t)$. Da wegen (4.42) auch der Nenner von (4.41), d. h. $\langle D\rangle_t/\sqrt{n} \to F(t)$ strebt, konvergiert das standardisierte Martingal gegen die Standardnormalverteilung.

Als t verwendet man häufig einen „großen" Wert, z. B. die größte unzensierte Beobachtung. Das Problem der Willkürlichkeit in der Wahl von t behandeln Weißbach und Dette (2007). Sie konstruieren einen globalkonsistenten Test mittels einer Kolmogorov-Smirnov-Teststatistik, deren Konvergenz gegen eine Brown'sche Brücke sie belegen. Eigentlich reicht es natürlich zu wissen, ob die Hazardrate „ungefähr" konstant ist. Dieses Testen auf einen relevanten Unterschied, bzw. das Äquivalenztesten (siehe Munk und Pflüger 1999) soll aber hier nicht konkretisiert werden.

Eine Schwierigkeit ergibt sich noch aus der Tatsache, dass im Portfolio einer typischen Bank der Ausfall eines Schuldners selten ist, weil entweder die Auswertung vor dem Ausfall stattfindet oder ein Engagement ohne Ausfall abgeschlossen wurde. Selbst die Berücksichtigung beider Umstände mittels Rechtszensierung kann unzureichend sein, falls dann fast alle Verweildauern zensiert sind. Weißbach et al. (2009) sowie Weißbach und Walter (2010) bedienen sich deswegen des Ratings, das sowohl als differenzierte Messung des „Solvenzzustands" als auch als Kovariable verstanden werden kann. Die Modellierung erlaubt wie in (4.39) die Frage nach altersspezifischen Übergangsintensitäten, nun zwischen Ratingklassen. Wir wollen die Modellierung in Abschn. 4.3.3 – vereinfacht – nachvollziehen. Vorher wollen wir aber über den Wert von Kovariablen im Allgemeinen nachdenken.

4.3.2 Das Problem des „Confounding"

Es gibt, auch bei der Schätzung der Hazardrate, viele Möglichkeiten, Informationen zu Kovariablen bei der Schätzung der Ausfallsparameter zu integrieren. Ein bekanntes Modell für Verweildauern ist etwa die Cox-Regression (siehe etwa Andersen et al. 1993, Beispiel VII.2.1). Grundlegende Ideen und Fragen lassen sich aber klarer darstellen, wenn wir uns auf die einjährige Ausfallwahrscheinlichkeit beschränken. Dann ist die logistische Regression ein einfaches Modell (siehe etwa etwa Agresti 2002, Kap. 5). Dabei stellt sich zunächst die

4.3 Schätzen des Ausfallparameters

Frage, ob und wenn ja welche Kovariablen in ein Modell aufzunehmen sind. Wenn eine einfache Stichprobe vorläge, könnten wir auf Kovariablen verzichten. Um das Problem zu erklären, bleiben wir aber kurz in diesem experimentellen Design.

Angenommen, wir beobachten für einen Schuldner A neben dem Ausfallindikator $\mathbb{1}_A$ ein zweites, ebenfalls dichotomes Merkmal X, dessen Abhängigkeit von A wir hier nicht notieren. Für eine einfache Stichprobe modelliert das gemeinsame Auftreten die bivariate Zufallsvariable $(\mathbb{1}_A, X)$. Zeige wieder die Ausprägung eins den Ausfall an, so ist das *relative Risiko* (siehe Fleiss et al. 2013, Formel 6.22)

$$RR := \frac{P(\mathbb{1}_A = 1 \mid X = 1)}{P(\mathbb{1}_A = 1 \mid X = 0)}. \tag{4.43}$$

Es quantifiziert die Auswirkung des „Risikofaktors" auf den Ausfallindikator. Für $X = 1$ sprechen wir von einer „Exposition" des Schuldners. Bemerke, dass wir einen *gerichteten* Zusammenhang untersuchen. Das Maß der Korrelation ist bei dichotomen Ereignissen erst eindeutig, wenn die numerische Kodierung der beiden Zustände erfolgt ist. Aus (4.43) ist ersichtlich, dass das Ausfallrisiko bei Exposition RR-mal so hoch ist wie bei Nicht-Exposition. Daten lassen sich in einer Kontingenztabelle, genauer einer 2×2-Tafel, darstellen (siehe Bleymüller und Weißbach 2015a, Abschn. 19.2). Abb. 4.7 legt die Bezeichnung der n Beobachtungspaare fest. Ein offensichtlicher Schätzer des RR aus einer einfachen Stichprobe ist

$$\widehat{RR} := \frac{n_{11}}{n_{1\cdot}} / \frac{n_{21}}{n_{2\cdot}}.$$

Selbst wenn eine zufällige Auswahl von Schuldnern möglich wäre, die für das Kreditrisiko typische geringe Ereigniswahrscheinlichkeit $P(\mathbb{1}_A = 1)$ machte für eine stabile Schätzung, Zählers wie Nenners von (4.43), ein sehr großes n nötig. Eine wünschenswerte Möglichkeit wäre, ausgefallene Schuldner auszuwählen, statt ihre Auswahl dem Zufall in der Stichprobe zu überlassen. Dieses Design nennt sich *Fall-Kontroll-Studie,* man gibt $n_{\cdot 1}$ und $n_{\cdot 2}$ – häufig gleich – vor. Die Anzahl an Ausfällen könnten wir nun steigern, was wünschenswert erscheint, aber dann:

Abb. 4.7 Anzahlen von Ausfällen, $\mathbb{1}_A = 1$, und Nicht-Ausfällen, $\mathbb{1}_A = 0$, mit $(X = 1)$ und ohne $(X = 0)$ „Exposition" in einer 2×2-Tafel

	$\mathbb{1}_A = 1$	$\mathbb{1}_A = 0$	
$X = 1$	n_{11}	n_{12}	$n_{1\cdot}$
$X = 0$	n_{21}	n_{22}	$n_{2\cdot}$
	$n_{\cdot 1}$	$n_{\cdot 2}$	n

$$\widehat{RR} = \frac{n_{11}}{n_{1\cdot}} / \frac{n_{21}}{n_{2\cdot}} \longrightarrow 1$$

Denn weil die Anzahl der exponierten wie der nicht-exponierten Ausfälle, n_{11} und n_{21}, die Gesamtanzahl an Exopnierten und Nicht-Exponierten, $n_{\cdot 1}$ und $n_{\cdot 2}$, dominieren, gehen Zähler wie Nenner gegen eins. Der „richtige" Auswahlanteil ist unklar, da wir die Information über den Anteil an Ausfällen in der Grundgesamtheit verloren haben. $\widehat{RR}$ schätzt das RR nicht konsistent.

Ein auch für Fall-Kontroll-Studien aussagekräftiges Assoziationsmaß ist die *Odds Ratio* (siehe Agresti 2002, Abschn. 2.2).

Definition 4.1 Das Verhältnis aus der *Chance* des Ausfalls bei Exposition, $P(\mathbb{1}_A = 1 \mid X = 1)/[1 - P(\mathbb{1}_A = 1 \mid X = 1)]$, und der Chance des Ausfalls ohne Exposition, $P(\mathbb{1}_A = 1 \mid X = 0)/[1 - P(\mathbb{1}_A = 1 \mid X = 0)]$, heißt *Odds Ratio, OR*. Für eine OR größer als eins ist die Exposition, $X = 1$, ein „positiver" prognostischer Faktor.

Es ist

$$OR = \frac{\frac{P(\mathbb{1}_A=1|X=1)}{P(\mathbb{1}_A=0|X=1)}}{\frac{P(\mathbb{1}_A=1|X=0)}{P(\mathbb{1}_A=0|X=0)}} = RR \frac{P(\mathbb{1}_A = 0 \mid X = 0)}{P(\mathbb{1}_A = 0 \mid X = 1)}. \qquad (4.44)$$

Da im Kreditrisiko typischerweise der Anteil der Ausfälle in der Grundgesamtheit klein ist, d. h. $P(\mathbb{1}_A = 0) \approx 1$, sind auch $P(\mathbb{1}_A = 0 \mid X = 0)$ und $P(\mathbb{1}_A = 0 \mid X = 1)$ nahe eins, falls weder Exposition noch Nicht-Exposition selten sind. Dann ist die OR eine Approximation des RR.

Satz 4.5 *Ein konsistenter Schätzer der Odds Ratio für einfache Stichprobe oder Fall-Kontroll-Studie ist, mit der Notation aus Abb. 4.7,*

$$\widehat{OR} = \frac{n_{11}n_{22}}{n_{12}n_{21}}.$$

Beweis Wegen (4.44) ist

$$\begin{aligned} OR &= \frac{P(\mathbb{1}_A = 1, X = 1) P(\mathbb{1}_A = 0, X = 0)}{P(\mathbb{1}_A = 1, X = 0) P(\mathbb{1}_A = 0, X = 1)} \\ &= \frac{P(X = 1 \mid \mathbb{1}_A = 1) P(X = 0 \mid \mathbb{1}_A = 0)}{P(X = 0 \mid \mathbb{1}_A = 1) P(X = 1 \mid \mathbb{1}_A = 0)} \end{aligned}$$

In einer einfachen Stichprobe schätzen die Anteile n_{ij}/n ($i, j \in \{1, 2\}$) die gemeinsamen Wahrscheinlichkeiten der ersten Darstellung konsistent. Die n heben sich weg. In der

4.3 Schätzen des Ausfallparameters

Teilgesamtheit der Fälle, d. h. ausgefallener Schuldner, schätzen die Häufigkeiten von Exponierten und Nicht-Exponierten die entsprechenden bedingten Wahrscheinlichkeiten konsistent. Ebenso für die Teilgesamtheit der Kontrollen, d. h. der Nicht-Ausgefallenen. Auch für diesen Studientyp vereinfacht sich der Schätzer zu

$$\widehat{OR} = \frac{\frac{n_{11}}{n_{\cdot 1}} \frac{n_{22}}{n_{\cdot 2}}}{\frac{n_{21}}{n_{\cdot 1}} \frac{n_{12}}{n_{\cdot 2}}} = \frac{n_{11} n_{22}}{n_{12} n_{21}}.$$

□

Die Begrifflichkeit der Odds Ratio ist der Beschreibung von Sport- und insbesondere Pferdewetten entnommen. Ein bekannter Zusammenhang der Epidemiologie stellt aber den direkten Bezug zu der auch in der Wirtschaftsstatistik gängigen logistischen Regression her.

Lemma 4.6 *Für eine kardinale Kovariable X in einer logistischen Regression, d. h. unter der Annahme*

$$logit P(\mathbb{1}_A = 1 \mid X = x) = \beta_1 + \beta_2 x,$$

mit $logit(a) := \log[a/(1-a)]$, *gilt* $\exp(\beta_2) = OR$. *Die Aussage gilt mit* $x := 0$ *auch für eine dichotome Kovariable.*

Beweis Logarithmiert man die OR aus Definition 4.1 unter Ersatz von $X = 0$ in $X = x$ und $X = 1$ in $X = x + 1$, so erhält man

$$\begin{aligned}\log OR &= \log \frac{P(\mathbb{1}_A = 1 \mid X = x+1)}{1 - P(\mathbb{1}_A = 1 \mid X = x+1)} - \log \frac{P(\mathbb{1}_A = 1 \mid X = x)}{1 - P(\mathbb{1}_A = 1 \mid X = x)} \\ &= logit P(\mathbb{1}_A = 1 \mid X = x+1) - logit P(\mathbb{1}_A = 1 \mid X = x) \\ &= \beta_1 + \beta_2(x+1) - (\beta_1 + \beta_2 x) = \beta_2.\end{aligned}$$

□

Beispiel 29 *Aus zwei Vierfeldertafeln zum Zusammenhang zwischen dem Ausfall ($\mathbb{1}_A$) und der Exposition gegenüber „schlechtem Management" ($X = 1$) (Abb. 4.8) errechnen wir für große Schuldner (a) und kleine Schuldner (b) als Schätzer für die Odds Ratios gleichermaßen den Wert 2. Der Schätzer für die OR in der Tafel, die nicht unterscheidet, also die Werte addiert (Abb. 4.8c), ist eins. Es handelt sich um ein „Confounding"-Problem, das durch die unterschiedlichen Ausfallwahrscheinlichkeiten bei großen und kleinen Firmen sowie die ungleiche Wahrscheinlichkeit von schlechtem Management bei verschiedener Firmengröße entsteht. Diesen Effekt nennt man auch*

Simpson-Paradoxon. *Man muss, wie bei der einfachen linearen (siehe Bleymüller und Weißbach 2015a, Abschn. 21.1) die einfache logistische Regression aus Lemma 4.6 auf eine mehrfache erweitern (siehe Bleymüller und Weißbach 2015a, Abschn. 23.1). Sind die Daten gegeben in der Form*

Exponiert	Ausfall	Große Firma	Anzahl
1	1	1	100
1	0	1	10
⋮			
1	1	0	80

so ist z. B. mit proc logistic *in SAS® zu kodieren:*

```
data manage;
input Exp Ausf grFi Zahl;
datalines;
1 1 1 100
1 0 1 10
0 1 1 50
0 0 1 10
1 1 0 80
1 0 0 80
0 1 0 10
0 0 0 20
; run;
proc sort data=manage; by grFi; run;
proc logistic data = manage;
weight Zahl;
Model Ausf=Exp grFi; run;
```

Das Ergebnis des OR-Schätzers für den Faktor „schlechtes Management" ist 2 (bzw. 0,5 bei inverser Kodierung). Für ein Konfidenzintervall bedarf es der Verteilung der Parameter (siehe grob Agresti 2002, Abschn. 14.2). Zum Niveau 5 % beträgt es für die OR hier [0,270; 0,927]. Es ist signifikant – mit p-Wert 0,0279 – von eins verschieden. Die Schätzung für den Faktor „Größe der Firma" beläuft sich auf $\widehat{OR} = 10$. Sein Konfidenzintervall zum Niveau 5 % ist [0,056; 0,180] und es ist damit auch signifikant – p-Wert < 0,0001 – von eins verschieden.

Das hier als einfache Stichprobe bezeichnete Studiendesign heißt auch *Kohortenstudie*, weil für die Feststellung eines Ausfalls ein Zeitraum definiert werden muss. Es handelt sich um eine Bewegungsmasse und nicht um eine Bestandsmasse, wie sie für die Definition eines

4.3 Schätzen des Ausfallparameters

	a			b			c	
	$\mathbb{1}_A = 1$	$\mathbb{1}_A = 0$		$\mathbb{1}_A = 1$	$\mathbb{1}_A = 0$		$\mathbb{1}_A = 1$	$\mathbb{1}_A = 0$
$X = 1$	100	10	$X = 1$	80	80	$X = 1$	180	90
$X = 0$	50	10	$X = 0$	10	20	$X = 0$	60	30

Abb. 4.8 Anzahlen zu Ausfall und Managementqualität: Teilgesamtheiten für große/kleine Firmen (**a**, **b**) und zusammen (**c**)

Querschnittsdatensatzes in einführenden Texten üblich ist (siehe Bleymüller und Weißbach 2015a, Abschn. 1.4). Wieder wird ersichtlich, dass, wie bereits einleitend angedeutet, in der Finanzwirtschaft praktisch nie experimentell Daten erhoben werden, also eine einfache Stichprobe vorliegt. Aspekte für Beobachtungsstudien (engl. *observational study*), wie sie die Fall-Kontroll-Studie und genau genommen auch die Kohortenstudie darstellen, müssen Anwendung finden. Schätzmethodik z. B. für ein Design, bei dem *ausschließlich* Fälle, d. h. ausgefallene Schuldner, vorliegen, betrachtet im Kontext von Verweildauern Dörre (2017). Das Design einer Clusterstichprobe ist zwischen randomisierter Studie und Beobachtungsdaten. Für ein kardinales, bzw. ein dichotomes Merkmal, siehe Weißbach und Herzog (2009), respektive Weißbach et al. (2015). Nachteile, die durch nicht-einfache Studien in Kauf zu nehmen sind, können mitunter durch die Hinzunahme weiterer Datenquellen ausgeglichen werden. Die fehlende Information des Ausfallanteils in der Grundgesamtheit bei der Fall-Kontroll-Studie kann eventuell sogar für die Grundgesamtheit vorliegen. Dann kann eine „Standardisierung" vorgenommen werden (siehe Weißbach et al. 2015, Abschn. 3.4), wenn ein pauschaler Wert der PD gewünscht ist. Beim Kombinieren von Datensätzen entstehen mitunter fehlende Beobachtungen in einem angestrebten Datensatz und ein dafür passendes, d. h. latentes, Modell. Strohner und Weißbach (2016) ersetzen die fehlenden Daten algorithmisch.

Das – wenn auch sehr allgemeine – Fazit dieses Abschnitts ist, vorhandene relevante Information bei Beobachtungsstudien nicht zu ignorieren.

4.3.3 Schätzen aus Ratinghistorien

Der letzte Abschnitt legt nahe, Information aus Kovariablen bei der Schätzung der PD zu verwenden. Für eine *kategoriale* Kovariable könnte eine Schichtung der Grundgesamtheit erfolgen und entsprechend die PD für Teilgesamtheiten geschätzt werden. Für die vorausgehende Frage, ob vorliegende Teilgesamtheiten relevant unterschiedliche PD haben, ist für *zwei* Teilgesamtheiten der Chi-Quadrat-Homogenitätstest bekannt (siehe Bleymüller und Weißbach 2015a, Abschn. 19.3). Für mehrere Teilgesamtheiten stellt für eine Analyse der Verweildauern die ANOVA einen Ausgangspunkt dar (siehe Bleymüller und Weißbach 2015a, Kap. 18). Beide Ansätze stehen aber vor dem Problem, dass das „harte" Kreditereignis der Insolvenz eines Gläubigers, wie es Abschn. 4.3.1 unterstellt, selten ist. Selbst mit einer schwächeren Ausfalldefinition, wie dem Zahlungsverzug, ist die Datenbasis für die Analyse einer Teilgesamtheit wie in Abschn. 4.3.1 oder gar einer ANOVA häufig durch einen sehr hohen Grad an Rechtszensierung geprägt. Große Standardfehler sind die Konsequenz.

Ein *Rating* misst die „Kreditqualität", und wir wollen diese Kovariable betrachten. Im Privatkundengeschäft spricht man von einem *score*. Für diese ordinale Kovariable kommt keine ANOVA infrage, weil die Insolvenz üblicherweise die Folge einer graduellen Verschlechterung des Ratings ist, wie Abb. 4.9 andeutet. Diese zeitliche Bedingung erfordert wieder, wie in Abschn. 3.2, 3.4, 4.2.1, 4.2.2 und 4.3.1 einen stochastischen Prozess als Modell. In Erweiterung zum Sprungprozess mit nur zwei Zuständen 1.21 und der Markov-Kette aus Definition 1.10 führte Jarrow et al. (1997) den homogenen Markov-Prozess – gemäß Definition 1.11 – als Modell für Ratingübergänge wie in Abb. 4.9 ein (siehe Bluhm et al. 2002, S. 197 ff.). Unser Ziel bleibt die Bestimmung der PD, nun unter Nutzung des Ratings eines Schuldners.

Wir verfolgen nun zwei methodische Ziele:

1. Schätzen in einem Modell mit *einem* Parameter,
2. Testen auf *klassenspezifische* Übergangsintensitäten.

Aufbauend auf den Erkenntnissen aus Abschn. 4.3.1 zählen wir Übergänge, die wieder ein Zählprozess im Sinne von Definition 1.27 sind. Nun wollen wir Parameter, wie am Ende von Abschn. 3.4, mittels Maximum-Likelihood schätzen. Aus den Intensitäten des

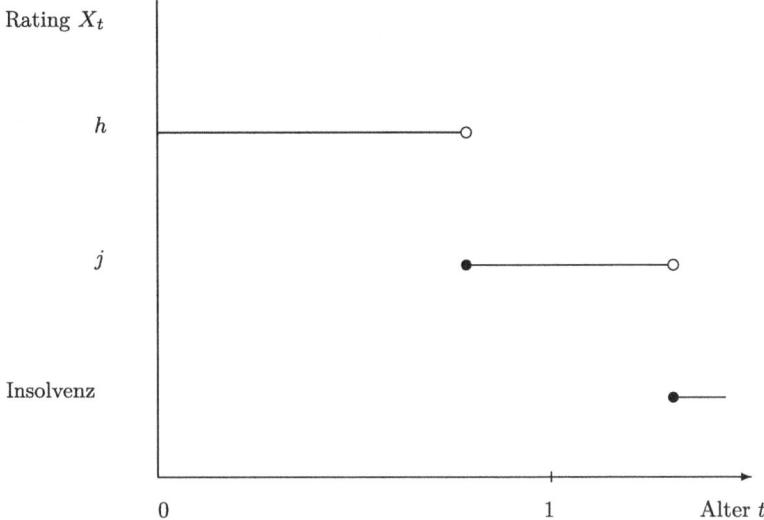

Abb. 4.9 Ratingverlauf (Skizze)

4.3 Schätzen des Ausfallparameters

Markov-Prozesses $\mathbf{X} = \{X_t, t \in [0, T]\}$ (Definition 1.11) lassen sich schnell und für jeden Zeitpunkt Übergangswahrscheinlichkeiten $P(X_{s+t} = j | X_s = h)$ bestimmen. Setzt man j als Insolvenzzustand k an, sind es klassenspezifische PD. Eine Annäherung an – oder eine Entfernung von – k sollte kontinuierlich erfolgen, sodass instantan nur ein Übergang in eine *benachbarte* Ratingklasse möglich erscheint. $\mathbf{Q}$ ist also determiniert von den Elementen der ersten Nebendiagonalen, d. h. $q_{hj} = 0$ für alle $h - j > 1$. Wir sammeln die Indizes für nicht-verschwindende Intensitäten in einer Menge $\mathcal{I}_1 := \{(h, j) : h = 1, \ldots, k - 1; j = 1, \ldots, k; |h - j| = 1\}$ und definieren weiter die Menge $\mathcal{I}_2 = \mathcal{I}_1 \setminus \{(1, 2)\}$, mit geordneten Ratingklassen $1, \ldots, k$ und absorbierender/m Klasse/Zustand k. Folgendes Modell ermöglicht das Verfolgen der beiden oben erwähnten Ziele.

Definition 4.2 Gelte für die Intensität auf $[0, T]$

$$q_{hj} := \begin{cases} q & \text{falls } (h, j) = (1, 2) \\ q + \gamma_{hj} & \text{sonst } (h, j) \end{cases}$$

mit $q > 0$ und $\gamma_{hj} \in (-q, \infty)$.

Im Fall von $\gamma_{hj} = 0$ liegt ein einparametrisches Modell vor, und anderenfalls sind Übergänge klassenspezifisch (siehe Weißbach und Mollenhauer 2011). Definiere, im Fall von drei Zuständen:

$$\mathbf{Q}_{H_0} := \begin{pmatrix} -q & q & 0 \\ q & -2q & q \\ 0 & 0 & 0 \end{pmatrix} \text{ und } \mathbf{Q}_{H_1} := \begin{pmatrix} -q & q & 0 \\ q + \gamma_{21} & -2q - (\gamma_{21} + \gamma_{23}) & q + \gamma_{23} \\ 0 & 0 & 0 \end{pmatrix}$$

Um zu testen, ob die Intensitäten spezifisch für die Ratingklassen sind, formulieren wir Nullhypothese und Alternativhypothese:

$$H_0 : \gamma_{hj} = 0 \,\forall h, j, \text{ versus } H_1 : \exists \, \gamma_{hj} \neq 0 \tag{4.45}$$

Sind die Daten Übergangshistorien $\mathbf{X}_i = \{X_t^i, t \in [0, T]\}$ für jeden der $i = 1, \ldots, n$ Schuldner, so verlieren wir wenig Information, wenn wir lediglich Ratingübergänge zählen mittels

$$N_{hj}(t) = \#\{\text{Übergänge von } h \to j \text{ bis } t\}.$$

Abb. 4.10 verdeutlicht die Datenaggregierung am Beispiel von $n = 4$. Zusätzlich sind außerdem die Anzahlen an Schuldnern in Zustand h und im Alter t von Bedeutung, sie sind mit $Y_h(t)$ bezeichnet. Wir nehmen zusätzlich an, dass $Y_h(t)/n$ repräsentativ für $m(t)$ ist, d. h., dass für festes t und $n \to \infty$ in Wahrscheinlichkeit ($\xrightarrow{P}$)

$$\frac{Y_h(t)}{n} \xrightarrow{P} m_h(t). \tag{4.46}$$

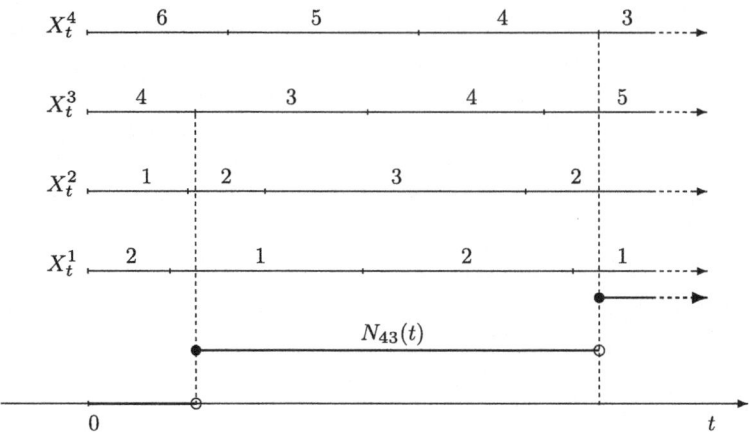

Abb. 4.10 Vier Ratinghistorien und Zählprozess $N_{43}(t)$

Ferner nehmen wir an, dass die Anzahlen an Übergängen gemäß Definition 1.27 einen Parameter

$$\alpha_{hj}^\theta(t) = q_{hj} \tag{4.47}$$

hat. Nach dem Gesetz der großen Zahlen sind (4.46) und (4.47) erfüllt, falls die Markov-Prozesse eine einfache Stichprobe sind. Wir wollen die Herleitung der Likelihood andeuten. Zunächst soll vereinfachend auf die Situation von nur zwei Zuständen aus Abschn. 4.3.1 zurückgegriffen werden. Nehme $Y_1, \ldots, Y_n$ als einfache Stichprobe von Schuldneraltern bei Ausfall als $Exp(q)$ an:

$$\ell = \prod_{i=1}^n f(y_i) = \prod_{i=1}^n [1 - F(y_i)] h(y_i) = \prod_{i=1}^n e^{-qy_i} q \tag{4.48}$$

Wir verallgemeinern nun behutsam. Betrachte Definition 1.11 für die klassen-unspezifische Variante des Modells 4.2, also unter H_0, die Folgendarstellung der Exponentialfunktion (aus dem Beweis zu Satz 2.1) und ein $h \neq 1$ oder k. Wir beschränken uns aber auf $k = 3$ und schränken nun die Schuldner auf die mit Rating $h = 2$ zu Beginn der Historie ein, die bis zu ihrem ersten Übergang, mit Wartezeit Y_s^h, verfolgt werden. Ausfälle betrachte als Ereignisse und erste Übergänge in eine andere Klasse als Zensierung. Also ist die Likelihood proportional zu

$$\begin{aligned}\ell \propto q^{N_{hk}(T)} \prod_{s,\ldots} e^{-2qy_s^h} &= q^{N_{hk}(T)} e^{-2q \sum_{s,\ldots} y_s^h} \\ &= q^{N_{hk}(T)} e^{-2q \int_0^T Y_h(s) ds}.\end{aligned} \tag{4.49}$$

4.3 Schätzen des Ausfallparameters

Die erste Proportionalität sieht man ein, indem man durch iteratives Anwenden von $P(A \cap B) = P(A|B)P(B)$, bei diskreter Zeit von 0 bis y_s^h mit Schrittweite dt, und zunächst für *eine* *zensierte* Beobachtung, die Wahrscheinlichkeiten für das „Nicht-Springen" in den Intervallen multipliziert:

$$f(y_s^h) = \lim_{dt \to 0} \prod_{t=0}^{y_s^h}(1 - 2qdt) = \lim_{dt \to 0}(1 - 2qdt)^{\frac{y_s^h}{dt}}$$

$$= \lim_{x_n \to 0}\left[(1 + x_n)^{\frac{1}{x_n}}\right]^{-2qy_s^h} = e^{-2qy_s^h} \text{ mit } x_n := -2qdt$$

Für eine der $N_{hk}(T)$ Ausfallzeiten kommt lediglich der Faktor q hinzu.[2]

Beim Zusammenfügen der log-Likelihood-Anteile von Schuldnern in unterschiedlichen h und für Sprünge in unterschiedliche j fällt nun zunächst auf, dass in t die Möglichkeit in h zu bleiben nur für $Y_h(t)$ Schuldner besteht, was diesem Faktor in (4.49) entspricht (siehe Andersen et al. 1993, Formel 2.7.4'):

$$\log(\ell) = \int_0^T \log[Y_1(t)] + \log(q) dN_{12}(t)$$

$$+ \int_0^T \sum_{(h,j) \neq (1,2)} \log[Y_h(t)] + \log(q + \gamma_{hj}) dN_{hj}(t) \qquad (4.50)$$

$$- \int_0^T qY_1(t)dt - \int_0^T \sum_{(h,j) \neq (1,2)} (q + \gamma_{hj})Y_h(t)dt$$

Satz 4.6 *Gegeben, dass $\int_0^T Y_\mu(s)ds > 0$ für alle $\mu = 1, \ldots, k-1$, ist der Maximum-Likelihood-Schätzer im unrestringierten Parameterraum für q und γ_{hj}, $(h, j) \in \mathcal{I}_2$,*

$$\hat{q} = \frac{N_{12}(T)}{\int_0^T Y_1(s)ds} \qquad (4.51)$$

und

$$\hat{\gamma}_{hj} = \frac{N_{hj}(T)}{\int_0^T Y_h(s)ds} - \frac{N_{12}(T)}{\int_0^T Y_1(s)ds}. \qquad (4.52)$$

---

[2] Man kann auch mit der Eigenschaft der Exponentialverteilung der Verweildauern im Markov-Prozess (siehe Bemerkung zu Definition 1.11) die Likelihood wie in (4.24) konstruieren. Man überlege sich, warum die Zwei im Exponenten der Exponatialfunktion von (4.49) dazu in keinem Widerspruch steht.

Falls die Nenner in (4.51) oder (4.52) null sind, wird der Quotient auf null gesetzt. Definiere $N_{\bullet\bullet}(t) := \sum_{(h,j)\in\mathcal{I}_1} N_{hj}(t)$, $t \in [0, T]$. *Dann ist im restringierten Parameterraum, d. h. unter H_0, der Maximum-Likelihood-Schätzer für q:*

$$\tilde{\hat{q}} = \frac{N_{\bullet\bullet}(T)}{\sum_{(h,j)\in\mathcal{I}_1} \int_0^T Y_h(s)ds} \tag{4.53}$$

Beweis Für $\gamma_{hj} = 0$ reduziert sich die log-Likelihood auf

$$\log \ell(q, \mathbf{0}) = \int_0^T \sum_{(h,j)\in\mathcal{I}_1} \log[Y_h(t)] + \log(q) dN_{hj}(t)$$
$$- \int_0^T \sum_{(h,j)\in\mathcal{I}_1} qY_h(t) dt.$$

Aus

$$\frac{d}{dq} \log \ell(q, \mathbf{0}) = \frac{1}{q} \int_0^T \sum_{(h,j)\in\mathcal{I}_1} dN_{hj}(t) - \int_0^T \sum_{(h,j)\in\mathcal{I}_1} Y_h(t) dt = 0$$

ergibt sich (4.53). Die hinreichende Bedingung ist erfüllt, weil die zweite Ableitung, ausgewertet in $\tilde{\hat{q}}$, negativ ist:

$$-\frac{N_{\bullet\bullet}(T)}{q^2}\bigg|_{q=\tilde{\hat{q}}} = -\frac{\left(\sum_{(h,j)\in\mathcal{I}_1} \int_0^T Y_h(s)ds\right)^2}{N_{\bullet\bullet}(T)} < 0$$

Für den unrestringierten Parameterraum sind:

$$\frac{\partial \log \ell(\theta)}{\partial q} = \frac{N_{12}(T)}{q} + \sum_{(h,j)\in\mathcal{I}_2} \frac{N_{hj}(T)}{q + \gamma_{hj}} - \sum_{(h,j)\in\mathcal{I}_1} \int_0^T Y_h(s)ds,$$

$$\frac{\partial \log \ell(\theta)}{\partial \gamma_{hj}} = \frac{N_{hj}(T)}{q + \gamma_{hj}} - \int_0^T Y_h(s)ds$$

Natürlich kann angenommen werden, dass $\int_0^T Y_\mu(s)ds > 0$ für $\mu = 1, \ldots, k - 1$. Setze man die zweite Zeile mit null gleich und die Lösung für $q + \gamma_{hj}$ in die durch die erste Zeile gegebene Gleichung, so ergibt sich (4.51). Letztlich gilt (4.52) durch Einsetzen von $\hat{q}$ in die letzte Gleichung. Nun sammeln wir q und γ_{hj} in $\boldsymbol{\gamma} := (\gamma_{21}, \gamma_{23} \ldots, \gamma_{k-1,k})' \in \mathbb{R}^{2k-4}$ und

4.3 Schätzen des Ausfallparameters

$\boldsymbol{\theta} := (q, \boldsymbol{\gamma}')' \in \mathbb{R}^{2k-3}$. So muss die Hesse-Matrix von $\log \ell(\boldsymbol{\theta})$, ausgewertet in $\hat{\boldsymbol{\theta}}$, negativ definit sein. Es ist

$$\frac{\partial^2 \log \ell(\boldsymbol{\theta})}{(\partial q)^2} = -\left(\frac{N_{12}(T)}{q^2} + \sum_{(h,j) \in \mathcal{I}_2} \frac{N_{hj}(T)}{(q + \gamma_{hj})^2}\right)$$

und

$$\frac{\partial^2 \log \ell(\boldsymbol{\theta})}{(\partial \gamma_{hj})^2} = \frac{\partial^2 \log \ell(\boldsymbol{\theta})}{\partial q \partial \gamma_{hj}} = -\frac{N_{hj}(T)}{(q + \gamma_{hj})^2}.$$

Alle anderen zweiten Ableitungen sind null. Einsetzen von $\hat{\boldsymbol{\theta}}$ resultiert in

$$\left.\frac{\partial^2 \log \ell(\boldsymbol{\theta})}{(\partial q)^2}\right|_{\boldsymbol{\theta}=\hat{\boldsymbol{\theta}}} = -\sum_{(h,j) \in \mathcal{I}_1} \frac{\left(\int_0^T Y_h(s) ds\right)^2}{N_{hj}(T)}$$

und für alle $(h, j) \in \mathcal{I}_2$ in

$$\left.\frac{\partial^2 \log \ell(\boldsymbol{\theta})}{(\partial \gamma_{hj})^2}\right|_{\boldsymbol{\theta}=\hat{\boldsymbol{\theta}}} = \left.\frac{\partial^2 \log \ell(\boldsymbol{\theta})}{\partial q \partial \gamma_{hj}}\right|_{\boldsymbol{\theta}=\hat{\boldsymbol{\theta}}} = -\frac{\left(\int_0^T Y_h(s) ds\right)^2}{N_{hj}(T)}.$$

Die Hesse-Matrix hat die Form

$$H := (-1) \cdot \begin{pmatrix} b + \sum_{i=1}^n a_i & a_1 & a_2 & a_3 & \cdots & a_n \\ a_1 & a_1 & 0 & 0 & \cdots & 0 \\ a_2 & 0 & a_2 & 0 & \cdots & 0 \\ \vdots & \vdots & \ddots & \ddots & \ddots & \vdots \\ a_{n-1} & 0 & \cdots & 0 & a_{n-1} & 0 \\ a_n & 0 & \cdots & 0 & 0 & a_n \end{pmatrix}$$

und ist wegen der Positivität von $b := a_0 - \sum_{i=1}^n a_i$ und den $a_1, \ldots, a_n$ negativ definit (siehe Weißbach und Mollenhauer 2011, Lemma 4). □

Beispiel 30 *Betrachte $n = 1220$ Ratinghistorien aus Weißbach et al. (2009), bei denen ausschließlich, und zwar $N_{\bullet\bullet}(T) = 957$-mal, in benachbarte Klassen migriert wird. Intratemporale Abhängigkeit wird vermieden, weil der zufällige Eintritt in das Portfolio die Historien unabhängig vom Kreditzyklus „zieht". Dadurch sind die Produktbildung in (4.48) sowie die Annahmen (4.46) und (4.47) plausibel. Im Durchschnitt ist die Zeit unter Risiko pro Schuldner $T = 1{,}6$ Jahre. Dabei ist für* *einen Schuldner in Klasse eins die Verweildauer einfach und in allen anderen doppelt gewertet. Also ist die gesamte Zeit unter Risiko*

$$\sum_{(h,j) \in \mathcal{I}_1} \int_0^T Y_h(s) ds = 1{,}6 \cdot 1220 = 1952$$

und damit $\tilde{\hat{q}} = 957/1952 \approx 0{,}5$.

Im Teil der log-Likelihood (4.50) ist nun ein Martingal (siehe Definition 1.13) wie nach Definition 1.27 ausgeführt, und entsprechend $N(t)$ als Anzahl von Übergängen zwischen Ratingklassen und $\Lambda(t)$ als dessen Kompensator. Die durch die Integration ausgedrückte Transformation ist nun auch ein Martingal, und ein Martingalgrenzwertsatz führt auf die asymptotische Normalität der Schätzer. Diese Eigenschaft ist wichtig und für den Marktpreisrisikoparameter durch Satz 3.7 sichergestellt. Die j-te Komponente der Score-Statistik zur log-Likelihood (4.50) sei bezeichnet mit

$$U_T^j(\boldsymbol{\theta}) := \frac{\partial \log \ell(\boldsymbol{\theta})}{\partial \theta_j}.$$

Bezeichne mit $\boldsymbol{\theta}_0$ den wahren Parameter. Für die Score-Statistik gelten $\mathbf{U}_T(\boldsymbol{\theta}_0)/n \xrightarrow{P} 0$ und

$$\frac{1}{\sqrt{n}} \mathbf{U}_T(\boldsymbol{\theta}_0) \xrightarrow[n \to \infty]{d} N_{2k-3}(\mathbf{0}, \boldsymbol{\Sigma}), \qquad (4.54)$$

wie Lemmata 6 und 7 in Weißbach und Mollenhauer (2011) beweisen.

Satz 4.7 *Für den unrestringierten Schätzer $\hat{\boldsymbol{\theta}}$ gilt*

$$\sqrt{n} \left(\hat{\boldsymbol{\theta}} - \boldsymbol{\theta}_0 \right) \xrightarrow[n \to \infty]{d} N_{2k-3}\left(\mathbf{0}, \boldsymbol{\Sigma}^{-1}\right).$$

Bezeichne – minus – die zweite partielle Ableitung von (4.50) als

$$\mathcal{J}_T^{jl}(\boldsymbol{\theta}) := - \frac{\partial^2 \log \ell(\boldsymbol{\theta})}{\partial \theta_j \partial \theta_l}$$

und mit $\boldsymbol{\Sigma}$ dessen Grenzwert an der Stelle $\boldsymbol{\theta}_0$ bei Teilen durch n. Bezeichne ferner $R_T^{jlm}(\boldsymbol{\theta})$ die dritten Ableitungen.

Beweis Eine quadratische Taylor-Entwicklung um $\boldsymbol{\theta}_0$ und ausgewertet im Punktschätzer ergibt

4.3 Schätzen des Ausfallparameters

$$0 = \frac{1}{\sqrt{n}} U_T^j(\hat{\boldsymbol{\theta}}) = \frac{1}{\sqrt{n}} U_T^j(\boldsymbol{\theta}_0) - \sum_{l=1}^{2k-3} \sqrt{n} \left(\hat{\theta}_l - \theta_{l0}\right) \frac{1}{n} \mathcal{J}_T^{jl}(\boldsymbol{\theta}_0)$$

$$+ \frac{1}{2} \sum_{l=1}^{2k-3} \sum_{m=1}^{2k-3} \sqrt{n} \left(\hat{\theta}_l - \theta_{l0}\right) \left(\hat{\theta}_m - \theta_{m0}\right) \frac{1}{n} R_T^{jlm}(\boldsymbol{\theta}^{j*}).$$

Weil $\hat{\boldsymbol{\theta}}$ ein konsistenter Schätzer ist (siehe Weißbach und Mollenhauer 2011, Theorem 2) und weil $\boldsymbol{\theta}^{j*}$ auf der Geraden zwischen $\hat{\boldsymbol{\theta}}$ und $\boldsymbol{\theta}_0$, also für große n nahe bei $\boldsymbol{\theta}_0$, liegt, wo die dritten Ableitungen – geteilt durch n – nach oben mit C beschränkt seien, gilt die Dreiecksungleichung:

$$\left| \frac{1}{\sqrt{n}} U_T^j(\boldsymbol{\theta}_0) - \sum_{l=1}^{2k-3} \sqrt{n} \left(\hat{\theta}_l - \theta_{l0}\right) \frac{1}{n} \mathcal{J}_T^{jl}(\boldsymbol{\theta}_0) \right|$$

$$\leq \frac{1}{2} C \sum_{l=1}^{2k-3} \sqrt{n} \left|\hat{\theta}_l - \theta_{l0}\right| \sum_{m=1}^{2k-3} \left|\hat{\theta}_m - \theta_{m0}\right|.$$

Ohne hier genau werden zu wollen, kann $\mathcal{J}_T(\boldsymbol{\theta}_0)/n$ durch $\boldsymbol{\Sigma}$ ersetzt und der hintere Term wegen der Konsistenz als Nullfolge ε_n bezeichnet werden. Somit ist in Matrixnotation:

$$\left| \frac{1}{\sqrt{n}} \mathbf{U}_T(\boldsymbol{\theta}_0) - \boldsymbol{\Sigma} \sqrt{n} \left(\hat{\boldsymbol{\theta}} - \boldsymbol{\theta}_0\right) \right| \leq \varepsilon_n \left| \boldsymbol{\Sigma} \sqrt{n} \left(\hat{\boldsymbol{\theta}} - \boldsymbol{\theta}_0\right) \right|$$

Theorem 10.1 aus Billingsley (1961) lässt nun (4.54) übertragen auf

$$\boldsymbol{\Sigma} \sqrt{n} \left(\hat{\boldsymbol{\theta}} - \boldsymbol{\theta}_0\right) \xrightarrow[n\to\infty]{d} \mathcal{N}(\mathbf{0}, \boldsymbol{\Sigma}).$$

Und mit dem Satz von der stetigen Abbildung (engl. *continuous mapping theorem*) erhalten wir letztlich

$$\sqrt{n} \left(\hat{\boldsymbol{\theta}} - \boldsymbol{\theta}_0\right) \xrightarrow[n\to\infty]{d} \mathcal{N}\left(\boldsymbol{\Sigma}^{-1} \mathbf{0}, \boldsymbol{\Sigma}^{-1} \boldsymbol{\Sigma} \left(\boldsymbol{\Sigma}^{-1}\right)'\right) = \mathcal{N}\left(\mathbf{0}, \boldsymbol{\Sigma}^{-1}\right). \quad \square$$

Zur konkreten Berechnung von Standardfehlern kann die *beobachtete Fisher-Information* (links in der Gleichung)

$$\frac{1}{n} \mathcal{J}_T^{jl}(\hat{\boldsymbol{\theta}}) = \frac{1}{n} \mathcal{J}_T^{jl}(\boldsymbol{\theta}_0) - \sum_{m=1}^{2k-3} \left(\hat{\theta}_m - \theta_{m0}\right) \frac{1}{n} R_T^{jlm}(\boldsymbol{\theta}^{j\star})$$

verwendet werden. Denn weil der zweite Term auf der rechten Seite verschwindet, schätzt sie – geteilt durch n – $\boldsymbol{\Sigma}$ konsistent.

Konfidenzintervalle für einzelne Koeffizienten können aus den quadrierten Standardfehlern auf der Hauptdiagonalen der Inversen der beobachteten Fisher-Information gewonnen werden. Standardfehler zu berechnen ist auch finanzwirtschaftlich erforderlich, weil Punkt 451 in Basel Committee on Banking Supervision (2004) konservative Aufschläge für die PD fordert, die in Zusammenhang mit dem Schätzfehler stehen. Als Beispiel der inferenzstatistischen Möglichkeiten, die sich aus dem Standardfehler ergeben, sei hingewiesen auf die – auch allgemeiner geltende – Äquivalenz des Einstichprobentests für das arithmetische Mittel mit der Frage nach der Überdeckung des Hypothesenwerts durch das Konfidenzintervall (siehe Bleymüller und Weißbach 2015a, Abschn. 14.2(2) und 17.1(2)). So lässt sich auch ein Test auf eine Punkthypothese zu einzelnen Parameterkomponenten von $\boldsymbol{\theta}$ durchführen.

Ob das durch Satz 4.7 gegebene Konfidenzellipsoid für den Vektor $\boldsymbol{\gamma}$ den Hypothesenwert null enthält, stellt einen Test für (4.45) dar (Munk und Pflüger 1999). Christensen et al. (2004) nutzen den Konfidenzellipsoid, um Konfidenzbereiche für Ratingübergangswahrscheinlichkeiten anzugeben. Ein formaleres Herangehen sind der Wald-, der Score- oder – wie nun ausgeführt – der Likelihood-Quotienten-Test (siehe Gouriéroux und Monfort 1995b, Abschn. 17.2).

Korollar 4.3 *Für das Modell aus Definition 4.2 gilt für den Likelihood-Quotienten H_0 aus (4.45):*

$$-2\log \frac{\ell(\tilde{\hat{q}}, \mathbf{0})}{\ell(\hat{q}, \hat{\boldsymbol{\gamma}})} \xrightarrow[n\to\infty]{d} \chi^2_{2k-4}$$

Beweis (Skizze) Betrachte eine Taylor-Entwicklung von $\log \ell$ um $\hat{\boldsymbol{\theta}}$, ausgewertet in beliebigem $\tilde{\boldsymbol{\theta}}$:

$$\log \ell(\tilde{\boldsymbol{\theta}}) = \log \ell(\hat{\boldsymbol{\theta}}) - \frac{1}{2}\sum_{j=1}^{2k-3}\sum_{l=1}^{2k-3}\left(\tilde{\theta}_j - \hat{\theta}_j\right)\left(\tilde{\theta}_l - \hat{\theta}_l\right)\mathcal{J}_T^{jl}(\hat{\boldsymbol{\theta}})$$

$$+ \frac{1}{6}\sum_{j=1}^{2k-3}\sum_{l=1}^{2k-3}\sum_{m=1}^{2k-3}\left(\tilde{\theta}_j - \hat{\theta}_j\right)\left(\tilde{\theta}_l - \hat{\theta}_l\right)\left(\tilde{\theta}_m - \hat{\theta}_m\right) R_T^{jlm}(\boldsymbol{\theta}^*)$$

Der lineare Term verschwindet wegen $\mathbf{U}_T(\hat{\boldsymbol{\theta}}) = 0$. Man füge in den letzten Summanden $\sqrt{n}, \sqrt{n}$ und $1/n$ ein. Wegen Satz 4.7 konvergieren dann zwei Faktoren gegen Zufallsvariablen und einer gegen null und damit die Summe. Man kann nun $\mathcal{J}_T(\hat{\boldsymbol{\theta}})/n$ durch $\boldsymbol{\Sigma}$ ersetzen, weil die resultierenden Fehler im letzten Summanden absorbiert werden können. Für Konvergenz in Verteilung kann der letzte Summand ignoriert werden, sodass

$$-2\log\frac{\ell(\tilde{\boldsymbol{\theta}})}{\ell(\hat{\boldsymbol{\theta}})} \approx \sqrt{n}\left(\hat{\boldsymbol{\theta}} - \tilde{\boldsymbol{\theta}}\right)' \boldsymbol{\Sigma} \sqrt{n}\left(\hat{\boldsymbol{\theta}} - \tilde{\boldsymbol{\theta}}\right).$$

Betrachte als Erweiterung der Notation $\boldsymbol{\theta}' := (q, \boldsymbol{\gamma}')$ und

4.3 Schätzen des Ausfallparameters

$$\Sigma^{-1} := \begin{pmatrix} \Sigma_q & \Sigma_{q\gamma} \\ \Sigma_{\gamma q} & \Sigma_\gamma \end{pmatrix},$$

wobei $\Sigma_q \in \mathbb{R}$ und $\Sigma_\gamma \in \mathbb{R}^{(2k-4)\times(2k-4)}$. Beinhalte die Diagonalmatrix Λ die (positiven) Eigenwerte von Σ_γ, und sei Γ die Matrix der entsprechenden Eigenvektoren, sodass $\Sigma_\gamma^{1/2} := \Gamma \Lambda^{1/2}$.

Setzt man nun $\tilde{\theta} = (\tilde{\hat{q}}, \mathbf{0}')'$, so sind, grob gesagt, die Schätzung von q unter Hypothese, $\tilde{\hat{q}}$, und die unrestringierte Schätzung von q, $\hat{q}$, unter Hypothese asymptotisch gleich und die Differenz ist null. Damit bleibt:

$$-2\log\frac{\ell(\tilde{\hat{q}}, \mathbf{0})}{\ell(\hat{q}, \hat{\gamma})} \approx \left(\sqrt{n}\hat{\gamma}\right)' \Sigma_\gamma^{-1} \left(\sqrt{n}\hat{\gamma}\right) = \left(\Sigma_\gamma^{-1/2}\sqrt{n}\hat{\gamma}\right)' \left(\Sigma_\gamma^{-1/2}\sqrt{n}\hat{\gamma}\right)$$

Satz 4.7 und der Satz von der stetigen Abbildung besagen dann:

$$\Sigma_\gamma^{-1/2}\sqrt{n}\hat{\gamma} \xrightarrow[n\to\infty]{d, H_0} N_{2k-4}(\mathbf{0}, \mathbf{I})$$

□

Beispiel 30 (**Fortsetzung**) *Das Rating hat 21 Ratingklassen, inklusive der Ausfallklasse. Also ist der Likelihood-Quotienten-Test auf die Einparameterhypothese aus (4.45) gemäß Korollar 4.3:*

k	$2k-4$	$-2\log LQ$	$\chi^2_{2k-4;0,95}$	p-Wert
21	38	56,26	53,38	0,028

Gegeben die große Fallzahl, scheint die Modellierung mit nur einem Parameter nützlich.

Natürlich sind auch andere Alternativen als das klassenspezifische Modell möglich. Weißbach und Walter (2010) stellen z. B. die Frage nach einem altersspezifischen Modell. Auch unmittelbare Übergänge in Ratingklassen jenseits der benachbarten sind vorstellbar. Weißbach und Strohecker (2016) lassen z. B. zu, dass in jeder Klasse der Ausfall unmittelbar eintreten kann.

4.3.4 Theoretischer Ansatz

Wie bereits in Abschn. 2.1.1 herausgestellt, sind Kredit und Anleihe aus Sicht des Kreditrisikos identisch. Nur dass bei einer Anleihe der Rückzahlungsbetrag (in T) Nominal K genannt wird, während beim Kredit der Auszahlungsbetrag so heißt.

Beispiel 31 *Wir besitzen im Zeitpunkt t ein Haus im Wert von $V_t = 300.000$ € und haben zum selbem Zeitpunkt $K_t = 200.000$ € Schulden. Der Saldo von 100.000 € ist positiv, und wir könnten die Schulden in t durch den Verkauf des Hauses decken. Der Wert des Hauses ist bis $T = t + 1$ einem Marktpreisrisiko in Form von Preisschwankungen unterworfen. Bleibt der Schuldenstand $K_T = K_t$ gleich und sinkt der Wert des Hauses unter $V_T < 200.000 = K_T$ €, so können wir durch den Verkauf des Hauses die Schulden nicht vollständig decken und sind insolvent durch Überschuldung.*

Stute (2002) betrachtet (Abschn. 6.2) das Ausfallmodell von Merton (1974), bei dem der Wert eines gewerblichen Schuldners V_t (engl. *asset value*) einer geometrischen Brown'schen Bewegung (3.9) folgt. Modellhaft wird angenommen, dass die Firma nur *eine* Anleihe (engl. *defaultable bond*) emittiert bzw. *einen* Kredit aufgenommen hat. Ist nun der Firmenwert am Fälligkeitstermin der Anleihe, V_T, kleiner als die Schuld K, so ist die Firma insolvent durch Überschuldung. Der Firmenwert ist – bilanziell – die Summe aus Eigen- und Fremdkapital und der Wert der Anleihe in T:

$$F_T^K = \min(K, V_T) = \mathbb{1}_{\{K \leq V_T\}} K + \mathbb{1}_{\{V_T < K\}} V_T$$
$$= K - \mathbb{1}_{\{V_T < K\}} (K - V_T)$$

Eine Zahlung K in T hat in t den Wert (2.3), $B(t, T) = e^{-r(T-t)}$, wobei r den risikofreien (konstanten und nicht-stochastischen) Zins darstellt. Die Auszahlung einer Verkaufsoption auf V_t mit Ausübungskurs K ist, ähnlich wie bei der Kaufoption (2.8), $\mathbb{1}_{\{V_T < K\}}(K - V_T)$. Aus der Sicht des Optionsverkäufers ist der Wert negativ. Aus Gründen der Arbitragefreiheit ist der Wert für $t < T$ wegen der Put-Call-Parität (2.9), aufgelöst nach P_t, und dem Wert einer Kaufoption (3.16):

$$F_t^K = KB(t, T) - [V_t(F_N(d_1) - 1) - Ke^{-r(T-t)}(F_N(d_2) + 1)]$$
$$= KB(t, T) - [-V_t F_N(-d_1) + Ke^{-r(T-t)} F_N(-d_2)]$$
$$= Ke^{-r(T-t)} F_N(d_2) + V_t F_N(-d_1)$$

Wenn man nun die Anleihe mit Nominal K in eine mit Nominal eins umrechnen will, beträgt der Wert bei Teilbarkeitsannahme

$$F_t = e^{-r(T-t)} \left(F_N(d_2) + \frac{V_t}{Ke^{-r(T-t)}} F_N(-d_1) \right).$$

Die implizite Verzinsung ergibt sich aus:[3]

---

[3]Beispiel: Wenn ich ein Jahr vor Ablauf 90 Cent für eine Auszahlung von 1 € zahlen muss, ist meine Verzinsung bei jährlicher Verzinsung $11,\bar{1}\%$, denn $0,9 \cdot 1,\bar{1} = 1$. Bei stetiger Verzinsung beträgt der Nominalzins a, sodass gilt $0,9 e^{a(1)} = 1 \Leftrightarrow a = -\log 0,9 = 10,536\%$.

$$e^{-r_F(T-t)} = e^{-r(T-t)} \left(F_N(-d_2) + \frac{V_t}{Ke^{-r(T-t)}} N(-d_1) \right)$$

$$\Leftrightarrow \quad r_F - r = \frac{-1}{T-t} \log \left(F_N(-d_2) + \frac{V_t}{Ke^{-r(T-t)}} F_N(-d_1) \right) > 0,$$

was wieder als Kreditrisikoaufschlag interpretiert werden kann. Nun kann der Firmenwert V_t nicht beobachtet und somit auch dessen Volatilität für die Konstanten d_1 und d_2 nicht direkt abgeleitet werden.

Im Marktpreisrisiko hätten wir in der Tat die Möglichkeit gehabt, den Parameter σ^2 implizit so zu ermitteln. Wenn nämlich Marktpreise, z. B. für Optionen, vorliegen, könnte über die Bewertungsformel (3.16) wegen der Monotonie auf die implizite Volatilität (engl. *implied volatility*), z. B. des Aktienkurses, zurück geschlossen werden.

Literatur

Aalen, O.O.: Nonparametric estimation of partial transition probabilities in multiple decrement models. Ann. Stat. **6**, 534–545 (1978)

Agresti, A.: Categorical Data Analysis. Wiley, New York (2002)

Andersen, P.K., Borgan, Ø., Gill, R.D., Keiding, N.: Statistical Models Based on Counting Processes. Springer, New York (1993)

Basel Committee on Banking Supervision: International convergence of capital measurement and capital standards – a revised framework. Technical report, Bank for International Settlements, June 2004

Bielecki, T.R., Rutkowski, M.: Credit Risk: Modeling. Valuation and Hedging. Springer, New York (2002)

Billingsley, P.: Statistical Inference for Markov Processes. The University of Chicago Press, Chicago (1961)

Bleymüller, J., Weißbach, R.: Statistik für Wirtschaftswissenschaftler, 17. Aufl. Vahlen, München (2015a)

Bluhm, C., Overbeck, L., Wagner, C.: An Introduction to Credit Risk Modeling. Chapman & Hall, New York (2002)

Borgan, Ø.: Three contributions to the encyclopedia of biostatistics: the Nelson-Aalen, Kaplan-Meier, and Aalen-Johansen estimators. Technical report, Department of Mathematics, University of Oslo (1997)

Breslow, N.E.: Analysis of survival data under the proportional hazards model. Int. Stat. Rev. **43**, 45–58 (1975)

Bücker, M., van Kampen, M., Krämer, W.: Reject inference in consumer credit scoring with nonignorable missing data. J. Banking Finan. **37**, 1040–1045 (2013)

Christensen, J., Hansen, E., Lando, D.: Confidence sets for continuous-time rating transition probabilities. J. Banking Finan. **28**, 2575–2602 (2004)

Collin-Dufresne, P., Goldstein, R., Hugonnier, J.: A general formula for valuing defaultable securities. Econometrica **72**, 1377–1408 (2004)

Dörre, A.: Bayesian estimation of a lifetime distribution under double truncation caused by time-restricted data collection. Statistical Papers (2017, to appear)

Duffie, D., Singleton, K.: Modeling term structures of defaultable bonds. Rev. Financ. Stud. **12**, 687–720 (1999)

Duffie, D., Singleton, K.: Credit Risk. Princeton University Press, New Jersey (2003)

Embrechts, P., Klüppelberg, C., Mikosch, T.: Modelling Extremal Events for Insurance and Finance. Springer, Heidelberg (2000)

Fleiss, J.L., Levin, B., Paik, M.C.: Statistical Methods for Rates and Proportions. Wiley, Hoboken (2013)

Gordy, M.B.: A comparative anatomy of credit risk models. J. Banking Finan. **24**, 119–149 (2000)

Gouriéroux, C., Monfort, A.: Statistics and Econometric Models, Bd. 1. Cambridge University Press, Cambridge (1995a)

Gouriéroux, C., Monfort, A.: Statistics and Econometric Models, Bd. 2. Cambridge University Press, Cambridge (1995b)

Hakenes, H., Altrock, F.: Die Kalkulation ausfallrisikobedrohter Finanztitel mit Ratingübergangsmatrizen. Finanzmarkt und Portfoliomanagement **15**, 187–200 (2001)

Hougaard, P.: Analysis of Multivariate Survival Data. Springer, New York (2001)

Hull, J.C.: Options, Futures, and other Derivatives, 9. Aufl. Pearson, Boston (2015)

Jarrow, R.A., Lando, D., Turnbull, S.M.: A Markov model for the term structure of credit risk spreads. Rev. Financ. Stud. **10**(2), 481–523 (1997)

Jones, M.C., Marron, J.S., Sheather, S.J.: A brief survey on bandwidth selection for density estimation. J. Am. Stat. Assoc. **91**, 401–407 (1996)

Kalbfleisch, J.D., Prentice, R.L.: The Statistical Analysis of Failure Time Data. Wiley, New York (1980)

Kaplan, E.L., Meier, P.: Nonparametric estimation from incomplete observations. J. Am. Stat. Assoc. **53**, 457–481 (1958)

Kim, Y.-D., James, L., Weißbach, R.: Bayesian analysis of multi-state event history data: Beta-Dirichlet process prior. Biometrika **99**, 127–140 (2012)

Kremer, A., Weißbach, R., Liese, F.: Maximum likelihood estimation for left- and right-censored survival times with time-dependent covariates. J. Stat. Plann. Infer. **149**, 33–45 (2014)

Lancaster, A.: The Econometric Analysis of Transition Data. Cambridge University Press, Cambridge (1992)

Lando, D., Skødeberg, T.: Analyzing rating transitions and rating drift with continuous observations. J. Banking Finan. **26**, 423–444 (2002)

Lee, E.T.: Statistical Methods for Survival Data Analysis. Wiley, New York (1992)

Merton, R.: On the pricing of corporate debt: the risk structure of interest rates. J. Finan. **29**, 449–470 (1974)

Miller, R.G.: Survival Analysis. Wiley, New York (1981)

Munk, A., Pflüger, R.: $1 - \alpha$ equivariant confidence rules for convex alternatives are $\alpha/2$-level tests - with applications to the multivariate assessment of bioequivalence. J. Am. Stat. Assoc. **94**, 1311–1320 (1999)

Nelson, W.: Theory and applications of hazard plotting for censored failure data. Technometrics **14**, 945–966 (1972)

Nickell, P., Perraudin, W., Varotto, S.: Stability of ratings transitions. J. Banking Finan. **24**, 203 (2000)

Parzen, E.: On the estimation of a probability density function and the mode. Ann. Math. Stat. **33**, 1065–1076 (1962)

Rebolledo, R.: Central limit theorems for local martingales. Z. Wahrscheinlichkeit verwandte Geb. **51**, 269–286 (1980)

Rinne, H.: Taschenbuch der Statistik, 4. Aufl. Verlag Harri Deutsch, Frankfurt a. M. (2008)

Schönbucher, P.: Credit Risk Modelling and Credit Derivatives. Wiley, Chichester (2003)

Strohner, B., Weißbach, R.: Altersspezifische Querschnittsanalyse der Fertilität in Mecklenburg-Vorpommern mit dem EM-Algorithmus. AStA Wirtschafts- und Sozialstatistisches Archiv **10**, 269–288 (2016)

Stute, W.: Financial engineering und Finanzmathematik, eine integrierte Darstellung. Lecture notes (2002)

Varian, H.R.: Intermediate Microeconomics – A Modern Approach, 8. Aufl. Norton, New York (2010)

Weißbach, R.: A general kernel functional estimator with general bandwidth – strong consistency and applications. J. Nonparametric Stat. **18**, 1–12 (2006)

Weißbach, R., Dette, H.: Kolmogorov-Smirnov-type testing for the partial homogeneity of Markov processes – with application to credit risk. Appl. Stoch. Models Bus. Ind. **22**, 223–234 (2007)

Weißbach, R., Herzog, M.: Schätzung des Kariesbefalls 3–5 jähriger Kinder aus einstufigen Clusterstichproben. Das Gesundheitswesen **71**, 121–126 (2009)

Weißbach, R., Mollenhauer, T.: Modelling rating transitions. J. Korean Stat. Soc. **40**, 469–485 (2011)

Weißbach, R., Pfahlberg, A., Gefeller, O.: Double-smoothing in kernel hazard rate estimation. Methods Inf. Med. **47**, 167–173 (2008)

Weißbach, R., Strohecker, F.: Modelling rating transitions. Econ. Lett. **145**, 38–40 (2016)

Weißbach, R., Tschiersch, P., Lawrenz, C.: Testing time-homogeneity of rating transitions after origination of debt. Empirical Econ. **36**, 575–596 (2009)

Weißbach, R. und Walter, R. : A likelihood ratio test for stationarity of rating transitions. Journal of Econometrics **155**, 188–194 (2010)

Weißbach, R., von Lieres, C., Wilkau: Economic capital for non-performing loans: economic capital for nonperforming. Financ. Markets Portfolio Manage. **24**, 67–85 (2010)

Weißbach, R., M. Herzog und G. Menzel., : Regionaler Anteil kariesfreier Vorschulkinder - eine cluster-randomisierte Studie in Südhessen -. AStA Wirtschafts- und Sozialstatistisches Archiv **9**, 27–39 (2015)

Portfoliorisiko 5

Stärker noch als die in Abschn. 3.3 diskutierte Verteilung des Verlusts eines *einzelnen* Geschäfts, ist die Verlustverteilung im ganzen Portfolio von finanzwirtschaftlicher Bedeutung. Wie „riskant" ein Portfolio ist, zeigt wieder das als *Value-at-Risk* bezeichnete obere α-Quantil an, als z. B. bei einem Kreditportfolio das *Credit Value-at-Risk* (Credit-VaR). Für ein kleines α von vielleicht 1 %, misst das Credit-VaR den Verlust für ein „ungünstiges" Jahrhundertereignis. Die Frage ist nun, wie viel Verlust ein Portfolioeigner, also typischerweise eine Bank, „vertragen" kann. Die *Risikotragfähigkeit* ist überschritten, wenn die Verluste das Vermögen der Bank, ihr Eigenkapital, übersteigen. Das Niveau α, bei dem das Eigenkapital der Bank überschritten wird, definiert theoretisch sogar die eigene Ausfallwahrscheinlichkeit der Bank, und spiegelt damit ihr *Rating* wider. Aufsichtsrechtlich müssen Banken, um ihre Insolvenz zu verhindern, das Credit-VaR, das einen gewissen Prozentsatz vom Gesamtengagements darstellt, als Eigenkapital nachweisen. Beim Risiko für ein Portfolio aus Finanzprodukten unterscheiden wir bei den stochastischen Risiken zwischen *erwarteten* und *unerwarteten* Verlusten. Da der erwartete Verlust bereits Basis der Preisbildung ist, wie in Kap. 3 und 4 dargestellt, muss die Bank nur den Exzess des VaR über den erwarteten Verlust, also dessen Differenz, „absichern". Den Betrag nennt man *ökonomisches Kapital* (engl. *economic capital*).[1] Diesen Betrag als Eigenkapital halten zu müssen, ist ökonomisch gesehen teuer, weil er in der Zeit keinen Gewinn erbringen kann.

Wegen der Linearität des Erwartungswerts kann der erwartete Verlust eines Portfolios auf die in Kap. 3 und 4 behandelten Risiken des Einzelgeschäfts zurückgeführt werden. Der unerwartete Verlust beim Marktpreisrisiko *eines* Geschäfts war ein Quantil der Verteilung seines zukünftigen Marktwerts (siehe Abschn. 3.3). Das Marktpreisrisiko eines Portfolios wird ein Quantil des zukünftigen verrechneten Marktwerts *aller* Geschäfte im Portfolio sein.

---

[1]Teilweise wird in der Literatur auch die Differenz Value-at-Risk genannt. Meistens wird dann vereinfachend von einem normalverteilten Verlust ausgegangen und der Erwartungswert als vorher abgezogen angenommen.

Es wird sich nun herausstellen, dass das Risiko der Vereinigung von Geschäften sich nicht als Summe der Einzelrisiken berechnen lässt. Das gilt auch für das Kreditrisiko. Ein wichtiger Grund für die explizite Betrachtung des Portfolios ist die Diversifikation (siehe z. B. Neuberger 1998, Abschn. A6). So kann es unnötig (und teuer) sein, das Marktpreisrisiko einzelner Geschäfte zu replizieren, wenn „gegenläufige" Positionen vorhanden sind. Im Portfolio ist der Versicherungsbedarf in Allgemeinen kleiner als die Summe der Versicherungen aller einzelnen Geschäfte.

Betrachte als einfaches Risikomaß des Marktpreisrisikos die Standardabweichung (und entsprechend das Value-at-Risk) und als Beispiel ein Portfolio aus nur zwei Produkten mit Wertänderungen (binnen eines Intervalls) X_1 und X_2. Dann ist wegen der ersten binomischen Formel und der Monotonie der Wurzel bei Unabhängigkeit der Zuwächse:

$$(\sigma_{X_1} + \sigma_{X_2})^2 \geq \sigma_{X_1}^2 + \sigma_{X_2}^2$$

$$\Leftrightarrow \sigma_{X_1} + \sigma_{X_2} \geq \sqrt{\sigma_{X_1}^2 + \sigma_{X_2}^2} = \sqrt{Var(X_1 + X_2)} \qquad (5.1)$$

Das Portfoliorisiko besteht nun darin, dass die Unabhängigkeit der Wertänderungen unplausibel und – selbst bei Einbeziehung der Korrelationen –, deren Schätzung mit Unsicherheit behaftet ist. Korrelation innerhalb des Portfolios – auch zwischen anderen Merkmalen als nur zwei Wertänderungen – wird sich als wichtigster Parameter des Risikos herausstellen, deren Schätzung in Abschn. 5.3 behandelt wird.

Zur Einbeziehung mehrerer Zeitpunkte mittels Verwendung stochastischer Prozesse werden wir, anders als beim erwarteten Marktpreis- und Kreditrisiko, nur einleitend (in Abschn. 5.2.3) eingehen. Ein wichtigerer Punkt scheint hingegen zu sein, dass Entscheidungen jedweder Art für ein Portfolio trotzdem meist nur auf der Ebene von einzelnen Geschäften erfolgen können. Unter dem Stichwort *Risikoattribution* versucht deswegen Abschn. 5.2.5, den Anteil eines Einzelgeschäfts am Portfoliorisiko zu ermitteln. Somit kann etwa die um das Risiko bereinigte (erwartete) Verzinsung (engl. *risk-adjusted return*) ermittelt werden.

5.1 Portfoliomarktpreisrisiko

Die Berechnung des Value-at-Risk für den Marktwert *eines* Geschäfts erweitern wir nun (mit gleichbleibenden Bezeichnungen) auf *mehrere* Geschäfte. Für ein Portfolio $\mathcal{A}$ ergänzen wir die lineare Approximation der Wertveränderung im Interval $[t, t_1]$ (3.22) um einen Index für jedes einzelne Geschäft g:[2]

$$\Delta F_g(X_1, \ldots, X_p) = \sum_{i=1}^{p} a_i^g X_i$$

---

[2]Das Symbol Δ für den Zuwachs wird wie in (3.22) verwendet, wobei auch schon (5.1) Änderungen verkürzt mit X bezeichnet.

5.1 Portfoliomarktpreisrisiko

Dann beträgt die Wertveränderung des Portfolios wegen der Additivität der Barwerte (siehe Lemma 2.3):

$$\Delta P := \sum_{g \in \mathcal{A}} \sum_{i=1}^{p} a_i^g X_i = \sum_{i=1}^{p} \left(\sum_{g \in \mathcal{A}} a_i^g \right) X_i$$

Die wegen der Vertauschbarkeit der Summenzeichen entstandenen Koeffizienten, $\sum_{g \in \mathcal{A}} a_i^g$, vor den Risikofaktoren X_i, sind bekannt. Mit den Bezeichnungen $\mathbf{a} := \left(\sum_{g \in \mathcal{A}} a_1^g, \ldots, \sum_{g \in \mathcal{A}} a_p^g \right)'$ und $\mathbf{X} := (X_1, \ldots, X_p)'$ gilt, bei Erweiterung der Annahme (3.23) und Weglassen des Erwartungswerts,

$$\mathbf{X} \sim N_p(\mathbf{0}, (t^H - t)\mathbf{\Sigma}),$$

für die Portfoliowertänderung

$$\Delta P \sim N(0, (t^H - t)\mathbf{a}'\mathbf{\Sigma}\mathbf{a}).$$

Auch die Simulationen am Einzelgeschäft können im Portfoliokontext übernommen werden. Für Risikofaktoren $X_1, \ldots, X_p$ simuliert man die gemeinsame Verteilung. Der Wert jedes Geschäfts im (Teil-)Portfolio wird dann für alle Simulationen $i = 1, \ldots, nsim$ wie in (3.23) im Allgemeinen bewertet,

$$F^g[(X_1, \ldots, X_p)'(\omega_i)].$$

Der Wert des Portfolios ist die Summe der Geschäftswerte. Man wähle die Ordnungsstatistik der Portfoliowerte als Approximation des Portfolio-VaR:

$$VaR_\alpha^{Portfolio} = \left(\sum_{g \in \mathcal{A}} F^g(X_1, \ldots, X_p) \right)_{([\alpha \cdot nsim])}$$

Einzelgeschäfte können gegenläufige Verhalten der Verlustbildung bei Bewegungen der Risikofaktoren aufweisen. Dadurch kommt es im Portfolio (in Summe) zur Diversifikation. Diese Subadditivität der Quantile (VaR) der Verlustverteilung der Einzelgeschäfte ist ein großes Thema im Finanzgewerbe. Die Portfoliobewertung stellt (außer der Summation) in erster Linie eine Herausforderung für die elektronische Datenverarbeitung dar. Die vielen uni- und multivariaten Modelle für die unterschiedlichen Risikofaktoren sind Thema zahlreicher Abhandlungen zu Zeitreihentheorie und der Theorie stochastischer Prozesse und werden hier nicht vorgestellt.

5.2 Portfoliokreditrisiko

Dass Marktpreisänderungen vom Erwartungswert abweichen, wird schon länger als Risiko bei Geschäften des Eigenhandels von Banken wahrgenommen. Dass diese unerwarteten Risiken auch in kurzer Frist aus verschiedenen Gründen erheblich sein können, legt eine quantitative Kontrolle in Form eines Value-at-Risk nahe. Die Fundamentalformel (Satz 4.4) stellt den Zusammenhang zwischen Markt- und Kreditrisiko klar. Nicht nur Zinsänderungen, sondern auch Änderungen der Hazardrate können zu Wertänderungen von Geschäften führen. Es gibt keinen grundsätzlichen Unterschied zwischen dem Kredit- und dem Marktpreisrisiko. Und auch wenn das unerwartete Kreditrisiko als eher langfristig wahrgenommen wird, zeigt das Zusammenlegen der „Mindestanforderungen an das Kreditgeschäft der Kreditinstitute (MaK)" mit den „Mindestanforderungen an das Betreiben von Handelsgeschäften der Kreditinstitute (MaH)" zu den MaRisk die Vergleichbarkeit der Risiken. Das gilt nicht zuletzt für die statistischen Methoden bei der Modellbildung. Wie beim Portfoliomarktpreisrisiko soll die Betrachtung des unerwarteten Kreditverlusts, sowie entsprechende Eigenkapitalunterlegung (EC), zur Vermeidungen eines Ausfalls des Portfolioeigners beitragen (siehe etwa Martin und Wilde 2002) (siehe auch Abb. 5.1).

Mitunter sind Modelle zur Berechnung des Kreditportfolios namentlich geprägt, wie etwa CreditRisk+® (von CSFB) (siehe Credit Suisse First Boston (CSFB) 1997), CreditPortfolioView® (von McKinsey) (siehe Bröker 2000), KMV Portfolio Manager® (von Moody's) und CreditMetrics® (von der RiskMetrics Group) (siehe Gupton et al. 1997; Finger 1998). Für einen Vergleich der Modelle siehe Federal Reserve System Task Force on Internal Credit Risk Models (Hrsg.) (1998), Gordy (2000), Bröker (2000), Crouhy et al. (2000) und Bluhm et al. (2002).

Wir werden zunächst eine Vereinfachung des CreditRisk+-Modells entwickeln. Wir erweitern dann um die Aspekte Abhängigkeitsmodellierung, Schätzung von Parametern, Modellierung von Ausfallursachen, Flexibilisierung des Verlusthorizonts und Rückverteilung des Portfoliorisikos auf Einzelgeschäfte.

Abb. 5.1 Skizze der Verteilung des Kreditportfolioverlusts L

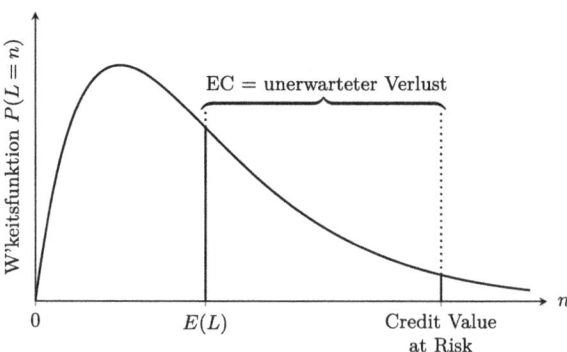

5.2.1 Verlustmodell auf Basis der Poisson-Verteilung

Zeige eine Indikatorvariable $\mathbb{1}_A$, wie in Abschn. 4.2.1, den Ausfall eines Schuldners A in einem definierten Zeitraum an. Zu Beginn des Zeitraums modelliert das Bernoulli-Experiment $B(p)$ den unvorhersehbaren Ausgang zum Ende des Zeitraums. Für eine gewisse Anzahl von Schuldnern, also ein Portfolio $\mathcal{A}$, nehmen wir an:

$$\mathbb{1}_A \sim B(p_A) \tag{5.2}$$

Dabei seien für alle Schuldner $A \in \mathcal{A}$ die Ausfallereignisse paarweise stochastisch unabhängig. Finanzwirte betrachten den Ausfall häufig über *ein* Jahr, sodass p_A der Definition (4.3) entspricht. Die Anzahl der Ausfälle beträgt

$$N := \sum_{A \in \mathcal{A}} \mathbb{1}_A. \tag{5.3}$$

Falls für alle Schuldner $p_A = p$ ist, so beschreibt N die Binomialverteilung mit Parametern p und der Anzahl der Schuldner. Approximativ gilt für unterschiedliche, aber kleine p_A, wie in Abschn. 1.1.2 ausgeführt, dass N einer Poisson-Verteilung folgt, also Wahrscheinlichkeitsfunktion (1.9) besitzt. Hier hat nun die Eigenschaft der Poisson-Verteilung, beliebig großen ganzen Zahlen Wahrscheinlichkeiten zuzuschreiben, eine Interpretation. Der Fehler der Taylor-Approximation bedeutet, dass wir Terme der Ordnungen p_A^ν für alle $\nu \geq 2$ – vielmehr genauer ihre Nichtexistenz – ignorieren. Zum Beispiel lassen wir zu, dass ein Schuldner zweimal ausfällt, was mit Wahrscheinlichkeit p_A^2 passiert. Ausgefallene Schuldner können wiederholt ausfallen bzw. werden nach Ausfall im Portfolio gleichartig ersetzt. In der englischsprachigen Literatur wird diese Annahme auch *life-death-life*-Modell genannt. Dann ist auch N der Wert eines Erneuerungsprozesses aus Definition 1.24 nach einem Jahr. Die Approximation nutzte bereits die Herleitung der Fundamentalformel (Satz 4.4).

Betrachten wir nun nicht nur, *ob* ein Schuldner ausfällt, sondern auch den dadurch entstehenden Verlust des in Abschn. 4.2.2 eingeführten Engagements. Es sei auch hier darauf hingewiesen, dass der Ausfall nur näherungsweise ein Ereignis ist. Im Fall des Ausfalls eines Schuldners kommt es, etwa bedingt durch die Länge eines Insolvenzverfahrens, nicht zwangsläufig zu einem vollständigen Verlust des Engagements. Wir wollen das Engagement hier aber a priori bekannt, also als fest, annehmen. Für eine Einbeziehung sogenannter notleidender Kredite, also mit zufälligem Ausfallbetrag, in das Portfoliokreditrisiko siehe z. B. Tasche (2004) und Weißbach und von Lieres und Wilkau (2010).

Wie bei der Verlustanzahl wollen wir auch den Gesamtverlust als diskretes Merkmal modellieren. Bezeichne das Engagement bei Schuldner A mit ν_A, dann ist der Verlust über den betrachteten Zeitraum

$$L := \sum_{A \in \mathcal{A}} \mathbb{1}_{\{\text{Schuldner A fällt aus}\}} \cdot \text{Engagement bei Schuldner A}$$
$$= \sum_{A \in \mathcal{A}} \mathbb{1}_A v_A. \tag{5.4}$$

Wir teilen nun die Schuldner in m disjunkte Gruppen gleicher (oder ungefähr gleicher) Engagementhöhe ein:

$$\mathcal{I}_j := \{A \in \mathcal{A} : v_A \approx v_j\}$$

Wir drücken nun alle Verluste in der Einheit l aus, also z. B. in 1000 €. Die Gruppe j, $j \in \{1, \ldots, m\}$, hat nun ein (repräsentatives) Engagement $l_j = v_j l$. Mitunter wird $v_j = j$ sein. Die Gruppe hat einen erwarteten Verlust von $\lambda_j := \varepsilon_j l$, woraus sich eine erwartete Anzahl von Ausfällen ergibt:

$$\mu_j := \frac{\lambda_j}{l_j} = \frac{\varepsilon_j}{v_j}$$

Satz 5.1 *Die PGF des Portfolioverlusts ist*

$$G(z) = \exp\left(-\mu + \sum_{j=1}^{m} \mu_j z^{v_j}\right), \tag{5.5}$$

und hängt wegen $\mu_j = \varepsilon_j / v_j$ ausschließlich von den Engagementhöhen der Gruppen v_j und den erwarteten Verlusten pro Gruppe ε_j ab.

Beweis (Poisson-Annahme für klassifizierte Engagementhöhen). Der verfolgte Ansatz ist Bestandteil des Modells CreditRisk+ (siehe Credit Suisse First Boston (CSFB) 1997, mathematischer Appendix). Wir nehmen für die Anzahl der Ausfälle in Gruppe j eine Poisson-Verteilung an, die somit den Parameter μ_j hat. Der Verlust für die Gruppe j kann nur ein Vielfaches von v_j sein. Die PGF des Verlusts in der Gruppe ist, wegen der Reihendarstellung der Exponentialfunktion (1.8):

$$G_j(z) = \sum_{n=0}^{\infty} P(\text{n Ausfälle in Gruppe j}) z^{nv_j}$$
$$= \sum_{n=0}^{\infty} \frac{e^{-\mu_j} \mu_j^n}{n!} z^{nv_j} = e^{-\mu_j + \mu_j z^{v_j}}$$

Die Ausfälle in den Gruppen summieren sich zu den Ausfällen im Portfolio. Die erwartete Gesamtanzahl an Ausfällen in $\mathcal{A}$ ist somit $\mu := \sum_{j=1}^{m} \mu_j$. Da alle Ausfälle als unabhängig voneinander angenommen werden, sind nicht nur die Ausfallanzahlen der Gruppen voneinander unabhängig, sondern auch die Gruppenverluste. Wegen Lemma 1.3 berechnet sich die PGF des Portfolioverlusts als Produkt der PGF für die Verluste pro Gruppe:

5.2 Portfoliokreditrisiko

$$G(z) = \prod_{j=1}^{m} G_j(z) = \prod_{j=1}^{m} e^{-\mu_j + \mu_j z^{\nu_j}}$$

□

Beispiel 32 Sei die Verlusteinheit $l = 10^3$ (also 1000 €) und betrachte die Gruppe j aller Schuldner mit Engagement $l_j = 500 \cdot 10^3$ bzw. in Verlusteinheiten $\nu_j = 500$. Sei nun der erwartete Verlust in der Gruppe $\lambda_j = 200 \cdot 10^2$ €, d. h. $\varepsilon_j = 20$ Einheiten. Die Anzahl erwarteter Ausfälle in der Gruppe ist

$$\mu_j = \frac{20.000 \, €}{500.000 \, €} = \frac{20}{500} = 0{,}04.$$

Im Schnitt fällt alle 25 Jahre ein Schuldner in der Gruppe aus. Damit ist die PGF der Verluste

$$G_j(z) = e^{-0{,}04 + 0{,}04 \cdot z^{500}}.$$

Beweis (Linearisierung des Logarithmus). Wir berechnen zunächst die PGF für den Einzelverlust des Schuldners A als

$$G_A(z) = (1 - p_A) + p_A z^{\nu_A} = 1 + p_A (z^{\nu_A} - 1). \tag{5.6}$$

Wegen der Unabhängigkeit und Lemma 1.3 folgt die PGF des Portfolioverlusts aus denen der Einzelverlusten:

$$G(z) = \prod_{A \in \mathcal{A}} G_A(z) = \prod_{A} [1 + p_A (z^{\nu_A} - 1)]$$

Wir können die Funktion $G(\cdot)$ schreiben als

$$G(z) = \exp \sum_{A} \log[1 + p_A (z^{\nu_A} - 1)] \approx \exp \sum_{A} p_A (z^{\nu_A} - 1), \tag{5.7}$$

wobei wir wieder die Approximation $\log(1 + x) \approx x$, die für x nahe null gilt, benutzen. Für $A \in \mathcal{I}_j$ ist $\nu_A \approx \nu_j$ und damit $z^{\nu_A} \approx z^{\nu_j}$, woraus folgt:

$$\sum_{A \in \mathcal{I}_j} p_A z^{\nu_A} \approx z^{\nu_j} \sum_{A \in \mathcal{I}_j} p_A = \mu_j z^{\nu_j}$$

$$\Rightarrow \sum_{A \in \mathcal{A}} p_A z^{\nu_A} = \sum_{j=1}^{m} \sum_{A \in \mathcal{I}_j} p_A z^{\nu_A} = \sum_{j=1}^{m} \mu_j z^{\nu_j}$$

Wegen der Definition von μ und nach Anwendung der Exponentialfunktion gleicht (5.7) der Darstellung (5.5). □

Aus der PGF (5.5) können nun mit Lemma 1.2 die Ausfallwahrscheinlichkeiten p_n je Verlusthöhe n – in Einheiten l – abgeleitet werden:

$$p_n := P(L = n) = \frac{1}{n!} \frac{d^n G(z)}{dz^n} \bigg|_{z=0}.$$

Leicht umgestellt lautet die Produktregel für höhere Ableitungen (auch Satz von Leibniz genannt)

$$\frac{d^m}{dz^m}(fg)(z) = \sum_{k=0}^{m} \binom{m}{k} \frac{d^{m-k}}{dz^{m-k}} f(z) \frac{d^k}{dz^k} g(z).$$

In den Rollen von $n-1$ als m, $G(z)$ als $f(z)$ und $\frac{d}{dz} \sum_{j=1}^{m} \mu_j z^{\nu_j}$ als $g(z)$ ist also nach Anwendung der Kettenregel:

$$\frac{1}{n!} \frac{d^n G(z)}{dz^n} = \frac{1}{n!} \frac{d^{n-1}}{dz^{n-1}} \left(G(z) \frac{d}{dz} \sum_{j=1}^{m} \mu_j z^{\nu_j} \right)$$

$$= \frac{1}{n!} \sum_{k=0}^{n-1} \binom{n-1}{k} \frac{d^{n-k-1}}{dz^{n-k-1}} G(z) \frac{d^{k+1}}{dz^{k+1}} \left(\sum_{j=1}^{m} \mu_j z^{\nu_j} \right)$$

Nun ist

$$\frac{d^{k+1}}{dz^{k+1}} \left(\sum_{j=1}^{m} \mu_j z^{\nu_j} \right) \bigg|_{z=0} = \begin{cases} \mu_j (k+1)! & \text{falls } k+1 = \nu_j \text{ für ein } j \\ 0 & \text{sonst} \end{cases}$$

und nach Lemma 1.2

$$\frac{d^{n-k-1} G(z)}{dz^{n-k-1}} \bigg|_{z=0} = (n-k-1)! p_{n-k-1}.$$

Also ist

$$p_n = \sum_{\left\{ (k,j): k \leq n-1 \wedge k = \nu_j - 1 \atop \text{für ein } j \right\}} \frac{1}{n!} \binom{n-1}{k} (k+1)!(n-k-1)! \mu_j p_{n-k-1}$$

$$= \sum_{\{j: \nu_j \leq n\}} \frac{\mu_j \nu_j}{n} p_{n-\nu_j} = \sum_{\{j: \nu_j \leq n\}} \frac{\varepsilon_j}{n} p_{n-\nu_j}, \quad (5.8)$$

wegen $\varepsilon_j = \mu_j \nu_j$. Einsetzen in (5.5) ergibt als Startwert $p_0 = G(0) = e^{-\mu}$.

5.2.2 Strukturelles Modell

Statt eine Poisson-Verteilung für die Ausfallanzahl anzunehmen, kann auch das Merton-Modell für die Modellierung *eines* Ausfalls aus Abschn. 4.3.4 erweitert werden. Die ökonomische Modellierung des Anlagenwerts einer Firma als Brown'scher Bewegung (siehe Definition 1.12) wurde dort mit dem Ziel der PD-Schätzung vorgestellt. Sie soll nun für ein Kreditportfoliomodell genutzt werden, das nicht (erst) beim sprunghaften Ausfallereignis mit der Modellierung beginnt. Unter dem Namen CreditMetrics haben Gupton et al. (1997) den Ansatz bekannt gemacht. Das Modell liefert laut Gordy (2000) vergleichbare Ergebnisse wie das mit Abschn. 5.2.1 begonnene CreditRisk+.

In einer Firmenbilanz ist der Wert des Hauses aus Beispiel 31 vergleichbar mit den *Aktiva* (engl. *assets*) und der Wert der Schuld vergleichbar mit den (kurzfristigen) Verbindlichkeiten, dem Fremdkapital, der Passivseite (engl. *[short term] liabilities*). Etwas allgemeiner als Abschn. 4.3.4 sprechen wir von einem Ausfall, falls der Wert der Aktiva V_T kleiner ist als der Wert der Verbindlichkeiten F_T. In einem Einperiodenmodell ist der Ausfall durch Überschuldung dann gegeben durch

$$\Delta V_T < F_t - V_t + \Delta F_T, \tag{5.9}$$

denn im Endzeitpunkt der Betrachtung T liegt ein Ausfall vor, wenn $V_T < F_T \Leftrightarrow V_t + \Delta V_T < F_t + \Delta F_T$. Hier wird Δ wie in (1.13) definiert verwendet. Der Wertzuwachs der Aktiva reicht nicht aus, um die Neuverschuldung ΔF_t zu kompensieren, er liegt sogar um den positiven Wert $V_t - F_t$ darunter. Der positive Wert der Vorperiode, d. h. $V_t - F_t$, wurde „verbraucht".

Das heißt, die Rendite der Aktiva (engl. *asset return*) einer Firma, ΔV_T^i, unterschreitet eine (bekannte) Schwelle α_i. Bei Annahme einer geometrischen Brown'schen Bewegung (3.9) als Modell für den Anlagenwert ist $\Delta V_T^i \sim N(\mu_i, \sigma_i^2)$ (siehe Bluhm und Overbeck 2003). Nach Transformation ist die Rendite der Anlage für Firma i

$$\Delta \tilde{V}_T^i \sim N(0, 1). \tag{5.10}$$

Die Ausfallswahrscheinlichkeit der Firma i über das betrachtete Zeitintervall stellt sich also dar als:

$$PD = P(\Delta \tilde{V}_T^i \leq \alpha_i) = F_N(\alpha_i),$$

wobei $F_N(\cdot)$ die Verteilungsfunktion der $N(0, 1)$-Verteilung bezeichnet (siehe Bleymüller und Weißbach 2015a, Abschn. 10.30). Bei Kenntnis der PD kann also α_i ermittelt werden. (Der umgekehrte Schluss von α_i auf PD, kann mithilfe der Balance zwischen firmenspezifischer Verschuldungsstruktur und Aktivgeschäft, α_i, die aus der Bilanz zu entnehmen ist, gezogen werden.)

Die Verlustverteilung kann dann wie im Marktpreisrisiko mit einer Simulation ermittelt werden. Da in diesem Abschn. 5.2 noch keine Abhängigkeiten zwischen den Ausfällen der

Schuldner modelliert werden, reichen unabhängige Ziehungen aus einer univariaten Normalverteilung (und Multiplikation der Ausfallindikatoren mit dem jeweiligen Engagement) wie in Abschn. 1.1.1 und 5.1 beschrieben.

Mit diesem Ansatz lassen sich auch Ratingänderungen als Kreditereignisse modellieren. Mit der Ratingänderung geht insofern ein Kreditrisiko einher, als dass sich der Kreditrisikoaufschlag in der Fundamentalbewertungsformel (4.4) sprunghaft erhöht und damit der Wert zukünftiger Zahlungen sprunghaft verringert.

Einer graduellen Annäherung des Anlagenwerts an die Höhe der Verbindlichkeiten in T entsprechen Intervalle der Normalverteilung. Deren Wahrscheinlichkeiten korrespondieren einerseits mit Ratingmigrationswahrscheinlichkeiten und andererseits in der Bewertungsformel (4.4) mit kumulativen Intensitäten. Es gibt eine Version von CreditMetrics, die dem graduellen Ausfall Rechnung trägt und auf diesen Intensitäten basiert (siehe McNeil et al. 2005, Abschn. 8.2.4).

5.2.3 Asymptotische Approximationen

Das Ziel dieses Abschnitts ist wieder die Berechnung der Verlustverteilung für ein Kreditportfolio und insbesondere des VaR, d. h. des $1 - \alpha$-Quantils der Verlustverteilung. Während Abschn. 5.2.1 auf eine algorithmische Lösung (5.8) hinauslief und vorangegangener Abschn. 5.2.2 verdeutlicht hat, dass zusätzliche, strukturelle Information schnell eine Computersimulation nötig macht, soll hier umgekehrt eine analytische Darstellung angestrebt werden. Die Approximierbarkeit der Poisson-Verteilung durch die Normalverteilung bei einem hinreichend großen Portfolio, d. h. konkret, wenn die erwartete Anzahl an Ausfällen pro Gruppe $\mu_j > 9$ ist (siehe Bleymüller und Weißbach 2015a, Abb. 11.3), zusammen mit der Reproduktionseigenschaft der Normalverteilung, lässt eine vereinfachte Berechnung erhoffen. Zur Annahme, dass alle Schuldner stochastisch unabhängig voneinander ausfallen, wollen wir nun auch noch annehmen, dass die Ausfallzeitpunkte in Gruppe j die gleiche Verteilung, also auch dieselbe PD_{1j}, haben. Die Einteilung des Portfolios in Gruppen geschieht somit in diesem Abschnitt nicht nur wie in Abschn. 5.2.1 entlang gleicher Engagements, sondern auch noch entlang von Ratingklassen.

Wie in Abschn. 4.1 die Frage, ob ein Schuldner binnen eines Jahres ausfällt, auf einen allgemeinen Ausfallzeitpunkt erweitert wurde, soll hier die Beschränkung auf *einen*, typischerweise einjährigen Risikohorizont der beiden vergangenen Abschnitte erweitert werden auf einen beliebigen Risikohorizont t.[3]

---

[3] Auf eine gesonderte Ausweisung der Zeit t als Risikohorizont, etwa mittels Index h wie in Abschn. 3.3.1, wird hier wegen des fehlenden Verwechslungspotenzials verzichtet.

5.2 Portfoliokreditrisiko

Die Verteilung der Verlustanzahl

Wir wollen wie im vorangegangenen Abschnitt mit der Modellierung der Anzahl an Ausfällen beginnen. Einfacher als dort wollen wir hier für alle Schuldner eine identische Ausfallwahrscheinlichkeit annehmen. Für ein Portfolio $\mathcal{A}$ aus n Schuldnern und ausgehend von einem (kalendarischen) Betrachtungszeitpunkt messe t die Zeit und E_A die Dauer des Schuldners A bis zum Ausfall mit Verteilung $F(t)$. Wie in Abschn. 4.3.1 gebe es eine Abzählung $i = 1, \ldots, n$ der Schuldner, und somit sind die Ausfallzeiten seit dem Betrachtungszeitpunkt E_i. Es bezeichne, in Erweiterung der Notation aus Abschn. 5.2.1, $\mathbb{1}_{\{E_i \leq t\}}$ das Ausfallereignis bis t pro Schuldner.

Satz 5.2 *Sei das obere α-Quantil der Standardnormalverteilung mit $u_{1-\alpha}$ bezeichnet. Dann ist das $1 - \alpha$-Quantil der Ausfallanzahl, abhängig vom Risikohorizont t, ungefähr*

$$u_{1-\alpha} \sqrt{F(t)} \sqrt{n} + nF(t). \tag{5.11}$$

Bemerke, dass hier im Gegensatz zu Abschn. 3.3 der Verlust positiv definiert ist. Wir geben zwei Beweisskizzen an, die beide, in Erweiterung von (5.3), mit $N_t = \sum_{i=1}^{n} \mathbb{1}_{\{E_i \leq t\}}$ Ausfälle zählen (siehe (4.25)).

Beweis (gleichmäßig). Bis t noch nicht ausgefallene Schuldner zählt $Y_t = \sum_{i=1}^{n} \mathbb{1}_{\{E_i \geq t\}}$ (siehe 4.26).[4] Der Anteil der Schuldner, die in t nicht mehr unter Risiko stehen,

$$1 - \frac{Y_t}{n} = \frac{1}{n} \sum_{i=1}^{n} \mathbb{1}_{\{E_i < t\}},$$

ist die linksstetige Version der empirischen Verteilungsfunktion $F_n(t)$ (siehe Bleymüller und Weißbach 2015a, Abschn. 2.2). Nehmen wir, wie im vorangegangenen Abschnitt, die Unabhängigkeit der Ausfälle an, nähert $F_n(t)$ sich für größer werdendes n der Verteilungsfunktion $F(t)$ an (nach dem Satz von Gliwenko-Cantelli fast sicher). Es konvergiert also der Anteil der Schuldner unter Risiko fast sicher ($f.s.$) gegen die Überlebensfunktion, $Y_t/n \longrightarrow 1 - F(t)$. Wegen (1.17) gilt für den Kompensator von N_t:

$$\frac{\Lambda_t}{n} = \frac{\int_0^t Y_s h(s) ds}{n} \xrightarrow{f.s.} \int_0^t [1 - F(s)] h(s) ds = \int_0^t f(s) ds, \tag{5.12}$$

wegen $h(s) = f(s)/[1 - F(s)]$. Bei konstanter Hazardrate ist der Kompensator also für große Portfolios wegen (4.4) ungefähr $\Lambda_t = n(1 - (1 - PD_1)^t)$. Für große n ist der Pfad von $N_t/\sqrt{n}$ approximativ glatt. Für den vorhersagbaren Variationsprozess ist wegen (1.20) $\langle M_t \rangle / n = \Lambda_t / n$ und entspricht folglich ungefähr $F(t) = 1 - (1 - PD_1)^t$, also einer

---
[4]Auf die Kennzeichnung von N_t und Y_t mittels einer Tilde zur Abgrenzung von der Definition des Sprungprozesses aus Definition 1.21 wird hier, anders als bei (4.25) und (4.26), verzichtet.

deterministischen, glatten Funktion. Der einzige stochastische Prozess mit glattem Pfad und deterministischer Varianzfunktion ist der Gauß-Prozess (siehe Andersen et al. 1993, Abschn. II.1). Also ist Martingal M_t (siehe 4.27) geteilt durch $\sqrt{n}$ asymptotisch ein Gauß-Prozess mit Varianzfunktion $F(t)$. Bezüglich seiner Varianzfunktion ist der Gaußprozess eine Standard-Brown'sche Bewegung der Definition 1.12. Für einen zentralen Gauß-Prozess mit Varianzfunktion $F(t)$ (siehe Kommentar nach Definition 1.12) gilt, dass der Zuwachs zwischen null und t, und damit der Wert in t, die Verteilung $N[0, F(t) - F(0)]$ hat. Also ist

$$P\left(\frac{\frac{1}{\sqrt{n}}[(N_t - \Lambda_t) - (N_0 - \Lambda_0)]}{\sqrt{F(t) - F(0)}} \geq u_{1-\alpha}\right) \approx \alpha.$$

Im Zähler sind N_0 und Λ_0 (fast sicher) null und $\Lambda_t/n \approx F(t)$. Im Nenner fällt $F(0) = 0$ weg. Dass die Hazardraten konstant sind, wird nicht gebraucht. □

Beweis (punktweise). Für das Mittel von Bernoulli-Variablen

$$\mathbb{1}_{\{\tau_i \leq t\}} \sim B[F(t)]$$

folgt mit dem Satz von De Moivre-Laplace (siehe z. B. Shiryaev 1996, S. 62)

$$\frac{L_t - nF(t)}{\sqrt{n}\sqrt{F(t)}} \stackrel{F(t)^2 \approx 0}{\approx} \frac{L_t - nF(t)}{\sqrt{n}\sqrt{F(t)(1-F(t))}} \stackrel{d}{\longrightarrow} N(0,1)$$

$$\Leftrightarrow P(L_t \geq u_{1-\alpha}\sqrt{F(t)}\sqrt{n} + nF(t)) \approx \alpha.$$

Dabei ist L_t der Verlust, wobei die Notation (5.4) nun um einen beliebigen Verlusthorizont t ergänzt werden kann. □

Korollar 5.1 *Beträgt das Engagement des Gläubigers bei jedem Schuldner eine Geldeinheit, dann stellt (5.11) das Value-at-Risk des Kreditportfolios dar. Da natürlich die erwartete Verlustanzahl* $E(N_t) = nF(t)$ *ist, wäre das ökonomische Kapital eines Portfolios bei konstanten Hazardraten*

$$EC_{t,\alpha} = u_{1-\alpha}\sqrt{1-(1-PD_1)^t}\sqrt{n}.$$

Die Berry-Esséen-Ungleichung impliziert aber, dass die Asymptotik für kleine $F(t)$, d. h. für kurze Horizonte t oder bei guter Bonität der Schuldner, langsam ist (siehe Shiryaev 1996, S. 63) und für kleine n die Approximation eventuell mäßig. Die lange Variante des Beweises erscheint unnötig. Wir werden nun aber sehen, dass sie sich leicht auf unterschiedliche PD_1 je Schuldner und ein allgemeines Engagement, also nicht nur einer Geldeinheit, verallgemeinern lässt.

5.2 Portfoliokreditrisiko

Verteilung des Verlusts

In Erweiterung der Verlustdarstellung (5.4) ist

$$L_t := \sum_{A \in \mathcal{A}} v_A \mathbb{1}_{\{E_A \leq t\}}. \tag{5.13}$$

Jeder Schuldner falle nun in eine von $j = 1, \ldots, J$ Gruppen, die durch das Kreuzprodukt aus Exposure- und Ratingklassen entsteht, sodass sich die Ausfallzeiten schreiben lassen als E_{ij}, $i = 1, \ldots, n_j$ mit Hazardrate der jeweiligen Klasse $h_j(\cdot)$ und insbesondere Einjahresausfallwahrscheinlichkeit PD_{1j}. Die Engagements werden als v_{ij} dargestellt. Für die Ausfallanzahl wurde die Verteilung wegen der asymptotischen Normalität des Anteils identisch verteilter Indikatorvariablen darstellbar. Nun ist der Verlust eine gewichtete Summe, deren Summanden nicht mehr identisch verteilt sind. Es bedarf einer Lindeberg-Bedingung.

Lemma 5.1 *Sind die Hazardraten der Ausfallzeitpunkte konstant, dann ist der Kompensator von L_t asymptotisch $\Lambda_t \approx \sum_{j=1}^{J}(1 - (1 - PD_{1j})^t) \sum_{i=1}^{n_j} v_{ij}$.*

Beweis Der Kompensator von L_t berechnet sich zunächst, ohne gesonderte Notation der noch nicht ausgefallenen Schuldner pro Gruppe, wie in (5.12) als

$$\Lambda_t = \sum_{j=1}^{J} \int_0^t \sum_{i=1}^{n_j} v_{ij} \mathbb{1}_{\{E_{ij} \geq s\}} h_j(s) ds. \tag{5.14}$$

Damit genügt L_t auch nicht der Definition 1.27 eines Zählprozesses mit multiplikativer Intensität. Seien X_i, $i = 1, \ldots, n$, unabhängige und identische verteilte Bernoulli-Variablen mit gleicher Ausfallwahrscheinlichkeit p. Seien die Gewichte $a_i \in \mathbb{R}^+$, $i = 1, \ldots, n$, mit $\sum_{i=1}^{n} a_i = 1$, nicht zu unterschiedlich. Genauer gelte

$$Var\left(\sum_{i=1}^{n} a_i X_i\right) = \sum_{i=1}^{n} a_i^2 p(1-p) \longrightarrow 0,$$

dann folgt in Wahrscheinlichkeit $\sum_{i=1}^{n} a_i X_i \longrightarrow p$. Definiere nun

$$a_i := \frac{v_{ij}}{\sum_{i=1}^{n_j} v_{ij}} \quad \text{und} \quad X_i := \mathbb{1}_{\{E_{ij} \geq s\}} \sim B[1 - F_j(s)],$$

dann ist für großes n_j

$$\sum_{i=1}^{n_j} v_{ij} \mathbb{1}_{\{E_{ij} \geq s\}} \approx \sum_{i=1}^{n_j} v_{ij}[1 - F_j(s)], \tag{5.15}$$

wobei bei konstanter Hazardrate $1 - F_j(s) = (1 - PD_{1j})^s$ ist. Es folgt wegen $[1 - F_j(s)]h_j(s) = f_j(s)$, dass

$$\int_0^t \sum_{i=1}^{n_j} v_{ij} \mathbb{1}_{\{E_{ij} \geq s\}} h_j(s) ds \xrightarrow{n_j \to \infty} \sum_{i=1}^{n_j} v_{ij}(1 - (1 - PD_{1j})^t).$$

□

Satz 5.3 *Das Value-at-Risk des Kreditportfolios mit Verlust L_t ist*

$$VaR_{t,\alpha} = u_{1-\alpha} \sqrt{\sum_{j=1}^{J}(1 - (1 - PD_{1j})^t) \sum_{i=1}^{n_j} v_{ij}^2 + \sum_{j=1}^{J}(1 - (1 - PD_{1j})^t) \sum_{i=1}^{n_j} v_{ij}}.$$

Beweis Der vorhersagbare Variationsprozess $\langle M \rangle_t$ ist, wie in Abschn. 1.3.3 erläutert, der Kompensator des quadrierten kompensierten Verlustprozesses $M_t^2 = (L_t - \Lambda_t)^2$. Da, wie oben bemerkt, L_t kein Zählprozess mit multiplikativer Intensität ist, kann nicht (1.20) zur Berechnung von $\langle M \rangle_t$ angewendet werden. Es ist wegen (1.12) $E(dM_t^2|\mathcal{F}_{t-}) = E[(dM_t)^2|\mathcal{F}_{t-}]$. Nun ist dM_t eine multinomiale Zufallsvariable mit (bis t bekannten) Werten in

$$\{v_{ij}\mathbb{1}_{\{E_{ij} \geq t\}} - d\Lambda_t, i = 1, \ldots, n_j, j = 1, \ldots, J, -d\Lambda_t\}.$$

Insbesondere ist sie $-d\Lambda_t$ für $dL_t = 0$. (Wie bei der Definition eines Erneuerungsprozesses nehmen wir an, dass der Verlustprozess in einem Intervall der Länge dt nur einmal springen kann.) Wir nehmen ferner an, dass die v_{ij} keine Bindungen enthalten. Wieder wegen (1.12) ist $d\langle M \rangle_t = E[(dM_t)^2|\mathcal{F}_{t-}]$ und damit ist (siehe auch Abb. 5.2)

$$d\langle M \rangle_t = \sum_{j=1}^{J} \sum_{i=1}^{n_j} (v_{ij} - d\Lambda_t)^2 P(dL_t = v_{ij}|\mathcal{F}_{t-})\mathbb{1}_{\{E_{ij} \geq t\}}$$
$$+ (-d\Lambda_t)^2 P(dL_t = 0|\mathcal{F}_{t-})$$
$$\approx \sum_{j=1}^{J} \sum_{i=1}^{n_j} (v_{ij} - d\Lambda_t)^2 h_j(t) dt \mathbb{1}_{\{E_{ij} \geq t\}},$$

weil für $E_{ij} \geq t$

$$P(dL_t = v_{ij}|\mathcal{F}_{t-}) = P(E_{ij} \in [t, t+dt[\,|E_{ij} \geq t) = h_j(t)dt$$

und wegen der Glattheit aus Lemma 5.1 $(d\Lambda_t)^2 \approx 0$ ist. (Würde man die Forderung nach Bindungsfreiheit der v_{ij} aufgeben, müssten an dieser Stelle alle noch solventen Schuldner mit gleichem Engagement zusammengefasst werden.)

Wieder mit $(d\Lambda_t)^2 \approx 0$ und der Definition von Λ_t aus (5.14) erhalten wir:

5.2 Portfoliokreditrisiko

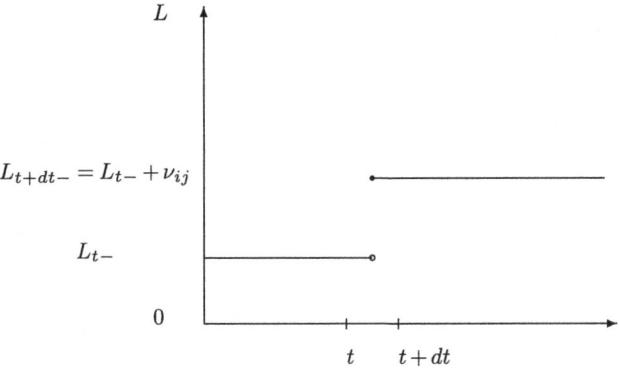

Abb. 5.2 Ausschnitt aus Pfad des Portfolioverlusts für den Fall eines Sprunges zwischen t und $t+dt$

$$d\langle M\rangle_t \approx \sum_{j=1}^{J}\sum_{i=1}^{n_j}\left(v_{ij}^2 - 2v_{ij}\sum_{j=1}^{J}\sum_{i=1}^{n_j} v_{ij}\mathbb{1}_{\{E_{ij}\geq t\}}h_j(t)dt\right)h_j(t)dt\mathbb{1}_{\{E_{ij}\geq t\}}$$

Wenn wir die Terme der Ordnung $(dt)^2$ ignorieren, bekommen wir

$$d\langle M\rangle_t \approx \sum_{j=1}^{J} h_j(t)dt \sum_{i=1}^{n_j} v_{ij}^2 \mathbb{1}_{\{E_{ij}\geq t\}}.$$

Bemerke, dass sich für nur einen Schuldner der Prozess $\langle M\rangle_t$ im Falle nur einer Gruppe und $v_{ij}=1$ zu (1.17) vereinfacht.

Wir wollen nun den gedämpften Verlustprozess $L_t/\sqrt{n}$ betrachten, wobei $n=\sum_{j=i}^{J} n_j$ die Anzahl aller Schuldner bezeichnet. Die Zuwächse von dessen Variationsprozess sind dann

$$\frac{d\langle M\rangle_t}{n} \approx \sum_{j=1}^{J} h_j(t)dt \left(\frac{1}{n}\sum_{i=1}^{n_j} v_{ij}^2 \mathbb{1}_{\{E_{ij}\geq t\}}\right).$$

Wie bei (5.15) ist dann

$$\sum_{i=1}^{n_j} v_{ij}^2 \mathbb{1}_{\{E_{ij}\geq t\}} \xrightarrow{n_j\to\infty} \sum_{i=1}^{n_j} v_{ij}^2[1-F_j(t)]$$

und damit

$$\frac{\langle M \rangle_t}{n} \xrightarrow{n \to \infty} \sum_{j=1}^{J} \int_0^t h_j(s) \left(\frac{1}{n} \sum_{i=1}^{n_j} v_{ij}^2 [1 - F_j(s)] \right) ds$$

$$= \sum_{j=1}^{J} F_j(t) \frac{1}{n} \sum_{i=1}^{n_j} v_{ij}^2 = \frac{1}{n} \sum_{j=1}^{J} (1 - (1 - PD_{1j})^t) \sum_{i=1}^{n_j} v_{ij}^2. \quad (5.16)$$

Man bemerke, dass wir bei der gesamten Betrachtung $1 - (1 - PD_{1j})^t$ durch $1 - \exp(-\int_0^t h_j(s)ds)$ ersetzen können, um eine allgemeine Hazardrate anzunehmen. Wenn wir wieder annehmen, dass jedes Engagement eins sei, reduziert sich $\sum_{i=1}^{n_j} v_{ij}^2/n$ zu eins. Bei allgemeiner Betrachtung wollen wir annehmen, dass die Engagementhöhen bei steigendem Stichprobenumfang nicht zu stark zunehmen $\sum_{i=1}^{n_j} v_{ij}^2/n \longrightarrow a_j$, für $0 < a_j < \infty$.

Korollar 5.2 *Asymptotisch ist der vorhersagbare Variationsprozess von $L_t/\sqrt{n}$ deterministisch und glatt, sodass der Grenzprozess wieder ein Gauß-Prozess mit Varianzfunktion $v(t) := \sum_{j=1}^{J} (1 - (1 - PD_{1j})^t) a_j$ ist.*

Wir haben wieder

$$P\left(\frac{\frac{1}{\sqrt{n}}[(L_t - \Lambda_t) - (L_0 - \Lambda_0)]}{\sqrt{v(t) - v(0)}} \geq u_{1-\alpha} \right) \approx \alpha,$$

was auch für $\hat{v}(t) := \sum_{j=1}^{J} (1 - (1 - PD_{1j})^t) \frac{1}{n} \sum_{i=1}^{n_j} v_{ij}^2$ mit dem Satz von Slutzky gilt. □

Korollar 5.3 *Der erwartete Verlust ist nun $E(L_t) = \sum_{j=1}^{J} \sum_{i=1}^{n_j} (1 - (1 - PD_{1j})^t) v_{ij}$, sodass das ökonomische Kapital asymptotisch in geschlossener Form gegeben ist als:*

$$EC_{t,\alpha} = u_{1-\alpha} \sqrt{\sum_{j=1}^{J} (1 - (1 - PD_{1j})^t) \sum_{i=1}^{n_j} v_{ij}^2}$$

5.2.4 Abhängigkeiten und ihre Modellierung

Ausgangspunkt der vergangenen Abschn. 5.2.1 bis 5.2.3 war die Subadditivität. Risikomaße für einzelne Geschäfte brauchen wegen der Diversifikation nicht addiert zu werden, um ein Risikomaß für das Portfolio zu definieren (siehe (5.1)). Zur Berechnung eines (subadditiven) Risikomaßes haben wir bisher angenommen, dass Ausfälle voneinander (paarweise) stochastisch unabhängig sind. Das ist aus Gründen gemeinsamer Einflüsse sowie gegenseitiger Beeinflussungen sicherlich unzutreffend, und wir haben das Diversifikationspotenzial erheblich überschätzt. Mit der Varianz als einfachem Maß für das Risiko ist klar, dass die Varianz einer Summe nicht die Summe der Varianzen ist. Um das Diversifikationspotenzial richtig abzubilden, muss bei positiver Korrelation zwischen zwei Ausfällen, die Summe der Varianzen bekanntermaßen um das Doppelte der Kovarianz vergrößert werden (siehe Bleymüller und Weißbach 2015a, Tab. 8.8).

Im Kreditrisikokontext wollen wir die Abhängigkeiten der Bernoulli-verteilten Ausfallereignisse jetzt modellieren, d. h. insbesondere risikoerhöhend einbeziehen. Die Notwendigkeit der Risikoerhöhung fällt auch beim Poisson-Modell für die Ausfallanzahl N aus Abschn. 5.2.1 auf. Bei der Poisson-Verteilung sind Varianz und Erwartungswert gleich (siehe Lemma 1.14). Diese Gleichheit von Erwartungswert und Varianz lässt sich empirisch aber verwerfen, sodass Überdispersion modelliert werden muss (siehe z. B. Weißbach und Radloff 2018). Ferner ist für die Finanzwirtschaft neben der Variabilität der Verlustanzahl auch die der Verlusthöhe zu berücksichtigen. Eine Möglichkeit, die Unabhängigkeitsannahme der Ausfälle teilweise aufzugeben, besteht darin anzunehmen, dass die Verluste der einzelnen Schuldner von einem gemeinsamen Faktor abhängen. Ginge es nun nur um die Varianz, könnte man die Varianzanalyse nutzen (siehe Gouriéroux und Monfort 1995b, Eigenschaft B.18).

Lemma 5.2 *Für Zufallsvariablen Y und X gilt*

$$Var(Y) = E[Var(Y|X)] + Var[E(Y|X)]. \tag{5.17}$$

Beweis Mit dem Satz vom iterierten Erwartungswert (siehe z. B. Bickel und Doksum 2007, (B.1.20) für diskrete Zufallsvariablen) gilt

$$\begin{aligned} Var(Y) &= E(Y^2) - [E(Y)]^2 = E[E(Y^2|X)] - \{E[E(Y|X)]\}^2 \\ &= E[E(Y^2|X)] - E[E(Y|X)^2] + E(E(Y|X)^2) - \{E[E(Y|X)]\}^2 \\ &= E[Var(Y|X)] + Var[E(Y|X)]. \end{aligned}$$

$\square$

Konkret werden wir die Annahme deterministischer (also über die Zeit konstanter) Ausfallwahrscheinlichkeiten fallenlassen und annehmen, dass diese von einem (oder mehreren) gemeinsamen zufälligen Faktor(en) abhängen.

Im Verlustmodell auf Basis der Poisson-Verteilung

Betrachte den Portfolioverlust L, definiert in (5.4), mit v_A als Engagement beim Schuldner A. Bezeichne nun μ_A die *zufällige* Ausfallwahrscheinlichkeit des Schuldners A mit $E\mu_A = p_A$. Das Modell für μ_A lautet mit Gewichten $w_{A,i}$

$$\mu_A = p_A \sum_{i=1,\dots,k} w_{A,i} X_i. \tag{5.18}$$

Häufig ist $w_{A,i} = 1$ für ein i, d. h., die Ausfallwahrscheinlichkeit hängt nur von einem (multiplikativen) Effekt ab, also einem Faktor, $\mu_A = p_A X_i$. Beispielsweise gehört der Schuldner zum Faktor i, wenn er ausschließlich eine Telekommunikationsfirma ist. Die Faktoren X_i müssen nun so gewählt sein, dass die Abhängigkeit des Ausfalls aller zu einem Faktor gehörenden Schuldner groß, die Abhängigkeit von zu unterschiedlichen Faktoren gehörenden Schuldnern aber klein ist. Mitunter bieten sich regionale Nähe (Land/Kontinent) oder sachliche Nähe (Branche) an. Internationaler Vernetzung oder einem diversifizierten Portfolio sollen die Gewichte $w_{A,i}$ Rechnung tragen. Es gilt $\sum_i w_{A,i} = 1$, für alle $A \in \mathcal{A}$. Nun ist die PGF aus Definition 1.1 der Verlustverteilung von A, also der Zufallsvariable $v_A \mathbb{1}_A$, bedingt auf die Ausfallwahrscheinlichkeit (5.6), wobei p_A durch μ_A zu ersetzen ist. Und bei bedingter Unabhängigkeit der Schuldnerausfälle ist die bedingte PGF des Gesamtverlusts L in (5.7) gegeben, wieder mit p_A als μ_A, und vereinfacht sich:

$$G(z)|_\mathbf{X} = \exp \sum_A \mu_A(z^{v_A} - 1) = \exp\left(\sum_i X_i \sum_A p_A w_{A,i}(z^{v_A} - 1)\right)$$

$$= \prod_i e^{X_i \sum_A p_A w_{A,i}(z^{v_A} - 1)} = \prod_{i=1}^k e^{X_i P_i(z)}$$

mit $P_i(z) := \sum_A p_A w_{A,i}(z^{v_A} - 1)$.

Eine Verteilungsannahme für die X_i, motiviert durch die Annahme der geometrischen Brown'schen Bewegung (3.9) der Firmenaktiva (siehe Abschn. 3.2), geben Bluhm und Overbeck (2003) an. Allerdings kann die resultierende Verteilung nicht geschlossen dargestellt werden. Die Gammaverteilung bietet sich für die Verteilung des zufälligen Faktors X_i an, weil sie positiv ist. Wir betrachten nun stellvertretend für nur einen Faktor i (unter Weglassen des Index) die Annahme $X \sim \Gamma(\alpha, \beta)$. Erwartungswert und Varianz stellen sich dar als $E(Z) = \alpha\beta$ und $Var(Z) = \alpha\beta^2$ (siehe Johnson et al. 1994, Kap. 17). Dass auch $X > 1/p_A$, also Ausfallwahrscheinlichkeiten über 1 modelliert werden, ist ein Approximationsfehler, der von der Größe der Varianz abhängt.

Lemma 5.3 *Habe der Faktor X für $x > 0$ die Dichte der Gammaverteilung $\Gamma(\alpha, \beta)$,*

$$f(x) = \left(\int_0^\infty e^{-\frac{x}{\beta}} x^{\alpha-1} dx\right)^{-1} e^{-\frac{x}{\beta}} x^{\alpha-1}.$$

Damit $E\mu_A = p_A$ ist, muss für alle i $EX_i = 1$, also $X \sim \Gamma(1/\sigma_i^2, \sigma_i^2)$ gelten. Dann ist die (unbedingte) PGF der Verteilung des Portfolioverlusts L bei Modell (5.18)

$$G(z) = \exp\left\{-\sum_{i=1}^k \frac{1}{\sigma_i^2} \log[1 - \sigma_i^2 P_i(z)]\right\}.$$

5.2 Portfoliokreditrisiko

Beweis Der Vorfaktor der Gammaverteilung kann als $[\beta^\alpha \Gamma(\alpha)]^{-1}$ mit der Gammafunktion (1.4) geschrieben werden. Substituiere nun $y = x/\beta$, dann ist (nun auch mit Weglassen des Index bei $P_i(z)$):

$$\begin{aligned}
\int_{\mathbb{R}^+} e^{xP(z)} f(x)dx &= \frac{1}{\beta^\alpha \Gamma(\alpha)} \int_{\mathbb{R}^+} e^{-x\left[\frac{1}{\beta} - P(z)\right]} x^{\alpha-1} dx \\
&\stackrel{subs.}{=} \frac{1}{\beta^\alpha \Gamma(\alpha)} \int_{\mathbb{R}^+} e^{-y} y^{\alpha-1} \frac{1}{\left[\frac{1}{\beta} - P(z)\right]^\alpha} dy \\
&\quad y := x\left(\frac{1}{\beta} - P(z)\right) \quad dx = \left(\frac{1}{\beta} - P(z)\right)^{-1} dy \\
&= \frac{1}{\Gamma(\alpha)} \frac{1}{[1 - \beta P(z)]^\alpha} \int_{\mathbb{R}^+} e^{-y} y^{\alpha-1} dy \\
&= \frac{1}{[1 - \beta P(z)]^\alpha} = \exp\left[\alpha \log\left(\frac{1}{1 - \beta P(z)}\right)\right].
\end{aligned}$$

Es folgt wegen des Satzes von Fubini, d. h. grob wegen $\int g(x_1)h(x_2)d(x_1, x_2) = \int h(x_2)$ $(\int g(x_1)dx_1)dx_2 = \int h(x_2)dx_2 \int g(x_1)dx_1$:

$$G(z) = \int_{(\mathbb{R}^+)^k} G(z) |_\mathbf{X} \, dP_\mathbf{X} = E(G(z) \mid \mathbf{X}) = \prod_{i=1}^{k} \int_{\mathbb{R}^+} e^{x_i P_i(z)} f_i(x_i) dx_i \qquad (5.19)$$

Setze nun $\alpha_i = 1/\sigma_i^2$ und $\beta_i = \sigma_i^2$. □

Nun müssen wir wieder die Ausfallwahrscheinlichkeit der einzelnen Verlusteinheit mit Lemma 1.2 für den Verlust als diskreter Zufallsvariabler ausrechnen. Die Rekursion aus Satz 5.4 heißt „Panjer-Rekursion" (Panjer und Willmot 1992) und ist in der Dokumentation von CreditRisk+® zu finden (siehe Credit Suisse First Boston (CSFB) 1997, mathematischer Appendix Formel (72)).

Satz 5.4 *Definiere für die numerische Prozedur* $A^{(1)}(z) := P_1'(z)$ *und* $B^{(1)}(z) := 1 - \sigma_1^2 P_1(z)$ *und sei für* $1 < i \leq k$

$$\begin{aligned}
A^{(i)}(z) &:= P_i'(z) \, B^{(i-1)}(z) + [1 - \sigma_i^2 P_i(z)] \, A^{(i-1)}(z) \\
B^{(i)}(z) &:= [1 - \sigma_i^2 P_k(z)] \, B^{(i-1)}(z).
\end{aligned}$$

Dann ist

$$\frac{A(z)}{B(z)} := \frac{A^{(k)}(z)}{B^{(k)}(z)},$$

ein Bruch aus Polynomen $A(z) := \sum_{\nu=0}^{r} a_\nu z^\nu$ und $B(z) := \sum_{\kappa=0}^{s} b_\kappa z^\kappa$ der Ordnungen r und s mit bekannten Koeffizienten. Die Wahrscheinlichkeitsfunktion des Portfolioverlusts L aus (5.4) bei Modell (5.18) mit unabhängig gammaverteilten Faktoren berechnet sich iterativ als

$$p_{i+1} = \frac{1}{b_0(i+1)} \left(\sum_{\nu=0}^{\min(r,i)} a_\nu p_{i-\nu} - \sum_{\kappa=1}^{\min(s,i)} b_\kappa (i - \kappa + 1) p_{i-\kappa+1} \right)$$

mit dem Startwert

$$p_0 = G(0) = \exp\left(\sum_{i=1}^{k} -\sigma_i^{-2} \log[1 - \sigma_i^2 P_i(0)] \right).$$

Beweis Betrachte die logarithmische Ableitung von $G(z)$,

$$\frac{d}{dz} \log[G(z)] = -\sum_{i=1}^{k} \frac{d}{dz} \frac{1}{\sigma_i^2} \log[1 - \sigma_i^2 P_i(z)] = \sum_{i=1}^{k} \frac{\frac{d}{dz} P_i(z)}{1 - \sigma_i^2 P_i(z)}. \quad (5.20)$$

Es ist die Summe rationaler Funktionen und deshalb selbst eine rationale Funktion. Genauer ist

$$\frac{A^{(i)}(z)}{B^{(i)}(z)} = \frac{P_i'(z)}{1 - \sigma_i^2 P_i(z)} + \frac{A^{(i-1)}(z)}{B^{(i-1)}(z)}$$

$$= \frac{P_i'(z)}{1 - \sigma_i^2 P_i(z)} + \sum_{l=1}^{i-1} \frac{P_l'(z)}{1 - \sigma_l^2 P_l(z)} = \sum_{l=1}^{i} \frac{P_l'(z)}{1 - \sigma_l^2 P_l(z)}.$$

Damit ist, für $i = k$, der Bruch der Polynome $A(z)$ und $B(z)$ aus der beschriebenen numerischen Prozedur die rechte Seite von (5.20). Auf der linken Seite ist $d \log[G(z)]/dz = G'(z)/G(z)$. Also ist

$$B(z) \left(\frac{d}{dz} G(z) \right) = G(z) A(z). \quad (5.21)$$

Betrachte $G(z) = \sum_{n=0}^{\infty} p_n z^n$ gemäß Definition 1.1, dessen Ableitung

$$\frac{d}{dz} G(z) = \sum_{n=1}^{\infty} n p_n z^{n-1} = \sum_{n=0}^{\infty} (n+1) p_{n+1} z^n$$

ergibt. Es folgt aus (5.21), dass

$$\left(\sum_{\kappa=0}^{s} b_\kappa z^\kappa \right) \left(\sum_{n=0}^{\infty} (n+1) p_{n+1} z^n \right) = \left(\sum_{n=0}^{\infty} p_n z^n \right) \left(\sum_{\nu=0}^{r} a_\nu z^\nu \right). \quad (5.22)$$

5.2 Portfoliokreditrisiko

Wegen der Cauchy-Produktformel (siehe Amann und Escher 2005, Theorem 8.11) ist die rechte Seite von (5.22) gleich

$$\sum_{i=0}^{\infty}\left(\sum_{\substack{n\geq 0 \\ 0\leq \nu \leq r \\ n+\nu=i}} a_\nu p_n\right) z^i = \sum_{i=0}^{\infty}\left(\sum_{\nu=0}^{\min(r,i)} a_\nu p_{i-\nu}\right) z^i.$$

Analog ist die linke Seite von (5.22) gleich

$$\sum_{i=0}^{\infty}\left(\sum_{\substack{n\geq 0 \\ 0\leq \kappa \leq s \\ n+\kappa=i}} b_\kappa(n+1) p_{n+1}\right) z^i = \sum_{i=0}^{\infty}\left(\sum_{\kappa=0}^{\min(s,i)} b_\kappa(i-\kappa+1) p_{i-\kappa+1}\right) z^i.$$

Aus dem Koeffizientenvergleich folgt für $i = 0, 1, 2, \ldots$

$$\sum_{\kappa=0}^{\min(s,i)} b_\kappa(i-\kappa+1) p_{i-\kappa+1} = \sum_{\nu=0}^{\min(r,i)} a_\nu p_{i-\nu}.$$

Nach Umstellung der Gleichung folgt das Gewünschte für $i = 0, 1, 2, \ldots$. □

Die Definitionslücke für $i = 0$, also p_1, in der Darstellung von p_{i+1} im Satz kann durch direktes Umstellen der letzten Gleichung im Beweis behoben werden. Das VaR kann nun als oberes α-Quantil der Verteilungsfunktion ermittelt werden (siehe Bleymüller und Weißbach 2015a, Abschn. 7.2). Für die Berechnung des ökonomischen Kapitals muss wie in Korollar 5.3 der erwartete Verlust abgezogen werden, der sich wegen

$$E(L) = E[E(L|\mathbf{X})] = E\left(\sum_A \nu_A\, E(\mathbb{1}_A \mid \mathbf{X})\right) = E\left(\sum_{A\in\mathcal{A}} \nu_A \mu_A\right)$$

$$= E\left(\sum_A \nu_A p_A \sum_{i=1}^{k} w_{A,i}\, X_i\right) = \sum_{A\in\mathcal{A}} \nu_A p_A \sum_{i=1,\ldots,k} w_{A,i}\, E(X_i)$$

und $E(X_i) = 1$ nicht ändert. Die Verteilung kann natürlich auch in einer Simulation ermittelt werden.

Dass die Faktoren $X_i, i = 1, \ldots, k$, unabhängig voneinander sind, ist unrealistisch. Bei korrelierten Faktoren lässt sich aber die PGF des Verlusts nicht mehr als Produkt univariater Integrale (5.19) ermitteln. Bürgisser et al. (1999) verwenden nur einen Faktor X, dessen Varianz σ_X^2 aber die der Verlustvarianzen mit dem Mehrfaktormodell mit Korrelationen besitzt.

1. Wir berechnen die Varianz des Mehrfaktormodells mit (5.17) unter Verwendung von Y als Gesamtverlust L und X als Konjunkturvariable $\mathbf{X} = (X_1, \ldots, X_k)$.
2. Wir berechnen die Varianz des Einfaktormodells mit derselben Formel.
3. Wir ermitteln σ_X^2 durch Gleichsetzung.

Da die Ausfallindikatoren $\mathbb{1}_A$ bedingt unabhängig Bernoulli-verteilt sind mit Parameter μ_A (siehe (5.18)), können wir für kleine Ausfallwahrscheinlichkeiten μ_A^2 vernachlässigen:

$$Var(L \mid \mathbf{X}) = \sum_A v_A^2 \, Var(\mathbb{1}_A \mid \mathbf{X}) = \sum_A v_A^2 \, \mu_A(1-\mu_A) \approx \sum_A v_A^2 \, \mu_A$$

Deshalb ist $E[Var(L \mid \mathbf{X})] \approx \sum_A v_A^2 p_A$. Der zweite Term in Formel (5.17) ist

$$Var[E(L \mid \mathbf{X})] = Var\left(\sum_{A \in \mathcal{A}} v_A \mu_A\right) = Var\left(\sum_{i=1}^k \left(\sum_A w_{A,i} \, v_A p_A\right) X_i\right)$$

$$= Var\left(\sum_{i=1}^k \varepsilon_i X_i\right) = \sum_{i=1}^k \sum_{l=1}^k \rho_{il} \, \sigma_i \sigma_l \, \varepsilon_i \varepsilon_l$$

wobei $\rho_{il} := \rho(X_i, X_l)$ die Korrelation von X_i und X_l bezeichnet (siehe Bleymüller und Weißbach 2015a, Abschn. 8.4) und – nicht zu verwechseln mit dem in Abschn. 5.2.1 definierten $\varepsilon_j - \varepsilon_i := \sum_A w_{A,i} \, v_A p_A$ ist. Hier taucht erstmals *explizit* der zentrale Parameter des Kreditportfoliorisikos ρ auf. *Implizit* waren natürlich auch schon im Modell unabhängiger Faktoren Ausfälle innerhalb einer durch Faktorzugehörigkeit gegebenen Gruppe korreliert. Zusammengefasst ist für kleine Wahrscheinlichkeiten

$$\sigma^2 := Var(L) \approx \sum_A v_A^2 p_A + \sum_{i,l=1}^k \rho_{il} \, \sigma_i \sigma_l \, \varepsilon_i \varepsilon_l. \tag{5.23}$$

Für nur *einen* Faktor $\mu_A = p_A X$ ist die Varianz der Verlustverteilung $\tilde{\sigma}^2 := \sum_A v_A^2 p_A + \sigma_X^2 \varepsilon^2$, wobei $\varepsilon = \sum_A p_A v_A$ der erwartete Verlust des gesamten Portfolios ist. Wir rekalibrieren nun die Varianz des einen Faktors, σ_X^2, so, dass die Verlustvarianz im Einfaktormodell der des Mehrfaktormodells entspricht, d. h. $\tilde{\sigma}^2 = \sigma^2$, sodass

$$\sigma_X^2 = \frac{1}{\varepsilon^2} \sum_{i=1}^k \sum_{l=1}^k \rho_{il} \, \sigma_i \sigma_l \varepsilon_i \varepsilon_l.$$

Der Erwartungswert ist von der Veränderung wieder nicht betroffen.

Im strukturellen Modell

Wollen wir das Modell (5.10) für die Rendite der Firmenanlagen $\Delta \tilde{V}_T^i$ aus (5.10) um Abhängigkeit erweitern, ist natürlich die multivariate Normalverteilung aus Abschn. 1.1.1 die erste

Wahl. Nun nehmen wir an, dass die Rendite der Aktiva Y_i aus (5.10) einer Firma nicht nur von der Firma selbst abhängt, sondern auch von dem Umfeld, also einem zufälligen Effekt. Nimmt man der Einfachheit halber Normalverteilung für alle involvierten Zufallsvariablen an, so zeigt die Varianzanalyse (5.17), wie zentral die Korrelation ρ ist.

Lemma 5.4 *Seien X und Y (abhängig) normalverteilt, dann gilt: Es ist $Var(Y|X) = (1 - \rho^2)Var(Y)$, wobei ρ der Korrelationskoeffizient von X und Y ist.*

Beweis Man kann die Gleichung als Spezialfall des Schur-Komplements laut Lemma 1.1 in der entsprechenden höherdimensionalen Gleichung betrachten. Für $p_1 = p_2 = 1$ folgt

$$Var(Y|X) = Var(Y) - \rho^2 Var(Y).$$

□

Das Ergebnis gilt übrigens auch bei der Analyse von Verweildauern (siehe Hougaard 2001, Formel 4.2). Ein Modell mit nur *einem* (zusätzlichen) Parameter lautet, wieder der Einfachheit halber mit additivem Effekt,

$$\Delta \tilde{V}_T^i = \sqrt{\rho} F + \sqrt{1-\rho} U_i, \tag{5.24}$$

wobei F und alle U_i paarweise voneinander unabhängig sind. F symbolisiert die Konjunktur einer Zufallsvariable, von der alle Firmen gleich stark abhängen.

Die Abhängigkeit ist stärker, wenn ρ nahe bei eins liegt, und schwächer, wenn ρ nahe bei null ist. U_i symbolisiert den *idiosynkratischen* Anteil, F den *systematischen*. Dass wir $Var(\Delta \tilde{V}_T^i)$ als bekannt, und deswegen als eins, angenommen haben, bedeutet auch, dass wir weiter σ_F^2 und $\sigma_{U_i}^2$ kennen, bzw. annehmen $F \sim N(0, 1)$ und $U_i \sim N(0, 1)$. Damit ist

$$Var(\Delta \tilde{V}_T^i) = \rho Var(F) + (1-\rho) Var(U_i) = 1. \tag{5.25}$$

Bezeichne $\Delta \tilde{V}_T^{i'}$ die Rendite einer weiteren Firma, dann ist wegen der Unabhängigkeiten und Rechenregeln für Kovarianzen (siehe z.B. Gouriéroux und Monfort 1995b, B.33)

$$\begin{aligned}\rho(\Delta \tilde{V}_T^i, \Delta \tilde{V}_T^{i'}) &= Cov(\sqrt{\rho}F, \sqrt{\rho}F) + Cov(\sqrt{\rho}F, \sqrt{1-\rho}U_{i'}) \\ &\quad + Cov(\sqrt{1-\rho}U_i, \sqrt{\rho}F) + Cov(\sqrt{1-\rho}U_i, \sqrt{1-\rho}U_{i'}) \\ &= \rho + 0 + 0 + 0.\end{aligned} \tag{5.26}$$

Diese Korrelation nennt man deswegen *Korrelation der Anlage* (engl. *asset correlation*). Sie ist in der Finanzwirtschaft auch bei der Betrachtung von Investitionsentscheidungen von Belang. Eine Erweiterung stellt ein Faktormodell dar (siehe Anderson 2003, Kap. 11; Backhaus et al. 2016, Kap. 7), z.B. wenn ein unterschiedlicher Einfluss eines Länder- oder Branchenindizes vermutet wird,

$$\Delta \tilde{V}_T^i = w_i F + U_i, \qquad (5.27)$$

mit Kovarianz $Cov(w_i F + U_i, w_{i'} F + U_{i'}) = w_i w_{i'}$.

Laut Gordy (2000) unterscheiden sich Ergebnisse der Portfoliorisikorechnung bei einer Abhängigkeitmodellierung im strukturellen Merton-Modell hier kaum von denen des – in Ermangelung einer Struktur – als „reduziert" zu bezeichnenden Modells aus Abschn. 5.2.1.

Bei den asymptotischen Approximationen

Die asymptotische Approximation des Portfolioverlusts aus Abschn. 5.2.3 basiert auf der Beschreibung der Ausfallzeiten E_i in ihren Hazardraten, z. B. im Kompensator des Verlustprozesses (5.14). An dieser Stelle kann eine Modellierung der Abhängigkeit, zunächst für zwei Schuldner, ansetzen (siehe Hougaard 2001, Abschn. 5.3.3).

Lemma 5.5 *Für die bivariate Überlebenszeitvariable* $(W_1, W_2)^t$ *hat* W_1, *bedingt auf das Leben beider, als Hazardrate*

$$h_1(t) = -\frac{d \log S(t_1, t_2)}{dt_1} \bigg|_{(t,t)}.$$

Beweis Bezeichne $f(\cdot, \cdot)$ die gemeinsame Dichte von W_1 und W_2 und $\tilde{F}(s_1, s_2) := P(W_1 \leq s_1 \mid W_2 = s_2)$ die bedingte Verteilungsfunktion, dann ist

$$\begin{aligned}
h_1(t) &= \lim_{dt \to 0} \frac{P(W_1 \in [t, t+dt[\mid W_1 \geq t, W_2 \geq t)}{dt} \\
&= \lim_{dt \to 0} \frac{P(W_1 \in [t, t+dt[, W_2 \geq t)}{S(t,t) dt} \\
&= \frac{1}{S(t,t)} \lim_{dt \to 0} \frac{\int_t^\infty \int_t^{t+dt} f(t_1, t_2) dt_1 dt_2}{dt} \\
&= \frac{1}{S(t,t)} \int_t^\infty \lim_{dt \to 0} \frac{\tilde{F}(t+dt, t_2) - \tilde{F}(t, t_2)}{dt} dt_2 \\
&= \frac{1}{S(t,t)} \int_t^\infty f(t, t_2) dt_2 = -\frac{1}{S(t,t)} \frac{dS(t_1, t)}{dt_1} \bigg|_t.
\end{aligned}$$

□

Eine erste multivariate Verweildauerverteilung ist die bivariate Exponentialverteilung (siehe Kotz et al. 2000, Abschn. 2.2).

Versuchen wir alternativ, konkret im Modell L_t, gegeben in (5.13), geteilt durch $\sqrt{n}$, Abhängigkeit einzubauen. Die asymptotische Normalität aus Korollar 5.2 lässt asymptotisch auf eine multivariate Normalverteilung hoffen, in der (1.5) eine Abhängigkeitsmodellierung erlaubt. Wie im letzten Abschnitt, wollen wir Sektoren bilden, dort durch Faktorgewichte ausgedrückt. Umgekehrt zur Situation dort, verzichten wir hier auf Abhängigkeit *innerhalb*

5.2 Portfoliokreditrisiko

der Sektoren und modellieren Abhängigkeit *zwischen* Ausfallanzahlen und Verlusten aus k disjunkten Sektoren $\mathcal{A}_i$. Betrachte Verlustanzahlprozesse pro Sektor $N_i(t) = \Lambda_i(t) + M_i(t)$, $i = 1, \ldots, k$. Lemma 5.1 stellt die Kompensatoren dar. Die vorhersagbaren Variationsprozesse sind in (5.16) dargestellt und als glatt kenntlich. Aber, anders als Formel 2.4.2 in Abschn. II.4.1 aus Andersen et al. (1993) darstellt, sind der Kompensator von $L_t/\sqrt{n}$ (in 5.1) und dessen vorhersagbarer Variationsprozess (5.16) zwar beide glatt aber nicht gleich. Trotzdem lässt die Stetigkeit $\langle M_i, M_{i'} \rangle = 0$ (siehe Andersen et al. 1993, (2.4.3)) vermuten, dass asymptotisch der vorhersagbare Kovariationsprozess (engl. *predictable covariation process*) verschwindet. Der Ansatz für eine Gesamtanzahl ausgefallener Schuldner

$$(1, \ldots, 1)[N_1(t), \ldots, N_k(t)]'$$

erscheint wenig zielführend. So wie in (5.18) eine Mischung von Bernoulli-Variablen modelliert wird, kann aber auch für multivariate Überlebenszeiten eine Mischung von Verweildauern mittels eines zufälligen Faktors vor der Hazardrate, frailty genannt, modelliert werden (siehe Andersen et al. 1993, Kap. IX; Hougaard 2001, S. 62). Wie in (5.18), aber anders als bei der Intensität in Definition 1.27, ist der Faktor nicht beobachtet. Grundlegend sind zwei Modelle zu unterscheiden, die stochastische Modellierung der Hazardrate und die stochastische Modellierung der Skala (siehe Hougaard 2001, Abschn. 2.2.7). Es gibt einen Fall, für den diese Modelle übereinstimmen, die Weibull-Verteilung, $W(h, \gamma)$, aus Abschn. 1.1.3. Ihre Hazardrate ist offensichtlich $h(t) = h\gamma t^{\gamma-1}$, und sie verallgemeinert die Exponentialverteilung mit $h(t) \equiv h$, für $\gamma = 1$. Man bemerke, dass die Überlebenszeitfunktion der Weibull-Verteilung sich dann wegen Lemma 4.2 berechnet als

$$S(t) = e^{-\int_0^t h(s)ds} = e^{-h\int_0^t \gamma s^{\gamma-1}ds} = e^{-ht^\gamma}.$$

Nun läuft hier aber der Anspruch einer geschlossenen Darstellung des VaR dem Anspruch einer einführenden Darstellung in diesem Buch entgegen. Elementar kann nur noch, wie im Bernoulli-Mischungsmodell, die Verlustverteilung mittels der geschlossen gegebenen Inversen von $S(\cdot)$ simuliert werden.

Für alle drei Ansätze der Verlustverteilung (aus Abschn. 5.2.1 bis 5.2.3) wird die Abhängigkeit in diesem Abschnitt mittels latenter, unbeobachtbarer Einflüsse modelliert. Vorzüge und Nachteile sind für die Abhängigkeitsmodellierung so unterschiedlich wie für die Verlustmodellierung. Insbesondere die Schätzbarkeit der Abhängigkeits- bzw. Diversifikationsparameter dürfte aber wesentlich sein.

Bevor wir zur Schätzung kommen, soll aber noch – zwecks Operationalisierbarkeit – erörtert werden, wie das Portfoliorisiko auf einzelne Geschäfte „zurück" verteilt werden kann und wie – zwecks Konsolidierung von Mikro- und Makrosicht – sich die Rechnungen mit den rechtlichen Vorgaben zum minimalen Eigenkapital vertragen.

5.2.5 Risikoattribution

Auch wenn das Risiko eines Geschäfts nur im Kontext des Portfolios definiert ist, erfordert das Handeln auf Ebene des Geschäfts Entscheidungen etwa über den Zins und ob es überhaupt erstrebenswert ist. Betrachten wir zur verursachungsgerechten Aufteilung des ökonomischen Kapitals (EC) auf einzelne Geschäfte zunächst ein Beispiel. Für eine Diskussion in der Literatur siehe z. B. Praschnik et al. (2001) und Koyluoglu und Stoker (2002).

> **Beispiel 33** *Wir vereinfachen das Beispiel 23 in Kombination mit (4.11). Am 01.01.2017 leiht sich der mit Kreditrisiko behaftete Kunde A von der Bank $V_0 = 100.000\,€$ für ein Jahr (mit endfälliger Zinszahlung). Der vereinbarte (nominale und effektive) Zins ist $r_m = 10\,\%$, was wegen (4.11) und der Approximation $\exp(h) \approx (1 + h)$ auch ungefähr die PD_1 ist. Vertragsgemäß wird der Schuldner also am 31.12.2017 den Betrag von $V_1 = 110.000\,€$ an die Bank überweisen. (Auf stetiges Verzinsen wird einstweilen verzichtet.) Der erwartete Wert der*
>
> $$V_1 = 110.000\,€ = 100.000 \cdot (1 + r_m)\,€$$
>
> *zu Beginn von 2017 ist $E(V_1) = 100.000\,€$. Gehen wir von einem Zins ohne Kreditrisiko von $r_o = 0$ aus, so spielt es keine Rolle, ob $E(V_1)$ aus Sicht von Beginn oder Ende 2017 gemessen wird. Gehen wir nun davon aus, dass die Bank für den Kredit einen Risikobeitrag von $RC_A = 5000\,€$ (also 5 %) annimmt, d. h. $5000\,€$ Eigenkapital einsetzen muss.*
> *Angenommen, es gebe eine andere Anlage, die dieselbe Rendite von 10 % habe, aber einen Risikobeitrag von $2500\,€$. Beim Kredit hat der Bankeigner eine (zu erwartende) Eigenkapitalrendite von $10.000/5000 = 200\,\%$, wenn wir annehmen, dass die Bank selbst nicht ausfallen kann (also z. B. staatlich garantiert ist von einem Staat ohne Ausfallmöglichkeit). Denn dann leiht sie sich die $95.000\,€$ ohne Zins und gibt sie weiter. Im anderen Fall beträgt die Rendite $10.000/2500 = 400\,\%$. Es ist also möglich, dass Angebot und Nachfrage den Zins für den Kredit über den für die Kompensation des erwarteten Verlusts nötigen hinaus ansteigen lassen.*

Bleiben wir weiter im einjährigen Szenario aus Abschn. 5.2.1. Aus Sicht der Bank verzinst sich das Eigenkapital nicht. Nehmen wir nun einen Zins *ohne* Kreditrisiko, r_o, von nicht notwendigerweise null an. Der Wert eines beliebigen Geschäfts *mit* Kreditrisiko, F_m, muss nun nicht nur den erwarteten Verlust für dieses eine Geschäft, bzw. dessen Barwert, $PV[E(L)]$, kompensieren, sondern ebenfalls die entgangenen Zinsen des Risikobeitrags, $RC_A(\exp(r_o) - 1)$, mal genommen mit dem Diskontfaktor $\exp(-r_o)$. Bezeichnen wir mit

5.2 Portfoliokreditrisiko

F_o den Wert des Geschäfts, ohne dass es Kreditrisiko geben würde. Dann ist, bei positivem r_o, der erwartete Verlust nur eine Untergrenze des Kreditrisikoaufschlags

$$F_m - F_o = PV[E(L)] + RC_A(e^{r_o} - 1)e^{-r_o}$$
$$= E(L)e^{-r_o} + RC_A(e^{r_o} - 1)e^{-r_o}$$
$$\Leftrightarrow E(L) = (F_m - F_o)e^{r_o} - RC_A \underbrace{(e^{r_o} - 1)}_{>0} < (F_m - F_o)e^{r_o}. \qquad (5.28)$$

Wir wollen, zunächst, noch nicht einen Risikobeitrag RC_A zum Risikomaß des ökonomischen Kapitals ableiten. Da wir das erste Moment der Marktwertverteilung eines Portofolios in die erwarteten Marktwerte der Einzelgeschäfte zerlegt haben, die *Standardrisikokosten*, wollen wir zunächst das zweite (zentrierten) Moment, die Portfolioverlustvarianz, „verteilen". Dabei beschränken wir uns auf das Verlustmodell aus Abschn. 5.4 mit Abhängigkeitsmodell (5.18) (siehe Credit Suisse First Boston (CSFB) 1997, Abschn. A13.2). Die Idee ist nun, die Varianz als Funktion des Engagements bei Schuldner A, $\sigma^2(v_A)$, zu verstehen. Würden wir auf ein Engagement bei A komplett verzichten, wäre die Differenz der Varianz mit und ohne A sein Varianzbeitrag. Auf dieses Weise definiert, summierten sich die Varianzbeträge aber nicht zur Varianz. Stattdessen „linearisieren" wir und verwenden das v_A-Fache der (negativen) Varianzänderung, bei Verringerung des Engagements um eine Einheit, also der Ableitung. Es ergibt sich

$$RC_A^{rel.} := \frac{p_A v_A}{\sigma^2} \left[v_A + \sum_{i=1}^{k} w_{A,i} \left(\sigma_i^2 \varepsilon_i + \sum_{l \neq i} \rho_{il} \sigma_i \sigma_l \varepsilon_l \varepsilon_i \right) \right] \qquad (5.29)$$

mit den erwarteten Verlusten pro Branche ε_i und (potenziell positiven) Korrelationen ρ_{il} zwischen den Variablen X_i und X_l.

Lemma 5.6 *Die Risikobeiträge zur Varianz (5.29) summieren sich zur Verlustvarianz.*

Beweis Für den Verlust (5.4), $L = \sum_A v_A \mathbb{1}_A$, mit dem Ausfallindikator $\mathbb{1}_A$, lässt sich die Varianz mit Abhängigkeitsmodellierung (5.18), σ^2 aus (5.23), auch schreiben als

$$\sigma^2 = \sum_B \sum_C \gamma_{BC} v_B v_C,$$

wobei $\gamma_{BC} := Corr(\mathbb{1}_B, \mathbb{1}_C)$. Ziehen wir die Kennzahlen für Schuldner A aus der Summe, so ist

$$\sigma^2 = \gamma_{AA} v_A^2 + 2 \sum_{B \neq A} \gamma_{BA} v_B v_A + \sum_{B \neq A} \sum_{C \neq A} \gamma_{BC} v_B v_C.$$

Wenn das Engagement von A um eine Einheit schwankt, verändert sich die Varianz gemäß der Ableitung

$$\frac{\partial \sigma^2}{\partial v_A} = 2\gamma_{AA} v_A + 2 \sum_{B \neq A} \gamma_{BA} v_B = 2 \sum_B \gamma_{BA} v_B.$$

Der (relative) Beitrag des Schuldners A zur Varianz σ^2 ist nun linear approximativ definiert als:

$$RC_A^{rel.} = \frac{\partial \sigma^2}{\partial v_A} \frac{v_A}{2\sigma^2},$$

sodass gilt

$$\sum_A RC_A^{rel.} = \frac{1}{2\sigma^2} \sum_A \frac{\partial \sigma^2}{\partial v_A} v_A = \frac{\sum_A \sum_B \gamma_{BA} v_A v_B}{\sigma^2} = 1. \tag{5.30}$$

□

Durch die Multiplikation von (5.29) mit EC ergibt sich eine additive Zerlegung des ökonomischen Kapitals auf die Schuldner $RC_A = EC \cdot RC_A^{rel.}$.[5] Für eine umfassende Erläuterung der Axiomatik zur Varianzzerlegung siehe Haaf und Tasche (2002) und Kurth und Tasche (2003).

In einem abweichenden Kreditrisikomodell von Martin et al. (2001) wird die Verlustverteilung über die Invertierung der charakteristischen Funktion des Verlusts, also der Fourier-Transformierten, bestimmt. Damit wird ein Zusammenhang zur Funktionentheorie hergestellt. Für eine positive Zufallsvariable würde die Laplace-Transformation eventuell sogar ausreichen und die Betrachtung komplexer Zahlen unnötig sein (siehe Hougaard 2001, S. 497 f.).

Regulatorisches Kapital

Ein Portfolioeigner kann Modelle der vorangegangenen Abschnitte nicht für den Nachweis einer ausreichenden Unterlegung seines Portfolios mit Eigenkapital gegenüber der staatlichen Finanzaufsicht verwenden. Auch wenn sich die Regularien der Eigenkapitalkontrolle mitunter ändern, so lassen sich doch einheitliche Entwicklungen ausmachen, die maßgeblich von der in Basel ansässigen Bank für Internationalen Zahlungsausgleich (engl. *Bank for International Settlements*) beeinflusst sind. Eine ältere, erste Empfehlung, an der sich nationale Aussichtsbehörden orientieren, heißt „Basel I". Dort modellierte bereits (5.24) den Ausfall und wurde damit zur aufsichtsrechtlichen Eigenkapitalunterlegung verwendet (Gordy 2001). Während in den Darstellungen dieses Buchs die Risikoattribution auf Schuldner und Geschäfte aus der Modellierung und Schätzung auf Ebene des Portfolios entstand, ist in Basel I die Ermittlung der Eigenkapitalunterlegung *je* Kreditnehmer durch die Aufsichtsbehörde (z. B. die Anstalt für Bankenaufsicht [BaFin]) der erste Schritt. Die Bank soll für den Fall einer schlechten Konjunktur genug Eigenkapital haben, um durch Ausfälle nicht

---

[5] Auf einzelne Geschäfte eines Schuldners könnte der Risikobeitrag proportional zum Engagement verteilt werden.

5.2 Portfoliokreditrisiko

selbst auszufallen. Als schlechte Konjunktur gilt der Fall, dass der Konjunkturfaktor F sein unteres 0,5 %-Quantil annimmt (siehe Bleymüller und Weißbach 2015b, Kap. 12), d. h.

$$P(F \leq f) = 0{,}005 \iff f = F_N^{-1}(0{,}005) \approx -2{,}576.$$

In diesem Fall ist die Ausfallwahrscheinlichkeit eines Schuldners bei Ausfallschwelle α_i für den unbedingten Ausfall mit einer durchschnittlichen Wahrscheinlichkeit PD,

$$P(\Delta \tilde{V}_T^i \leq \alpha_i \mid F = f) = P(\sqrt{\rho} f + \sqrt{1-\rho} U_i \leq \alpha_i) = P\left(U_i \leq \frac{\alpha_i - \sqrt{\rho} f}{\sqrt{1-\rho}}\right)$$
$$\approx F_N\left(\frac{F_N^{-1}(PD) + 2{,}576\sqrt{\rho}}{\sqrt{1-\rho}}\right). \tag{5.31}$$

In Basel I wird eine Anlagenkorrelation von 20 % vorgeschrieben (siehe z. B. Bluhm und Overbeck 2003). Das bedeutet, für einen Schuldner mit $PD = 0{,}7\,\%$ ist die bedingte Ausfallwahrscheinlichkeit 7,22 % und damit zehnmal größer als bei $\rho = 0$, d. h. bei Unabhängigkeit von der Konjunktur. Aus (5.31) kann man die Risikobeiträge berechnen, z. B. 7,22 % des Nominals für einen Schuldners mit PD von 0,7 %, denn durchschnittlich 7,22 % aller Schuldner dieser Klasse werden ausfallen. Da das vorangegangene Beispiel typisch ist, spricht man – grob – von der „8 %-Regel". Berechnungen für regulatorisches und ökonomisches Kapital können insbesondere auf Ebene der Einzelgeschäfte, die Eigenkapitalbindung, wie dem Beispiel 33, verglichen werden. Wie auch (5.28) klarmacht, muss die Risikoprämie, ob regulatorisch oder ökonomisch, bei der Kreditbewertung (engl. *credit pricing*) in Ansatz gebracht werden. Die Addition der Eigenkapitalunterlegungen je Schuldner zum Gesamtkapital der Bank ist dann regulatorisch, anders als ökonomisch, erst der zweite Schritt. In der neueren Variante „Basel II" gibt es einen PD-abhängigen Risikobeitrag. Die genaueste Basel II-Formel für das Risikogewicht für Firmen, Banken und Staaten (engl. *sovereign*) lautet (siehe Basler Ausschuss für Bankenaufsicht 2003, Teil 2. Abschn. 241; engl. siehe Basel Committee on Banking Supervision 2004, Part 2: Abschn. 272):

$$RGA = LGD \cdot N\left[\frac{G(PD)}{\sqrt{1-R}} + \sqrt{\frac{R}{1-R}} G(0{,}999)\right]$$
$$\cdot \frac{1}{1 - 1{,}5b(PD)}[1 + b(PD)(M - 2{,}5)] \cdot 12{,}5 \cdot EAD \tag{5.32}$$

Tab. 5.1 stellt den Bezug in der Notation zu den Darstellungen in diesem Buch dar. Die 8 % aus Basel I finden sich in der Formel, invers, wieder im Faktor 12,5. Zusätzlich zu Basel I (5.31) sind noch Laufzeit und Wiedereinbringungsquote LGD berücksichtigt. Im Gegensatz zu Basel I, wo von einer „schlechten" Konjunktur mit einer Wahrscheinlichkeit von 0,5 % ausgegangen wird, hat in Basel II die „schlechte" Konjunktur eine Wahrscheinlichkeit von

Tab. 5.1 Vergleich der Bezeichnungen von aufsichtsrechtlichen Determinanten des Kreditportfoliorisikos („Basel") mit denen dieses Buches

Akronym	Erläuterung	Entsprechung (1. Nennung)
RGA	Gewichtete Risikoaktiva	Keine
LGD	Verlust bei Ausfall (geschätzt) $\in \{0{,}45;\ 0{,}75\}$	LGD (Abschn. 4.2.2)
PD	(Einjahres-)Ausfallwahrscheinlichkeit (geschätzt)	$\widehat{PD}_1$ (Beispiel 27)
EAD	Erwartete Höhe einer Forderung Zum Zeitpunkt des Ausfalls	EAD (Abschn. 4.2.2)
$N(\cdot)$	Standardnormalverteilung – Verteilungsfunktion	$F_N(\cdot)$ (Abschn. 1.1.1)
$G(\cdot)$	Inverse von $N(\cdot)$	$F_N^{-1}(\cdot)$
M	Laufzeitfaktor	Keine
$b(PD)$	Restlaufzeitanpassung $= [0{,}08451 - 0{,}05898 \log(PD)]^2$	Keine
R	Korrelation $= 0{,}12 \cdot \frac{1-e^{-50PD}}{1-e^{-50}} + 0{,}24 \cdot (1 - \frac{1-e^{-50PD}}{1-e^{-50}})$	ρ (5.25)

0,1 %, was einem Quantil von etwa $-3{,}09$ entspricht (siehe Bleymüller und Weißbach 2015b, Kap. 12). Sie ist also noch unwahrscheinlicher.

5.3 Schätzen des Diversifikationsparameters

Es existiert eine Vielzahl von Abhängigkeitsmaßen für stetige Zufallsvariablen, die damit mögliche Parameter der Portfoliodiversifikation sind. In den letzten Jahren wurden z. B. Copula-basierte Maße untersucht (siehe z. B. Siburg und Stoimenov 2008). Im Rahmen dieser Einführung soll aber ausschließlich auf die Pearson'sche Korrelation eingegangen werden, da ihre Verwendung in der Finanzliteratur weitgehend akzeptiert ist. Sie ist für zwei univariate Zufallsvariablen X_i und X_l definiert ist als (siehe Bleymüller und Weißbach 2015a, Abschn. 8.4)

$$\rho(X_i, X_l) = \frac{E[(X_i - EX_i)(X_l - EX_l)]}{\sqrt{Var(X_i)Var(X_l)}}. \tag{5.33}$$

Läge also eine einfache Stichprobe an $(\Delta \tilde{V}_T^i, \Delta \tilde{V}_T^{i'})$ vor, könnte ρ in (5.24) geschätzt werden. Es ist jedoch schwer vorstellbar, wie selbst eine univariate Stichprobe an $\Delta \tilde{V}_T^i$ zustande kommen sollte. Prinzipiell scheint höchstens ein Zeitreihenmodell aus Abschn. 1.3.2

möglich, wie es bereits in Abschn. 3.4 zur Anwendung kam. Eine Schätzung der Korrelation setzt typischerweise eine bivariate Stichprobe voraus, also Messungen von *zwei* Merkmalen an *einem* Merkmalsträger (siehe Bleymüller und Weißbach 2015a, Abschn. 20.4). Für Paare (i, i') bräuchte man umgekehrt das *eine* Merkmal der Anlagenwertänderung an *zwei* Merkmalsträgern. Aber insbesondere die vor (5.9) definierten standardisieren Zuwächse im Anlagenwert sind ohne aufwendige Bilanzanalyse nicht einfach messbar. Wie (5.9) zeigt, muss sogar bereits im gegenwärtigen Zeitpunkt t der Stand der Verbindlichkeiten im zukünftigen T bekannt sein.

In der Arbeit Bluhm und Overbeck (2003) wird bei Annahme einer konstanten Korrelation der Anlagenwerte diese als ungefähr 20 % in allen Ratingklassen errechnet. Diese Approximation findet sich auch in Basel I und II wieder (siehe (5.31)). Die direkte Verwendung der aus beobachtbaren Aktienkursen schätzbaren *Aktienkorrelation* ist streng genommen wenig aussagekräftig. Für die Bestimmung der Anlagekorrelation schlägt Duan (1994) vor, die Maximum-Likelihood-Methode (siehe Bleymüller und Weißbach 2015a, Abschn. 15.5) auf Derivatepreise anzuwenden, und illustriert dies am Beispiel der Varianz des Anlagenwerts.

Für das auf der Poisson-Verteilung basierende Kreditportfoliomodell gestaltet sich die Frage für die ebenfalls nicht beobachtbaren unkorrelierten X_i in (5.18) etwas anders. Wären sie beobachtbar, könnten die Methoden aus Abschn. 3.4 angewendet werden, um ihre Varianzen σ_i^2 zu schätzen. Damit wäre dann die Ausfallkorrelation zweier Schuldner definiert. Im Modell korrelierter X_i müssten zusätzlich wieder empirische Korrelationen (siehe Bleymüller und Weißbach 2015a, Abschn. 20.4) für (5.23) Verwendung finden.

Denkt man, ähnlich wie bei den beobachtbaren Aktienkursen und Derivatepreisen indirekt und stellt einen Zusammenhang zwischen beobachtbaren Statistiken und den Parametern her, so könnten aus (5.10) resultierende PD, wie in Abschn. 4.3 beschrieben, geschätzt werden, um dann einen Rückschluss auf die Korrelation zu ziehen. Diesen Weg werden wir im übernächsten Abschn. 5.3.2 gehen.

Die Schätzung von Ratingmigrationswahrscheinlichkeiten, etwa bei Annahme und Beobachtung von homogenen oder inhomogenen Markov-Prozessen mittels der Methoden aus Abschn. 4.3, ist vermutlich der PD-Schätzung im Falle seltener Ausfälle überlegen. Außerdem benötigt man für die Bewertungsformel (4.4) kumulative Intensitäten, die sicherlich nach Ratingklassen ausdifferenziert sein sollten. Die damit einhergehende Komplikation entfernt uns aber von *einem* einfachen Parameter des Portfoliorisikos immer weiter. Deshalb wollen wir diese Möglichkeiten hier ungenutzt lassen. Als weiteres Detail muss man erkennen, dass das Portfoliorisiko hauptsächlich von der Abhängigkeit der latenten Kovariablen bestimmt wird. Die klassische Diversifikation der ungleich großen Engagements, gemessen z. B. mittels Herfindahl-Index (siehe Bleymüller und Weißbach 2015a, Abschn. 26.2), hat in großen Portfolios nur einen verhältnismäßig geringen Anteil (siehe z. B. Weißbach und von Lieres und Wilkau 2010).

5.3.1 Ausfallkorrelation

Die Pearson'sche Korrelation ist ein weithin akzeptiertes und bis hinein in juristische Texte (siehe (5.32)) verbreitetes Maß für die Abhängigkeit von Merkmalen. Wir wollen damit nun die Korrelation zweier Ausfälle beschreiben. Das ist aus drei Gründen naheliegend. Zwar tritt die Korrelation zweier Ausfälle in einem Portfolio in den Modellen vorangegangener Abschnitte nur implizit auf. Weicht deren Schätzung – ohne die Modellannahmen – aber stark von denen mit Modellannahmen ab, erwächst daraus ein Kritikpunkt am Modell. Zweitens ist die Korrelation für dichotome Merkmale zwar kein naheliegendes Assoziationsmaß. Allerdings entspricht bei Kodierung des Ereignisses, also des Ausfalls, als eins – und anderenfalls als null – die Korrelation dem typischen Maß κ (siehe Fleiss et al. 2013, Kap. 18). Und wenn auch, wie bereits allgemein erwähnt, die Korrelation ein Assoziationsmaß für *zwei* Merkmale, üblicherweise beobachtet an *einem* Merkmalsträger, ist, so vereinfacht sie doch die Modellierung auf die *paarweise* Abhängigkeit. Für eine Modellierung höherer Ordnung siehe Stefanescu und Turnbull (2003).

Zeige weiter $\mathbb{1}_A$ den Ausfall eines Schuldners A der Bank in einem definierten Zeitraum, z. B. binnen eines Jahres, an (mit seiner zwangsläufigen Bernoulli-Verteilung). Für $A \in \mathcal{A}$, mit Anzahl der Schuldner n, wollen wir nun das Modell (5.2) aber verkleinern. Wir wollen nämlich annehmen, dass alle Schuldner dieselbe Ausfallwahrscheinlichkeit $\pi := p_A$ haben, ähnlich wie Bluhm und Overbeck (2003), die auch eine Stratifizierung der Schuldner nach der Ratingklasse vornehmen. Wir streben, wie typisch in der Statistik, ein sparsames Modell an, nun bestehend lediglich aus zwei Parametern, nämlich, neben π, der Ausfallkorrelation, deren Definition (5.33) sich, für $A, B \in \mathcal{A}, A \neq B$, vereinfacht zu

$$\rho = \frac{Cov(\mathbb{1}_A, \mathbb{1}_B)}{\sqrt{Var(\mathbb{1}_A)Var(\mathbb{1}_B)}} = \frac{E[(\mathbb{1}_A - \pi)(\mathbb{1}_B - \pi)]}{\pi(1-\pi)} = \frac{E(\mathbb{1}_A\mathbb{1}_B) - \pi^2}{\pi(1-\pi)}.$$

Weiter vereinfachend ist $E(\mathbb{1}_A\mathbb{1}_B) = P(\mathbb{1}_A = 1, \mathbb{1}_B = 1)$. Es sei drauf hingewiesen, dass das Symbol ρ hier als die Vereinfachung seiner Definition (siehe Bleymüller und Weißbach 2015a, Abschn. 8.4) verwendet wird. Es ist von der Verwendung in (5.25) durch den Kontext getrennt.

Wir wollen nun eine Schätzung aus einer Stichprobe von Portfolios beschreiben, für die Unabhängigkeit zwischen und obige Äquikorrelation innerhalb der Portfolios angenommen wird. Nummeriere $\{\mathcal{A}_i, i = 1, \ldots, k\}$ die Portfolios der einfachen Stichprobe. (Die Bezeichnungen i und k sind nicht zu verwechseln mit denen in Modell (5.18).) Bezeichne $\mathbb{1}_A$ für $A \in \mathcal{A}_i$ als X_{ij} wobei $j \in \{1, \ldots, n_i\}$ eine Abzählung von $\mathcal{A}_i$ sei. Man bemerke, dass die Notation dem System einer Varianzanalyse gleicht (siehe Bleymüller und Weißbach 2015a, Kap. 18), allerdings sind die Beobachtungswerte hier dichotom.

5.3 Schätzen des Diversifikationsparameters

Lemma 5.7 *Die Ausfallkorrelation lässt sich in Anteilen gleicher Ereignisse in einem Portfolio und zufällig gleicher Ereignisse verschiedener Portfolios wie folgt darstellen:*

$$\rho = \frac{P(X_{ij} = X_{ij'}) - P(X_{ij} = X_{i'j'})}{1 - P(X_{ij} = X_{i'j'})}$$

Beweis Bemerke:

$$P(X_{ij} = 1, X_{i'j'} = 1) = \begin{cases} \pi^2 + \pi(1-\pi)\rho & \text{für } i = i', j \neq j' \\ \pi^2 & \text{für } i \neq i' \end{cases}$$

$$P(X_{ij} = 0, X_{i'j'} = 0) = \begin{cases} (1-\pi)^2 + \pi(1-\pi)\rho & \text{für } i = i', j \neq j' \\ (1-\pi)^2 & \text{für } i \neq i' \end{cases}$$

$$P(X_{ij} = X_{i'j'}) = P(X_{ij} = 1, X_{i'j'} = 1) + P(X_{ij} = 0, X_{i'j'} = 0)$$
$$= \begin{cases} 1 - 2\pi(1-\pi)(1-\rho) & \text{für } i = i', j \neq j' \\ 1 - 2\pi(1-\pi) & \text{für } i \neq i' \end{cases}$$

Für ein i und ein davon ungleiches i' gilt $P(X_{ij} = X_{ij'}) - P(X_{ij} = X_{i'j'}) = 2\rho\pi(1-\pi)$ (für $j \neq j'$ im ersten Summanden). □

Madsen (1993) betrachtet Wahrscheinlichkeiten für Ausfallanzahlen, die über die hier betrachtete Anzahl von zwei hinausgehen. Um die Wahrscheinlichkeiten mittels Anteilen zu approximieren, betrachte die Anzahl aller möglichen Paare im Portfolio $\mathcal{A}_i$ (ohne Berücksichtigung der Anordnung (siehe Bleymüller und Weißbach 2015a, Abschn. 9.2(1))) $\binom{n_i}{2}$. Zähle ferner mit $Y_i := \sum_{j=1}^{n_i} X_{ij}$ die Ausfälle im Portfolio $\mathcal{A}_i$. Dann ist die Anzahl aller möglichen Paare mit identischem Ausgang die Summe der $\binom{Y_i}{2}$ Paare ausgefallener und der $\binom{n_i - Y_i}{2}$ nicht ausgefallener. Eine kurze Rechnung ergibt als Anteil aller möglichen Paare mit identischem Ausgang

$$A_i = \frac{Y_i^2 + (n_i - Y_i)^2 - n_i}{n_i(n_i - 1)}.$$

Auch wenn nicht klar ist, ob bei ungleich großen Portfolios alle Anteile gleich gewichtet werden sollten, schätze $P(X_{ij} = X_{ij'})$ mit $\left(\sum_{i=1}^{k} A_i\right)/k$.

Ferner ist für den Anteil in zwei Portfolios i und i'

$$P(X_{ij} = X_{i'j'}) = P(X_{ij} = 1, X_{i'j'} = 1) + P(X_{ij} = 0, X_{i'j'} = 0)$$
$$= \pi^2 + (1-\pi)^2,$$

was mittels $\hat{\pi}^2 + (1-\hat{\pi})^2$ mit $\hat{\pi} := \sum_i \sum_j X_{ij} / \sum_i n_i$ geschätzt werden kann.

> **Beispiel 34** *(Daten aus Weißbach et al. 2015) Für $k = 37$ Faktorebenen sind Y_i und n_i in Tab. 5.2 aufgelistet. Für die Schätzung der Korrelation aus Lemma 5.7 berechne, wegen $\hat{\pi} \approx 0{,}207$:*
>
> $$P(X_{ij} = X_{ij'}) \approx 0{,}695 \quad \text{und} \quad P(X_{ij} = X_{i'j'}) \approx 0{,}671$$
>
> *Also ist $\hat{\rho} \approx 0{,}073$.*

Eine andere Schätzidee (siehe z. B. Weißbach et al. 2015, Tab. 2, Formel F) beruht auf der ANOVA-Darstellung der Daten. In der Varianzanalyse mit festem Effekt (siehe Bleymüller und Weißbach 2015a, Kap. 18) besteht aber keine Abhängigkeit innerhalb der Faktorebenen, erst in der Varianzanalyse mit zufälligem Effekt (siehe z. B. Rinne 2008, Teil D:2.2.3). Innerhalb eines Portfolios, und deswegen unter Auslassung des Subskripts i, lautet das Modell $X_j = Y + U_j$, wobei Y und die U_j paarweise unabhängig sind. Fast dieselbe Rechnung wie in (5.26) führt zu

$$\rho(X_j, X_{j'}) Var(X_j) = \sigma_Y^2,$$

sodass der in diesem Kontext sogenannte Intraklassenkorrelationskoeffizient lautet:

$$\rho = \frac{\sigma_Y^2}{Var(X_j)} = \frac{\sigma_Y^2}{\sigma_Y^2 + \sigma_U^2} \tag{5.34}$$

Nun ist, mit den üblichen Bezeichnungen (siehe etwa Bleymüller und Weißbach 2015a, Kap. 18) $\hat{\rho} = (MQA - MQR)/(MQA + (n_0 - 1)MQR)$. Dabei ist, mit $n := \sum_{i=1}^{k} n_i$:

Tab. 5.2 Anzahlen an Ausfällen Y_i und Stichprobenumfänge n_i auf $k = 37$ Ebenen. (Aus Weißbach et al. 2015)

Y_i	n_i	Y_i	n_i	Y_i	n_i	Y_i	n_i
2	17	12	51	2	15	4	50
16	55	12	49	5	41	14	56
16	78	7	47	4	37	14	59
5	44	15	58	16	75	3	36
7	35	18	64	4	34	5	49
11	49	2	28	22	56	12	44
10	46	4	34	13	50	4	34
15	56	2	26	7	64		
15	55	7	46	11	54		
18	51	6	42	20	53		

5.3 Schätzen des Diversifikationsparameters

$$n_0 := \frac{1}{k-1} \sum_{i=1}^{k} \frac{n_i^2}{n}$$

Die Vereinfachung $p_i := (\sum_{j=1}^{n_i} X_{ij})/n_i$ führt zu

$$MQA = \frac{1}{k-1} \sum_{i=1}^{k} n_i (p_i - \hat{\pi})^2 \quad \text{und} \quad MQR = \frac{1}{n-k} \sum_{i=1}^{k} n_i p_i (p_i - \hat{\pi}).$$

Die Interpretation ist, dass in (5.34) σ_Y^2 durch $(MQA - MQR)/n_0$ und σ_U^2 durch MQR geschätzt werden.

Beispiel 34 (Fortsetzung) *Die ANOVA-Schätzung von (5.34) beträgt $\hat{\rho} \approx 0{,}024$ (siehe Weißbach et al. 2015, Tab. 3).*

Ein Konfidenzintervall kann mittels Deltamethode (siehe Agresti 2002, Formel 14.4) approximiert werden. Dafür berechne zunächst den asymptotischen Standardfehler, d. h. die Standardabweichung des Schätzers (siehe etwa Bleymüller und Weißbach 2015a, Abschn. 12.4). Sein Quadrat lautet für den ANOVA-Schätzer (siehe Zhou und Donner 2004, Formel 7):

$$\begin{aligned} Var(\hat{\rho}) = [(k-1)n_0 n(n-k)]^2/\lambda^4 \cdot &\left\{ 2k + \left(\frac{1}{\pi(1-\pi)} - 6\right) \sum n_i^{-1} \right. \\ &+ \left[\left(\frac{1}{\pi(1-\pi)} - 6\right) \sum n_i^{-1} - 2n + 7k - 8k^2/n \right. \\ &\left. - \frac{2k(1-k/n)}{\pi(1-\pi)} + \left(\frac{1}{\pi(1-\pi)} - 6\right) \sum n_i^2 \right] \rho \\ &+ \left[\frac{n^2 - k^2}{\pi(1-\pi)} - 2n - k + 4k^2/n \right. \\ &\left. + \left(7 - 8k/n - \frac{2(1-k/n)}{\pi(1-\pi)}\right) \sum n_i^2 \right] \rho^2 \\ &\left. + \left(\frac{1}{\pi(1-\pi)} - 4\right) \left(\frac{n-k}{n}\right)^2 (n_i^2 - n) \rho^3 \right\} \end{aligned}$$

Dabei ist

$$\lambda := (n-k)[n-1-n_0(k-1)]\rho + n(k-1)(n_0 - 1).$$

Das Konfidenzintervall zum Niveau $1 - \alpha$ kann dann unter Vernachlässigung von Termen ab der Ordnung ρ^2 sowie Schätzung von ρ und π z. B. als

$$\hat{\rho} \pm u_{1-\alpha/2} \sqrt{\widehat{Var(\hat{\rho})}}$$

geschätzt werden.

Bis hierher hatten wir kein Modell für die Entstehung der Abhängigkeit angenommen. Zwar hat das Modell (5.24) auch nur *einen* Parameter ρ, allerdings sind die im Modell definierten Messungen F und U_i sowohl kardinal skaliert als auch unbeobachtet. Für ein *beobachtetes* kardinales Merkmal könnte die Schätzung wieder leicht über die ANOVA berechnet werden. Weißbach und Herzog (2009) schätzen die Korrelation und beschreiben, wenn auch in einem anderen Kontext, den Zusammenhang der Korrelation zwischen Messungen innerhalb von Ebenen mit dem geschätzten Standardfehler des arithmetischen Mittels.

5.3.2 Varianzanalyse

Der Begriff des Faktormodells kann bisher in zwei Bedeutungen verwendet werden, die es zu unterscheiden gilt. Zum einen bezeichnet die Literatur schon das Korrelationsmodell des Anlagenwerts (5.24) als Faktormodell. Es enthält, nach Standardisierung, *einen* Parameter. Und auch das Modell (5.27) kann als Einfaktormodell, nun mit k Parametern w_i bezeichnet werden. Auch wurden die X_i im Modell (5.18) als Faktoren bezeichnet. Die k Varianzen des Zufallsvektors $\mathbf{X} = (X_1, \ldots, X_k)'$ und später, in (5.23), die $(k-1)(k-2)/2$ Korrelationen, sind zu schätzende Parameter. Beiden Modellen ist gemein, dass sie mittels latenter Zufallsvariablen Abhängigkeit modellieren.

Wir werden wieder sehen, dass die Varianzanalyse (ANOVA) mit zufälligem Effekt (siehe z. B. Rinne 2008, Teil D:2.2.3) der geeignete statistische Begriff ist. Wir wollen uns dabei auf ein Modell beschränken, das aber nicht genau einem der bisherigen beiden Abhängigkeitsmodelle entspricht. Ähnlich kann für die gegebenen Modelle verfahren werden. Insbesondere wollen wir nun mehr als *einen* Parameter, wie in Abschn. 5.3.1, aber weniger als $k(k-1)/2$, schätzen. Wir werden $k+1$ Parameter zulassen.

Wir verwenden das Kreditportfoliomodell CreditRisk+, also die Variable $\mathbf{X}$ im Abhängigkeitsmodell (5.18), als Anwendungsbeispiel. Genauso kann aber die Kovariable F in CreditMetrics (5.27) modelliert werden.

Gehen wir von einer jährlichen Betrachtung aus und vereinfachen (5.18) wieder so weit, dass Schuldner genau einer Branche zuzuordnen sind. Dann gilt für jedes Jahr t, genauer am Anfang desselben und bedingt auf die Konjunktur X_i

$$P(\text{Schuldner } A \text{ in Branche } i \text{ fällt im Jahr } t \text{ aus}) = p_A X_i. \tag{5.35}$$

Wir können uns vorstellen, dass sich X_i kurz nach Beginn des Jahres, oder im Verlaufe des Jahres, realisiert. Die sequenzielle Realisierung von latenter Konjunkturvariable X_i und Bernoulli-verteiltem Ausfall kann man sich wie bei der Kurs- und Portfoliobildung in Abb. 3.4 vorstellen. Ceteris paribus geht es hier um die Schätzung der Abhängigkeitsparameter. Die Ausfallparameter p_A können deswegen als bekannt, bzw. wie in Abschn. 4.3

5.3 Schätzen des Diversifikationsparameters

geschätzt, betrachtet werden. Sie sollen auch als deterministisch angenommen werden. Die Auswirkung ihrer Schätzunsicherheit auf die gesamte Schätzunsicherheit der Abhängigkeitsparameter, also die simultane Schätzung der beiden Parametersätze, soll nicht thematisiert werden.

Betrachte nun als Statistik die Ausfallrate, der Branche i in Jahr t. Mit der Notation aus Abschn. 4.2.1 ist, bedingt auf $\mathbf{X}_{t-1}$,

$$\widehat{PD}_{it} = \frac{\sum_{\text{A in Branche } i \text{ in Jahr } t} \mathbb{1}_A}{\sum_{\text{A in Branche } i \text{ in Jahr } t}}. \tag{5.36}$$

Es wird auf die Notation der Kohortenmethode (4.21) verzichtet, weil t in diesem Abschnitt die Kalenderzeit bezeichnet, anders als in Abschn. 4.3.1, wo es das Schuldneralter darstellt.

Die individuellen und bekannten p_A aus (5.35) für Schuldner einer Branche i sind gewöhnlich abhängig von der aktuellen Konjunktur (engl. *point in time*), d. h. messbar am Ende des Jahres $t-1$. (Zur Notation im Wechselspiel von Information und Messbarkeit siehe wieder Abschn. 3.1.3.) Folglich ist ein zukünftiges p_A (am Ende) der nächsten Periode t zu bezeichnen als p_A^{t-1}, trivialerweise das Produkt der aktuellen p_A (abhängig von der verfügbaren Information zum Ende der Periode $t-1$, also zu bezeichnen als p_A^{t-1}) und dem Quotienten aus zukünftiger und aktueller p_A:

$$\frac{p_A^t}{p_A^{t-1}} \approx X_{it-1}$$

Die Konjunktur wird hier also durch den Quotient der relativen Änderung beschrieben. Damit ist

$$\frac{\widehat{PD}_{it}}{\widehat{PD}_{it-1}} = \frac{\frac{\sum_{\text{A in Branche } i \text{ in Jahr } t} \mathbb{1}_A}{\sum_{\text{A in Branche } i \text{ in Jahr } t}}}{\frac{\sum_{\text{A in Branche } i \text{ in Jahr } t-1} \mathbb{1}_A}{\sum_{\text{A in Branche } i \text{ in Jahr } t-1}}}$$

$$\approx \frac{\sum_{\text{A in Branche } i \text{ in Jahr } t} p_A^t}{\sum_{\text{A in Branche } i \text{ in Jahr } t-1} p_A^{t-1}} \approx X_{it}.$$

Dabei wird grob angenommen, dass sich die Belegungszahlen (und Verteilungen) in den Branchen über die Zeit kaum ändern und das Gesetz der großen Zahlen um eine Lindeberg-Bedingung ergänzt ist. Die Kenntnis der einzelnen p_A wird nicht verwendet. Um die Standardisierung auf $E(X_i) = 1$ zu erreichen, definieren wir:

$$X_{it} := \frac{\widehat{PD}_{it+1}}{\widehat{PD}_{it}} + 1 - \frac{1}{T} \sum_{t=1}^{T} \frac{\widehat{PD}_{it+1}}{\widehat{PD}_{it}}, \tag{5.37}$$

In Erweiterung zu Abschn. 5.3.1, wo wir von einer einheitlichen Ausfallwahrscheinlichkeit π ausgegangen waren, ignorieren wir hier die Heterogenität der individuellen Ausfallwahrscheinlichkeiten innerhalb der Branchen nicht.

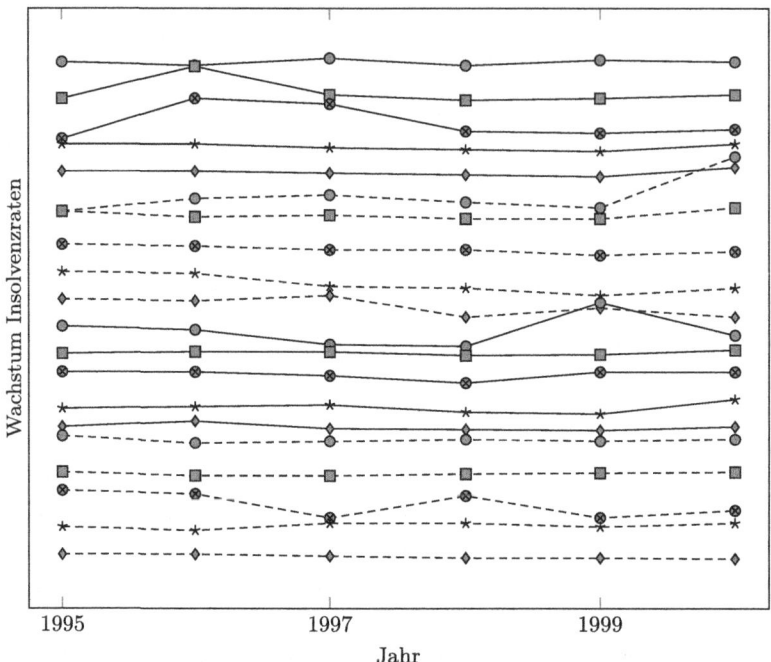

Abb. 5.3 Wachstumsfaktoren der Insolvenzraten von 20 Branchen im Zeitraum 1995–2000. Zur Übersichtlichkeit sind Kurven um 0,5 versetzt

Beispiel 35 *(Daten aus Rosenow und Weißbach 2009) Es werde ein Portfolio betrachtet, das aus einer branchenspezifischen Ausfallhistorie stammt. Dabei betrachten wir $k = 20$ Branchen aus der deutschen Wirtschaft über den Zeitraum 1994–2000. Um zuverlässige Schätzungen der Korrelation für diese Daten zu erreichen, müssen Informationen über deren Stationarität gewonnen werden. Die Verwendung von relativen Veränderungen nach Formel(5.37) eliminiert den Trend. Die $T = 6$ Wachstumsfaktoren der Insolvenzraten sind in Abb. 5.3 dargestellt. Alle Zeitreihen scheinen stationär zu sein.*

Angenommen, es liegen, mit der Notation $\mathbf{X}_t := (X_{1t}, \ldots, X_{kt})'$, $T > k$ unabhängige Beobachtungen $\mathbf{X}_1, \ldots, \mathbf{X}_T$, mit $\mathbf{X}_t \sim N_k(\boldsymbol{\mu}, \boldsymbol{\Sigma})$ vor. So lautet der Punktschätzer nach der Maximum-Likelihood Methode für die Kovarianzmatrix (siehe Anderson 2003, S. 70 f.)

$$\widehat{\boldsymbol{\Sigma}} = \frac{1}{T} \sum_{t=1}^{T} (\mathbf{X}_t - \bar{\mathbf{X}})(\mathbf{X}_t - \bar{\mathbf{X}})'.$$

5.3 Schätzen des Diversifikationsparameters

Hierbei bezeichnet $\bar{X}$ das arithmetische Mittel und ist der ML-Schätzer des Erwartungswertvektors μ. Der ML-Schätzer der Korrelationsmatrix $\mathbf{R}$ ergibt sich als

$$\widehat{\mathbf{R}} = trace(\hat{\sigma}_1, \ldots, \hat{\sigma}_k)^{-1} \widehat{\boldsymbol{\Sigma}} trace(\hat{\sigma}_1, \ldots, \hat{\sigma}_k)^{-1}.$$

Dabei sind die $\hat{\sigma}_i^2$ die Hauptdiagonaleinträge von $\widehat{\boldsymbol{\Sigma}}$ und von der üblichen Stichprobenvarianz (siehe Bleymüller und Weißbach 2015a, Abschn. 12.3) nur durch einen Nenner T statt $T-1$ verschieden. Das Symbol $trace(\cdot)$ bezeichnet wie in (1.7) eine Matrix mit angegebenen Diagonalelementen, die ansonsten null ist. Auf ein Konfidenzintervall soll hier verzichtet werden, da dessen Entwicklung, gegeben die übliche Ausgangssituation von $T > k$, obwohl aufwendig hier trotzdem nicht anwendbar erscheint.

Denn kurzen Zeitreihen stehen mitunter hochdimensionale Variablen gegenüber. Betrachtet man übliche Variablen wie Industriebranche und geografische Lage (Gordy 2000), so unterscheidet etwa die fünfstellige Klassifikation der deutschen Wirtschaftszweige Hunderte von Branchen (Statistisches Bundesamt 2008). Diese Klassifikation ist eine feinere Einteilung als der vierstellige europäische NACE-Code, doch selbst wenn man auf dessen Hauptgruppen aggregiert, liegen immer noch 34 Gruppen vor. Will man Branche und Geografie unterscheiden, also etwa Korrelationen zwischen der Dienstleistungsbranche in Europa mit der Landwirtschaft in Asien berücksichtigen, wird die Kombination aller Ausprägungen von Branche und Region selten die Einschränkung $k < T$ erfüllen können.

Bei großem k sind für $T > k$ auch alte Daten in den Zeitreihen vorhanden, mit fraglicher Aussagekraft für die Gegenwart. So sind z. B. nur Daten aus sieben Jahren, also etwa sieben jährliche Beobachtungen wie in Beispiel 35, bei der Schätzung von LGD- und EAD-Parameter – also auch der Korrelationen – vorgeschrieben (siehe Basel Committee on Banking Supervision 2004, S. 97 f.). Rosenow und Weißbach (2009) beschreiben die Schätzung des Faktormodells für $T < k$ als Varianzanalyse (ANOVA), die hier erklärt wird.

Angesichts des kleinen Stichprobenumfangs soll ein sparsames Einfaktormodell für die Korrelation verwendet werden. Als Faktor werden die relativen Veränderungen Y_t der nationalen Insolvenzrate bestimmt. Die Definition der Y_t ist analog zu der Definition von X_{it} in (5.37). In Erweiterung zur balancierten Varianzanalyse mit zufälligem Effekt (siehe z. B. Rinne 2008, Teil D:2.2.3) nehmen wir nun aber branchenspezifische Varianzen an.

Definition 5.1 (balancierte heteroskedastische ANOVA) Gelte für die Konjunktur in Branche $i = 1, \ldots, k$ für $t = 1, \ldots, T$:

$$X_{it} = Y_t + \epsilon_{it}$$

Dabei seien die systematischen $Y_t \sim N(1, \sigma_Y^2)$ und die ideosynkratischen $\epsilon_{it} \sim N(0, \sigma_{\epsilon_i}^2)$ und alle paarweise unabhängig.

Die ökonomischen Interpretation für diese Zerlegung ist, dass die Entwicklung einer Branche systematisch über *einen* Faktor beschrieben werden kann. Weiterhin werden die

Branchen nicht absolut nach ihrer Intensität der Beziehung zum einzigen Faktor unterschieden. Nun müssen $k+1$ Parameter geschätzt werden. (Vergleiche das mit den Parameterzahlen [vor oder nach Standardisierung] der Faktormodelle (5.24) und (5.27).) Dabei kann die Faktorvarianz σ_Y^2 über einen langen Zeithorizont mit mehreren Konjunkturzyklen geschätzt werden, da keine branchenspezifischen Daten gefordert sind.

> **Beispiel 35 (1. Fortsetzung)** *Abb. 5.4 stellt die Wachstumsfaktoren der Insolvenzraten für die gesamte deutsche Wirtschaft aus den Jahren 1962 bis 2003 (bis 1994 nur Westdeutschland) dar. Die Faktorvarianz für die $T^\star = 41$ Werte beträgt ungefähr*
>
> $$\sigma_Y^2 \approx \frac{1}{T^\star} \sum_{t=1}^{T^\star} (y_t - 1)^2 = 0{,}024.$$

Als Konsequenz des Modells aus Definition 5.1 ist jetzt die Korrelation zwischen dem systematischen Teil der Insolvenzraten der Branchen gleich eins. Allerdings ist diese systematische Korrelation durch die Residuen überlagert. In Formel (5.1) wird eine Varianzzerlegung durchgeführt, daher wird eine Relation zwischen den Korrelationen und Volatilitäten erzeugt. Aus der Formel der Varianzanalyse (5.17) (in den Rollen von Y als X_{it} und X als Y_t (alternativ Bleymüller und Weißbach 2015a, Tab. 8.8)) ergibt sich die Varianz der X_{it} als Summe der Varianzen:

$$Var(X_{it}) = \sigma_y^2 + \sigma_{\epsilon_i}^2 \tag{5.38}$$

Wie auch in der Varianzanalyse mit festem Effekt (siehe Bleymüller und Weißbach 2015a, Kap. 18) üblich, nimmt Definition 5.1 für die ideosynkratischen Effekte paarweise Unabhängigkeit an. Wegen ihrer Unabhängigkeit von dem Faktor und der – im Vergleich zur

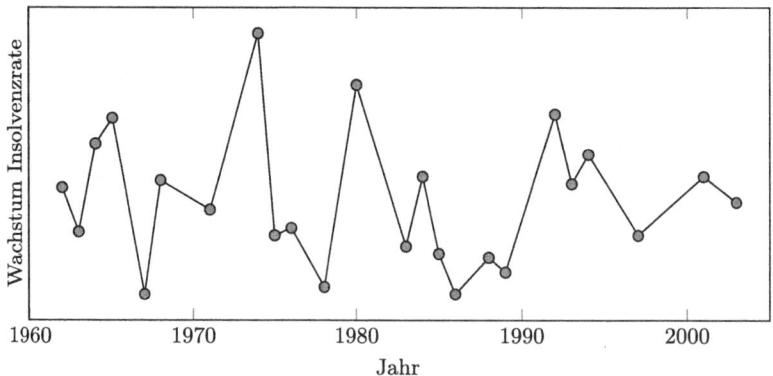

Abb. 5.4 Wachstumsfaktoren der gewerblichen Insolvenzraten in der deutschen Wirtschaft von 1962 bis 2003 (bis 1994 nur Westdeutschland)

5.3 Schätzen des Diversifikationsparameters

Homoskedastizität in (5.34) erweiterten – Heteroskedastizität ergibt sich die Korrelationsmatrix **C** mit den Einträgen

$$C_{ij} = \delta_{ij} + (1 - \delta_{ij}) \frac{1}{\sqrt{1 + \frac{\sigma_{\epsilon_i}^2}{\sigma_Y^2}}\sqrt{1 + \frac{\sigma_{\epsilon_j}^2}{\sigma_Y^2}}} \; , \qquad (5.39)$$

wobei δ_{ij} das Kronecker-Symbol bezeichnet. Gemäß (5.38) ist die Branchenvarianz in die Faktorvarianz und die ideosynkratische Varianz zerlegt. Je kleiner der relative Einfluss des Faktors auf eine gegebene Branche ist, desto größer ist die ideosynkratische Varianz dieses Sektors, und gemäß (5.39) werden die Korrelationskoeffizienten zwischen diesem Sektor und anderen Sektoren kleiner. **C** ist insofern eine Unterschätzung, als dass potenziell negative Kovarianzen zwischen Faktor und einem ideosynkratischen Effekt vernachlässigt, also Korrelationen zwischen Branchen überschätzen werden.

Es handelt sich um die auf Heteroskedastizität verallgemeinerte, balanciert Varianzanalyse mit bekannten Punktschätzern (siehe z. B. Rinne 2008, Teil D:2.2.3). (Auf das Spezifikum eines bekannten Haupteffekts von eins gehen wir nicht näher ein.) Mit den Angaben $E(X_{it}) = E(Y_t) = 1$, (5.38) und (5.39), entspricht – wegen der Reproduktionseigenschaft der Normalverteilung (siehe Bleymüller und Weißbach 2015a, Abschn. 11.6) – die Dichte (1.6) der Normalverteilung der Likelihood in den Parametern $\sigma_{\epsilon_i}^2$, deren Maximum mit den bekannten Schätzern übereinstimmt. Wir wollen ihn als *kanonischen* Schätzer bezeichnen.

> **Beispiel 35** (**2. Fortsetzung**) *Schätzungen für die ideosynkratischen Volatilitäten, $\hat{\sigma}_{\epsilon_i}$, können über den Zeitraum 1994–2000 aus den $T = 6$ Daten der Abb. 5.3 als kanonische Schätzung ermittelt werden (siehe Bleymüller und Weißbach 2015b, Abschn. 13.2):*
>
> $$\hat{\sigma}_{\epsilon_i}^2 = \frac{1}{T-1} \sum_{t=1}^{T} (x_{it} - \bar{x}_{i.})^2$$
>
> *Eigentlich schätzen wir hier die zeitliche Varianz der X_{it}, genauer wollen wir hier momentan nicht werden.*

Ein Konfidenzintervall für den Parameter zu berechnen, wurde vor Satz 3.7 – der Asymptotik des Yule-Walker-Schätzers – mit der risikoerhöhenden Wirkung des Schätzfehlers auf das VaR eines Einzelgeschäfts begründet. Die Parameterunsicherheit wird sich sicherlich auch auf die Portfolioverlustverteilung risikoerhöhend auswirken, d. h. deren Quantile nach „rechts" rücken. Und das in erhöhtem Maße, da für den Abhängigkeitsparameter, wie Beispiel 35 zeigt, Stichproben tendenziell kleiner sind und damit die Quantilerhöhung stärker ausfällt.[6] Diesem Aspekt wollen wir Rechnung tragen, indem wir – anstatt eines Konfidenzintervalls – den Parameter Korrelationsmatrix konservativ schätzen. Für das Faktormodell untersuchen Rosenow und Weißbach (2009) die Sensitivität des Standardfehlers vom Credit-Value-at-Risk zum Niveau eines Konfidenzintervalls.

5.3.3 Bootstrap von Schätzfehlern

Wir wollen, anders als in Abschn. 3.4 und 4.3, die Standardfehler nun nicht mittels der Fisher-Information schätzen. Als Parameter bezeichnen wir hier $\mu_i := \sigma_{\epsilon_i}^2/\sigma_Y^2$. Eine getrennte Festlegung von σ_Y^2 und $\sigma_{\epsilon_i}^2$ ist nicht nötig, da wir zum einen σ_Y^2 als bekannt annehmen und zum anderen weil in (5.39) und (5.41) nur die μ_i auftauchen.

In komplizierten Modellen kann mithilfe der Simulation von Statistiken (engl. *bootstrapping*) der Standardfehler etwa nichtparametrisch geschätzt werden. Ergänze dafür die Notation des Parameters $\hat{\mu}$ um die Daten, aus denen er abgeleitet ist $\hat{\mu}(\mathbf{X}_1, \ldots, \mathbf{X}_T)$, dann ist der Standardfehler (siehe Efron 1982, Formel (1.7))

$$\sqrt{Var_\star \hat{\mu}(\mathbf{X}_1^\star, \ldots, \mathbf{X}_T^\star)}, \tag{5.40}$$

wobei $\mathbf{X}_t^\star$ eine aus der empirischen Verteilung der Stichprobe gezogene Stichprobe bezeichnet. Es gilt nun, zwei Wahrscheinlichkeitsmaße (und dazugehörige Erwartungswerte wie Varianzen) auseinanderzuhalten. Zum einen das Wahre abhängig von μ. Zum anderen sind die Bootstrap-Stichproben Stichproben aus der zur Grundgesamtheit gewordenen Stichprobe. Die Indizierung von $Var_\star$ weist ihre Zugehörigkeit zur empirischen Verteilung aus.

Da neben der Simulationsschleife, aber ebenfalls eine Schleife bei der numerischen Maximierung der Likelihood auftreten kann – auch wenn es beispielsweise im Varianzanalysemodell (Definition 5.1) nicht der Fall ist –, sollten, gerade bei kleinem T, parametrische Annahmen auch für die Simulationsschleifen genutzt werden. Bevor wir ein Beispiel der Methodik vorstellen, wollen wir deren Bestandteil der Simulation zum Verständnis des Schätzfehlers nutzen, also des Abstands zwischen der wahren Korrelationsmatrix $\mathbf{C}$ Matrix und der aus Zeitreihen der Länge T (kanonisch) geschätzten Korrelationsmatrizen $\widehat{\mathbf{C}}$. Wir stellen uns die Wiederholung der Stichprobenziehung unter identischen Bedingungen vor. Die Simulation der Zeitreihen $\{X_{it}\}$, aus denen wir wiederholt den Korrelationsschätzer bestimmen, können wir abkürzen. Wir wollen nun die Zeitreihe für eine Branche als einfache univariate Stichprobe betrachten. Wir nehmen gewissermaßen an, dass $X_{it} = \theta_i + \epsilon_{it}$ ist. Bekanntermaßen besitzt für *eine* Stichprobe (der Gruppe i) $Y := (T-1)\hat{\sigma}_{\epsilon_i}^2/\sigma_{\epsilon_i}^2$ eine Chi-Quadrat-Verteilung mit $T-1$ Freiheitsgraden (siehe Bleymüller und Weißbach 2015a, Abschn. 13.2). Setze $a := (T-1)/\mu_i$. Betrachte den Quotienten

---

[6]Auswirkungen von Unsicherheit auf die Portfoliobewertung beschreiben übrigens bereits Klein und Bawa (1976) bei der Ermittlung von Portfoliogewichten zur optimalen Portfoliowahl. Die Schätzung der Portfoliogewichte analysieren Okhin und Schmid (2006).

5.3 Schätzen des Diversifikationsparameters

$$Z := \frac{\hat{\sigma}_{\epsilon_i}^2}{\sigma_Y^2} = \underbrace{\frac{(T-1)\hat{\sigma}_{\epsilon_i}^2}{\sigma_{\epsilon_i}^2}}_{=Y} \underbrace{\frac{\sigma_{\epsilon_i}^2}{(T-1)\sigma_Y^2}}_{=a^{-1}}.$$

Er ist mittels einer Chi-Quadrat-Verteilung mit $T-1$ Freiheitsgraden beschrieben, denn für $Z = Y/a$ gilt wegen (1.2):

$$f_i(z) = f_{Ch}\left(\frac{T-1}{\mu_i}z/T - 1\right)\frac{T-1}{\mu_i} \tag{5.41}$$

Deren Simulation, eingesetzt in (5.39), stellt bereits den Schätzer der Korrelation dar. Die Standardfehler sind wegen ihrer Abhängigkeit von den wahren Parametern nicht bekannt:

$$Var\left(\frac{\hat{\sigma}_{\epsilon_i}^2}{\sigma_Y^2}\right) = \frac{2\mu_i^2}{T-1}$$

Stellen wir uns für einen Moment die Parameter μ_i als bekannt vor. Wie schwankt der Schätzfehler von einem Simulationsdurchlauf zum nächsten? Die Theorie der Zufallsmatrizen empfiehlt, sich auf große Eigenwerte und zugehörigen Eigenvektoren zu konzentrieren. Aufgrund von Schätzunsicherheiten der Eingabeparameter der Korrelationsmatrix beinhalten die kleinen Eigenwerte keine Information (siehe Laloux et al. 1999; Plerou et al. 1999). Die wahre Korrelationsmatrix **C** ist durch k Parameter charakterisiert und kann daher von *einem* Eigenvektor und Eigenwert beschrieben werden. Die Minimierung des Informationsverlustes ist formalisiert in der Hauptkomponentenanalyse durch Maximierung der Varianz einer (normalisierten) Linearkombination von $\mathbf{X}_t$. Die Varianz ist der größte Eigenwert, und die linearen Gewichte sind die Komponenten des Eigenvektors (siehe Anderson 2003, Kap. 14). Dieses Verfahren gilt auch für die Korrelationsmatrix, da für gegebene Volatilitäten die Kovarianzmatrix der standardisierten Beobachtungen die Korrelationsmatrix ist.

> **Beispiel 35 (2. Fortsetzung)** *Um eine qualitative Erkenntnis der auftretenden Schwankungen zu gewinnen, wählen wir den besonders einfachen hypothetischen Fall, bei dem systematischer Effekt Y_t und ideosynkratischer Effekt ϵ_{it} die gleiche Volatilität haben, d. h. $\mu_i \equiv 1$. Die Korrelationsmatrix aus den Einträgen $C_{ij} = \delta_{ij} - (1-\delta_{ij})/2$ hat als größten Eigenwert $\lambda_k = 10{,}5$ mit zugehörigem Eigenvektor*
>
> $$u_i^{(k)} \equiv 1/\sqrt{k}. \tag{5.42}$$
>
> *Wir führen eine Simulation für $k = 20$ und $T = 6$ durch. Für jeden von 500.000 Simulationsläufen werden die folgenden Schritte durchgeführt:*

1. Es wird eine Menge von $k = 20$ Werten für die Quotienten $\hat{\sigma}_{\epsilon_i}^2/\sigma_Y^2$ aus einer χ^2-Verteilung mit Parametern $T = 6$ und $\mu_i \equiv 1$ gemäß (5.41) simuliert.
2. Hieraus wird eine Matrix $\widehat{\mathbf{C}}_{\text{sim}}$ gemäß (5.39) berechnet.
3. Es wird deren größter Eigenwert $\lambda_{k,\text{sim}}$ und der zugehörige Eigenvektor $\mathbf{u}_{\text{sim}}^{(k)}$ berechnet.

Die Simulationsläufe erlauben, die Verteilung für beide Größen zu approximieren. Die Verteilung der Eigenwerte hat einen Mittelwert von $\bar{\lambda}_{k,\cdot} = 11{,}314$, dieser ist deutlich größer als der wahre Eigenwert $\lambda_k = 10{,}5$. Folglich ist die kanonische Schätzung der Korrelationsmatrix verzerrt.

Dass die ML-Schätzung verzerrt sein kann, spielte in Kap. 3 und 4 keine Rolle, weil wegen der relativ großen Stichproben eine Behandlung des Themas unverhältnismäßig gewesen wäre. Für kleine Fallzahlen zeigt das Beispiel nun, dass – vor einer konservativen Abschätzung – eine unverzerrte Schätzung für $\mathbf{C}$ interessant erscheint. Wir lösen uns nun von der beispielhaften Annahme $\mu_i \equiv 1$, für alle i.

Die Idee ist nun folgende: In der Studie erzeugt ein wahrer Parameter μ eine Stichprobe, deren ML-Schätzung $\hat{\mu}$ zu groß ist. In der Simulation entsteht mit derselben Datenerzeugung in jeder Bootstrap-Stichprobe ein Datensatz aus einem bekannten Parameter, den wir als $\hat{\mu}$ wählen können, dessen ML-Schätzer dann noch einmal über $\hat{\mu}$ liegt. Unter der Annahme, dass aber der Betrag der Überschätzung für beide Situationen gleich ist, kann ich die Überschätzung – verdurchschnittlicht über die Bootstrap-Stichproben – in der Simulation beobachten. Diese, von $\hat{\mu}$ abgezogen, entzerrt den Schätzer für μ.

Nun im Detail: Die nichtparametrischen Bootstrap-Stichproben sind Stichproben aus der zur Grundgesamtheit gewordenen Stichprobe. Hier hingegen ist die Grundgesamtheit über die Chi-Quadrat-Verteilung und deren Parameter $\hat{\boldsymbol{\mu}}$ (inklusive $\hat{\lambda}_k$) terminiert. Letzteres verwenden wir deswegen als Symbol statt des $\star$ im nichtparametrischen Bootstrap von (5.40). Zur Entzerrung von $\widehat{\mathbf{C}}$, genauer dessen größten Eigenwerts $\hat{\lambda}_k$, betrachte Letzteren als einen unverzerrten Schätzer für den Erwartungswert $E_{\hat{\lambda}_k}(\lambda_{k,\text{sim}})$, also aus nur einer Beobachtung. (Die Definition von $\lambda_{k,\text{sim}}$ gelte entsprechend dem Beispiel.) Man bezeichne die Simulation als Abbildung $G : \mathbb{R}^k \to \mathbb{R}^{k+1}$, genauer

$$G : (\mu_1, \ldots, \mu_k) \to \left\{ \bar{\lambda}_{k,\cdot}, \left(\bar{u}_{1,\cdot}^{(k)}, \ldots, \bar{u}_{k,\cdot}^{(k)} \right)' \right\}.$$

Dabei hat der Bildbereich von $G(\cdot)$ die Dimension k, da der Eigenvektor $\bar{\mathbf{u}}^{(k)}$ normiert ist. Die kanonische Schätzung als ML-Schätzung betrachtend, also vom minimierenden Argument der Likelihood auf den wahren Parameter μ zu schließen, ist ein Teil der in (5.43) skizzierten Abbildung $G(\cdot)$. Der Rückschluss erfolgt als Gleichsetzung.

5.3 Schätzen des Diversifikationsparameters

$$G : \begin{pmatrix} \sigma_{\epsilon_1}^2 \\ \sigma_Y^2 \end{pmatrix}, \ldots, \begin{pmatrix} \sigma_{\epsilon_k}^2 \\ \sigma_Y^2 \end{pmatrix} \longrightarrow \begin{pmatrix} \hat{\sigma}_{\epsilon_1}^2 \\ \sigma_Y^2 \end{pmatrix}, \ldots, \begin{pmatrix} \hat{\sigma}_{\epsilon_k}^2 \\ \sigma_Y^2 \end{pmatrix} \xrightarrow{\text{sim}} \{\hat{\mathbf{C}}\} \longrightarrow \left(\bar{\lambda}_{k,\cdot}, \bar{\mathbf{u}}^{(k)}_{\cdot}\right) \quad (5.43)$$

Ziel ist es, grob gesagt, beim Rückschluss der ML-Schätzer auf die Parameter *nicht* die Gleichheit anzuwenden, sondern eine passendere Zuweisung. Nun führen die ML-Schätzer in Abbildung $G(\cdot)$, wie uns die Simulation in Beispiel 35 gelehrt hat, zu einem im Mittel zu großen größten Eigenwert. Der Rückschluss soll aus dem Bildbereich von $G(\cdot)$ erfolgen, weil wir in dessen erster Koordinate die Unordnung festgestellt haben. Grob gesprochen gehen wir davon aus, dass $G : x \to (y_1, \mathbf{y}_2)$ monoton in y_1 ist (mit x als Parameter und y_1 als größtem Eigenwert). Eine Verringerung von x führt also zu einem kleineren größten Eigenwert. Zur Verringerung der Verzerrung im Eigenwert, also der ersten Koordinate des Bildes von $G(\cdot)$, wünschen wir einen Vektor „kleinerer" Modellparameter $\mu_{i,\text{boot}}$, also Urbildern von $G(\cdot)$, so dass nach einer gedanklich unbeschränkten Bootstrap-Simulation, im wahren Mittel der größte simulierte Eigenwert, dem der (Ausgangs-)Stichprobe entspricht, d. h.

$$E(\lambda_{k,\text{sim}}) = \hat{\lambda}_k.$$

Dafür benötige ich das Urbild von $G(\cdot)$ am in der ersten Koordinate kleineren $(\hat{\lambda}_k, \bar{\mathbf{u}}^{(k)}_{\cdot})$.

Da wir die Inverse von $G(\cdot)$ benötigen, approximieren wir zunächst $G(\cdot)$. Dafür nutzen wir zum einen, dass die Mittlung – über Bootstrap-Stichproben – bei beliebig vielen Simulationsdurchläufen zum Erwartungswert (bezüglich der Bootstrap-Verteilung) wird.[7] Auch linearisieren wir die Bildung von Eigenwert und -vektor, sodass das Mittel der größten Eigenwerte und -vektoren von simulierten Matrizen ungefähr der größte Eigenwert und -vektor der gemittelten Matrizen ist. Die Schritte der Ziehung und Mittlung in (5.43) verkürzen sich zu einer analytisch-approximativen Darstellung wie (5.44) oben andeutet.

$$G : \begin{pmatrix} \sigma_{\epsilon_1}^2 \\ \sigma_Y^2 \end{pmatrix}, \ldots, \begin{pmatrix} \sigma_{\epsilon_k}^2 \\ \sigma_Y^2 \end{pmatrix} \longrightarrow E\left(\hat{\mathbf{C}}_{\text{sim}}\right) \longrightarrow \left\{\lambda_k\left[E\left(\hat{\mathbf{C}}_{\text{sim}}\right)\right], \mathbf{u}^{(k)}\left[E\left(\hat{\mathbf{C}}_{\text{sim}}\right)\right]\right\}$$

$$G : (\mathbf{x}) \longrightarrow \mathbf{A}(\mathbf{x}) \longrightarrow \mathbf{A}(a, \mathbf{b}) \longrightarrow (a, \mathbf{y}_2) \longrightarrow (y_1, \mathbf{y}_2) \quad (5.44)$$

Das Problem ist nun, von $k+1$ Statistiken (mit einer Restriktion) im Bild von $G(\cdot)$ auf die k Parameter in dessen Urbild zurück zu schließen. Dafür ist ein Gleichungssystem (GS) mit k Gleichungen nötig, die aber *alle* Koordinaten des Bilds enthalten.

Zuerst wird der Erwartungswert $E(\hat{\mathbf{C}}_{\text{sim}})$ aus der Darstellung (5.39) bezüglich der Verteilung von (5.41), also $\mathbf{A}(\mathbf{x})$, berechnet.

Wir beschränken uns jetzt auf die Situation unseres Beispiels $T = 6$ und definieren für jede Koordinate einer vorläufigen k-dimensionalen Abbildung von $G(\cdot)$, $g_i(\mu_i)$, einen Erwartungswert bezüglich μ_i:

---

[7] Wir nennen die Verteilung nun nicht mehr *empirisch,* weil damit die nichtparametrische Verteilung bezeichnet ist.

$$g_i(\mu_i) := E\left[\left(1+\frac{\hat{\sigma}_{\epsilon_i}^2}{\sigma_Y^2}\right)^{-1/2}\right] = \int_0^\infty \frac{1}{\sqrt{1+\eta\frac{\mu_i}{5}}} f_{Ch}(\eta/5)d\eta$$

$$= \frac{25}{6}\sqrt{\frac{5}{2\pi}}\mu_i^{-5/2}e^{5/(4\mu_i)}\left[K_0\left(\frac{5}{4\mu_i}\right)+\left(-1+\frac{2\mu_i}{5}\right)K_1\left(\frac{5}{4\mu_i}\right)\right] \quad (5.45)$$

Dabei wurde (1.3) genutzt.

Wir parametrisieren nun auf $k+1$ Dimensionen um, also von **x** auf $(a, \mathbf{b})$. Zu diesem Zweck normieren wir $\{g_i(\mu_i)\}$ und verwenden die Norm als ersten von $k+1$ Parametern. Es ist (siehe (5.39))

$$E(\hat{C}_{ij}) = \delta_{ij} + (1-\delta_{ij})ab_ib_j, \quad \text{mit} \quad \sum_{i=1}^k b_i^2 = 1.$$

Die Parameter sind, wegen der Unabhängigkeit von ϵ_i und ϵ_j, gegeben durch

$$\sqrt{a}b_i = E\left[\left(1+\frac{\hat{\sigma}_{\epsilon_i}^2}{\sigma_Y^2}\right)^{-1/2}\right] \quad \text{bzw. als GS} \quad \{\sqrt{a}b_i\} = \{g_i(\mu_i)\}.$$

Auf dem Weg der Unterabbildung $(a, \mathbf{b}) \to (\mathbf{y}_1, \mathbf{y}_2)$ ist Folgendes hilfreich. Der größte Eigenwert, $\lambda_k[E(\widehat{\mathbf{C}}_{\text{sim}})]$, und der zugehörige Eigenvektor, $\mathbf{u}^{(k)}[E(\widehat{\mathbf{C}}_{\text{sim}})]$, von $E(\widehat{\mathbf{C}}_{\text{sim}})$ sind gute Approximationen für $\bar{\lambda}_{k,\cdot}$ und $\bar{\mathbf{u}}_{\cdot}^{(k)}$ (also für $(\mathbf{y}_1, \mathbf{y}_2)$). Sie sollen jetzt bestimmt werden. Zunächst wird der Eigenwert $\lambda_k[E(\widehat{\mathbf{C}}_{\text{sim}})]$ approximiert mit dem Ansatz („$\mathbf{b} = \mathbf{y}_2$")

$$u_i^{(k)}[E(\widehat{\mathbf{C}}_{\text{sim}})] = b_i.$$

Somit kann von a auf y_1 geschlossen werden. Denn es ist

$$\sum_{j=1}^k E(\widehat{\mathbf{C}}_{\text{sim},ij})b_j = \left(1-ab_i^2\right)b_i + ab_i \approx \left(1-\frac{a}{k}+a\right)b_i.$$

Die obige Approximation ist gerechtfertigt, weil die Ersetzung von b_i^2 durch $1/k$ (wie in (5.42)) im führenden Term ($b_i^2 \ll 1$) gemacht wurde. Damit ist

$$\lambda_k[E(\widehat{\mathbf{C}}_{\text{sim}})] \approx 1 + a\left(1-\frac{1}{k}\right) \Leftrightarrow a = \frac{\lambda_k[E(\widehat{\mathbf{C}}_{\text{sim}})]-1}{1-\frac{1}{k}}.$$

Wir können alle abstrakten Schritte in (5.44) (unten) rückwärts schließend durchlaufen (Bijektivität). Wir gehen von $\left(\hat{\lambda}_k, \bar{\mathbf{u}}_{\cdot}^{(k)}\right)$, oder fast identisch von $\left(\hat{\lambda}_k, \{\hat{u}_i^{(k)}\}\right)$, aus.

Mit den Approximationen hat die gesuchte Umkehrabbildung G^{-1} die Komponentendarstellung

5.3 Schätzen des Diversifikationsparameters

$$\mu_i = g^{-1}\left(\sqrt{\frac{E(\lambda_{k,\text{sim}})-1}{1-\frac{1}{k}}}\; E\left(u_{i,\text{sim}}^{(k)}\right)\right).$$

Mit dem analytischen Ausdruck (5.45) für $g(\mu_i)$, lässt sich die Umkehrfunktion $g^{-1}(y)$ gut numerisch berechnen.

Die neuen Parameter für die Invertierung sind folglich definiert durch

$$\{\mu_{i,\text{boot}}\} = G^{-1}\left(\hat{\lambda}_k, \left\{\hat{u}_i^{(k)}\right\}\right).$$

Jetzt kann die Menge $\{\mu_{i,\text{boot}}\}$ als optimaler Schätzer (bezüglich der Schätzung der Korrelationsmatrix aus endlichen Zeitreihen) für die Quotienten $\sigma_{\epsilon_i}^2/\sigma_Y^2$ in (5.39) verwendet werden, um die „wahre" theoretische Korrelationsmatrix $\mathbf{C}_{\text{boot}}$ gemäß (5.39) abzuleiten.

Beispiel 35 (3. Fortsetzung) *Der größte Eigenwert von $\mathbf{C}_{\text{boot}}$ ist $\lambda_{k,\text{boot}} = 11{,}838$ und damit kleiner als die kanonische Schätzung $\hat{\lambda}_k = 12{,}348$.*
Der Unterschied zwischen den beiden Werten kommt aufgrund der oben beschriebenen systematischen Verschiebung der Eigenwerte zustande. Der zum größten Eigenwert von $\mathbf{C}_{\text{boot}}$ gehörende Eigenvektor $\mathbf{u}_{\text{boot}}^{(k)}$ ist übrigens fast identisch mit dem Eigenvektor von $\widehat{\mathbf{C}}$.

Betrachten wir nun das ursprüngliche Problem eines Standardfehlers für $\hat{\mu}$, bzw. einer konservativen Abschätzung.

Beispiel 35 (4. Fortsetzung) *Die Stärke der Schwankungen des Eigenwerts können wir durch die Standardabweichung*

$$\sigma_\lambda^{\text{boot}} := \sqrt{\overline{\lambda_{k,\cdot}^2} - \left(\bar{\lambda}_{k,\cdot}\right)^2} \tag{5.46}$$

beschreiben, wobei in $\overline{\lambda_{k,\cdot}^2}$ erst die $\lambda_{k,\text{sim}}$ quadriert und dann über sim gemittelt wird. Es ist $\sigma_\lambda^{\text{boot}} = 0{,}65$. Für die Eigenvektorkomponenten ergeben sich ebenfalls erhebliche Schwankungen. Um diese festzustellen, berechnen wir mit analoger Notation die Standardabweichung

$$\sigma_{u_i}^{\text{boot}} := \sqrt{\overline{\left(u_{i,\cdot}^{(k)}\right)^2} - \left(\bar{u}_{i,\cdot}^{(k)}\right)^2}. \tag{5.47}$$

Die Simulationen für die homoskedastische Vereinfachung des Modells nach Definition 5.1 ergeben $\sigma_{u_i}^{\text{boot}} = 0{,}0284$, was für jedes i gilt.

Während in der Simulation des Beispiels 35 die Standardabweichungen von Eigenwerten und -vektoren als Mittel über *endlich* viele Stichproben ermittelt wurden, können wir gedanklich die Anzahl der Stichproben als unbeschränkt ansehen. Die Mittelwerte in (5.46) und (5.47) werden dann zu Erwartungswerten bezüglich der (durch $\hat{\mu}$ bestimmten) Bootstrap-Verteilung. Wir wollen, mit so geänderten Definitionen, weiter die Standardabweichungen des größten Eigenwerts mit σ_λ^{boot} und die der Eigenvektorkoordinaten mit $\sigma_{u_i}^{boot}$ bezeichnen.

Wir können die Methodik zur Entzerrung des Punktschätzers auch nutzen, um konservative Schätzungen für die Korrelationsmatrix (der relativen PD-Bewegungen des Modells (5.18)) zu erstellen. Der konservativste Ansatz wäre, alle Korrelationen als eins anzunehmen, d. h. $u_i^{(k)} = 1/\sqrt{k}$ für alle i. Dann wäre das Modell aber gewissermaßen ein Einbranchenmodell. Jede Möglichkeit, konzentriertes Risiko in bestimmten Branchen zu messen, wäre nicht mehr möglich. Das Modell würde die Diversifizierung über Branchen nicht zulassen.

Als kontrollierte Mediation sollten „Fälle" von Aufschlägen von $x = 1, 2, 3$ Standardabweichungen für die Fluktuationsgrößen eingeführt werden, sodass das vorhergesagte Risiko für das Portfolio erhöht wird. Um dies zu erreichen kann wie folgt vorgegangen werden: Es werden Parameter $\{\mu_{i,\text{Fall}}\}$ ermittelt, sodass

1. die Verzerrung im größten Eigenvektor entfernt wird,
2. der Erwartungswert $E(\lambda_{k,\text{sim}})$, der aus den Simulationen mit den Parametern $\{\mu_{i,Fall}\}$ berechnet wurde, um x Standardabweichungen σ_λ^{boot} größer ist als der zugehörige Erwartungswert, der auf Basis der Parameter $\{\mu_{i,\text{boot}}\}$ berechnet wurde,
3. die Erwartungswerte $E\left(u_{i,\text{sim}}^{(k)}\right)$ der Eigenvektorkomponenten, die aus den Simulationen mit den Parametern $\{\mu_{i,\text{Fall}}\}$ berechnet wurden, um x Standardabweichungen $\sigma_{u_i}^{boot}$ dichter an dem konservativsten Wert $1/\sqrt{k}$ liegen, als die zugehörigen Erwartungswerte aus den Simulationen mit den Parametern $\{\mu_{i,\text{boot}}\}$.

Für Details und die Quantifizierung von dessen Einfluss auf das Credit-Value-at-Risk anhand eines Beispielportfolios siehe Rosenow und Weißbach (2009).

Literatur

Agresti, A.: Categorical Data Analysis, 2. Aufl. Wiley, Hoboken (2002)
Amann, H., Escher, J.: Analysis I, 3. Aufl. Birkhäuser, Basel (2005)
Andersen, P.K., Borgan, Ø., Gill, R.D., Keiding, N.: Statistical Models Based on Counting Processes. Springer, New York (1993)
Anderson, T.W.: An Introduction to Multivariate Statistical Analysis, 3. Aufl. Wiley, New York (2003)
Backhaus, K., Erichson, B., Plinke, W., Weiber, R.: Multivariate Analysemethoden, 14. Aufl. Springer, Berlin (2016)
Basel Committee on Banking Supervision. International convergence of capital measurement and capital standards – a revised framework. Technical report, Bank for International Settlements, June (2004)

Basler Ausschuss für Bankenaufsicht. Die Neue Baseler Eigenkapitalvereinbarung, Konsultationspapier, Basler Ausschuss für Bankenaufsicht (Übersetzung Deutsche Bundesbank), April (2003)

Bickel, P.J., Doksum, K.A.: Mathematical Statistics: Basic Ideas and Selected Topics, 2. Aufl., Bd. 1. Pearson & Prentice Hall, New Jersey (2007)

Bleymüller, J., Weißbach, R.: Statistik für Wirtschaftswissenschaftler, 17. Aufl. Vahlen, München (2015a)

Bleymüller, J., Weißbach, R.: Statistische Formeln und Tabellen, 13. Aufl. Vahlen, München (2015b)

Bluhm, C., Overbeck, L.: Systematic risk in homogeneous credit portfolios. In: Bol, G. (Hrsg.) Credit Risk; Measurement. Evaluation and Management; Contributions to Economics. Physica, Heidelberg (2003)

Bluhm, C., Overbeck, L., Wagner, C.: An Introduction to Credit Risk Modeling. Chapman & Hall, London (2002)

Bröker, F.: Quantifizierung von Kreditportfoliorisiken. Knapp, Frankfurt (2000)

Bürgisser, P., Kurth, A., Wagner, A., Wolf, M.: Integrating correlations. Risk Mag. **12**(7), 57–60 (1999)

Credit Suisse First Boston (CSFB). CreditRisk+: a credit risk management framework. Technical report, Credit Suisse First Boston (1997)

Crouhy, M., Galai, D., Mark, R.: Comparative analysis of current credit risk models. J. Bank. Finance **24**, 59–117 (2000)

Duan, J.-C.: Maximum likelihood estimation using price data of the derivative contract. Math. Finance **4**, 155–167 (1994)

Efron, B.: The Jacknife, the Bootstrap and Other Resampling Plans. SIAM, Philadelphia (1982)

Federal Reserve System Task Force on Internal Credit Risk Models (Hrsg.): Credit risk models at major U.S. banking institutions: Current status of the art and implications for assessments of capital adequacy. Technical report, FED, 5/1998

Finger, C.C.: Sticks and Stones. Technical report, RiskMetrics Group publication, New York (1998)

Fleiss, J.L., Levin, B., Paik, M.C.: Statistical Methods for Rates and Proportions. Wiley, Hoboken (2013)

Gordy, M.B.: A comparative anatomy of credit risk models. J. Bank. Finance **24**, 119–149 (2000)

Gordy, M.B.: A risk-factor foundation for ratings-based capital rules. J. Fin. Intermed. **12**(3), 199–232 (2001)

Gouriéroux, C., Monfort, A.: Statistics and Econometric Models, Bd. 2. Cambridge University Press, Cambridge (1995b)

Gupton, G.M., Finger, C.C., Bhatia, M.: CreditMetrics. Technical report, J.P. Morgan (1997)

Haaf, H., Tasche, D.: Calculating value-at-risk contributions in CreditRisk+. Technical report, arXiv:cond-mat/0112045 v2 1, Mar 2002 (2002)

Hougaard, P.: Analysis of Multivariate Survival Data. Springer, New York (2001)

Johnson, N., Kotz, S., Balakrishnan, N.: Continuous Univariate Distributions, Bd. 1. Wiley, New York (1994)

Klein, R., Bawa, V.: The effect of estimation risk on optimal portfolio choice. J. Finance Econ. **3**, 215–231 (1976)

Kotz, S., Balakrishnan, N., Johnson, N.L.: Continuous Multivariate Distributions, Bd. 1. Wiley, New York (2000)

Koyluoglu, H., Stoker, J.: Honour your contribution. Risk Mag. **15**(April), 90–94 (2002)

Kurth, A., Tasche, D.: Contributions to credit risk. Risk Mag. **16**(March), 84–88 (2003)

Laloux, L., Cizeau, P., Bouchaud, J.-P., Potters, M.: Random matrix theory. J. Risk **12**, 69 (1999)

Madsen, R.W.: Generalized binomial distributions. Commun. Stat. – Theory & Methods **22**, 3065–3086 (1993)

Martin, R., Wilde, T.: Unsystematic credit risk. Risk **15**(November), 123–128 (2002)

Martin, R., Thompson, K., Browne, C.: Taking to the saddle. Risk Mag. **14**(June), 91–94 (2001)

McNeil, A.J., Frey, R., Embrechts, P.: Quantitative Risk Management: Concepts, Techniques and Tools. Princeton University Press, Princeton (2005)

Neuberger, D.: Mikroökonomik der Bank. Vahlen, München (1998)

Ohkin, Y., Schmid, W.: Distributional properties of portfolio weights. J. Econometr. **134**, 235–256 (2006)

Panjer, H.H., Willmot, G.E.: Insurance Risk Models. Society of actuaries, Schaumberg (1992)

Plerou, V., Gopikrishnan, P., Rosenow, B., Amaral, L.A.N., Stanley, H.E.: Universal and non-universal properties of cross-correlations in financial time series. Phys. Rev. Lett. **83**, 1471 (1999)

Praschnik, J., Hayt, G., Principato, A.: Calculating the contribution. Risk Mag. **2001**(October), S25–S27 (2001)

Rinne, H.: Taschenbuch der Statistik. Harri Deutsch, Frankfurt a. M. (2008)

Rosenow, B., Weißbach, R.: Modelling correlations in credit portfolio risk. J. Risk Manage. Financial Inst. **3**, 16–30 (2009)

Shiryaev, A.N.: Probability. Springer, New York (1996)

Siburg, K.F., Stoimenov, P.: A scalar product for copulas. J. Math. Anal. Appl. **344**, 429–439 (2008)

Statistisches Bundesamt: Klassifikation der Wirtschaftszweige – Mit Erläuterungen. Statistisches Bundesamt, Wiesbaden (2008)

Stefanescu, C., Turnbull, B.W.: Likelihood inference for exchangeable binary data with varying cluster sizes. Biometrics **59**, 18–24 (2003)

Tasche, D.: The single risk factor approach to capital charges in case of correlated loss given default rates. Technical report, Deutsche Bundesbank (2004)

Weißbach, R., Herzog, M.: Schätzung des Kariesbefalls 3–5 jähriger Kinder aus einstufigen Clusterstichproben. Das Gesundheitswesen **71**, 121–126 (2009)

Weißbach, R., Radloff, L.: Consistency in the negative bionomial regression when the covariate is fixed. Technical report, University of Rostock (2018)

Weißbach, R., von Lieres und Wilkau, C.: Economic capital for non-performing loans. Fin. Markets. Portfolio Mgmt. **24**, 67–85 (2010)

Weißbach, R., Herzog, M., Menzel, G.: Regionaler Anteil kariesfreier Vorschulkinder – eine clusterrandomisierte Studie in Südhessen. AStA Wirtsch. Sozialstat. Arch. **9**, 27–39 (2015)

Zhou, G., Donner, A.: Confidence interval estimation of the intraclass correlation coefficient for binary outcome data. Biometrics **60**, 807–811 (2004)

Sachverzeichnis

8 %-Regel, 215
δ-Hedging, 87

A
Abzinsen, *siehe* Diskontieren
Aktienkurs, 85
Aktiva, 195
    Korrelation, 209
Anlagen (Korrelation), 215
Anleger, 55
Anleihe, 181
    ausfallgefährdete, 137, 182
    nicht ausfallgefährdete, 52
Anspruch, *siehe* Option
Approximation
    Poisson, 7
    Taylor, 7, 139, 161
Äquivalenz stochastischer Prozesse, 15
Arbitrage, 54
    Freiheit, 55
Asset, *siehe* Aktiva
    correlation, *siehe* Aktiva
    value, *siehe* Firmenwert
Ausfallintensität, 29
    altersspezifisch, 140
    konstante, 135
Ausfallkorrelation, 218
Ausfallversicherung, digitale, 148
Ausfallwahrscheinlichkeit, 133, 150
    binnen einen Jahres, 133
    instantane, 132

B
Bürgschaft, 146
Backshift-Operator, 113
Bandbreitenwahl, 163
Barwert, **50**
Basel
    I, 214, 217
    II, 215
Basispunkte, 140
Bernouille-Modell, einperiodisches, 73
Bewertung, 63
    von Anleihen, 148
Bewertungswährung, 55
Bid-offer spread, 50
Black-Scholes-DGL, 91
Bond pricing, *siehe* Bewertung von Anleihen
Bootstrap, 228
Borel'sche σ-Algebra, 15
Brown'sche Bewegung, geometrische, 85
Bullet, *siehe* Kreditstruktur, endfällige
Bundesanstalt für Finanzdienstleistungsaufsicht, 95

C
Call, *siehe* Option
Call-Put-Parität, 69
Cash and carry, *siehe* Termingeschäft
Cash settlement, *siehe* Termingeschäft
Claim, *siehe* Option
Confounding, *siehe* Simpson-Paradoxon
Cost of carry, *siehe* Termingeschäft
Counterparty risk, *siehe* Risiko
Credit
    pricing, *siehe* Kreditbewertung

spread, *siehe* Kreditaufschlag, Kreditrisikoaufschlag
value at risk, *siehe* Verlust

D
Darlehen, *siehe* Kredit
Debt, *siehe* Kredit
Defaultable bond, *siehe* Anleihe
Derivat, 87
Differentialgleichung (Black-Scholes), 93
Digital default put, *siehe* Ausfallversicherung
Diskontfaktor, 50
Diskontieren, 50, 147
Diversifikation, 188, 202, 209
Domestic rate, *siehe* Bewertungswährung
Downside potential, *siehe* Risiko
Durchschnitt, gleitender, 108, 110

E
Economic capital, *siehe* Kapital
Eigenkapital, 212
Eigenkapitalbindung, 215
Eigenkapitalunterlegung, 95
Einzelgeschäft
    multivariates, 100
    univariates, 96
Engagement, 134, 146, 191
Event history analysis, 132
Exchange rate, *siehe* Fremdwährung
Expected shortfall, 95
Exposition, 167
Exposure, *siehe auch* Engagement
    at default, 146

F
Fair price, *siehe* Marktwert
Faktormodell, 222
Filter
    absolut summierbarer, 26
    linearer, 26
Filtration, 10
Finanzprodukt, nicht-lineares, 68
Firmenwert, 182
Fixing, 62
Floating rate, *siehe* Zins
forward (interest) rate, *siehe* Termingeschäft

FRA, *siehe* Termingeschäft
Fremdkapitalanteil, 182
Fremdwährung, 55
Funktion
    charakteristische, 214
    Impulsantwort, 26
    Korrelation, 23–25, 114
    Kovarianz, 23, 25
    Likelihood, 126
    Mittelwert, 23
    Überlebenszeit, 132
    Varianz, 23
    wahrscheinlichkeitserzeugende, 6, 192
fx forward, *siehe* Termingeschäft

G
Garantie, 146
Generator, 17
Gewinnspekulation, 54
Gleichung, charakteristische, 116

H
Handelsstrategie, selbstfinanzierende, 82
Hazardrate, 28
Hedge, *siehe* Replikation

I
Implied volatility, *siehe* Volatilität
Insolvenz, 182
Integral
    Itô, 42
    Riemann-Stieltjes, 44
    stochastisches, 41
    Stratonovich, 42
Integration (Lebesgue-Stieltjes), 161, 162
Integrierbarkeit, gleichgradige, 36
Intensitätsrate, 34
Invertierbarkeit, 117
Investor, *siehe* Anleger
Irrfahrt, 22, 122
Itô-Calculus, 44

K
Kapital
    Eigenkapital, 187
    ökonomisches, 187, 198

Sachverzeichnis

Kappa, 218
Kohortenmethode, 152
Komponente
   Saison, 108
   Trend, 108
Kosten
   Inkrement, 78
   Standardrisiko, 131, 134, 213
Kovarianzmatrix, 24
Kredit, 134, 223
   endfälliger, 137
   notleidender, 191
Kreditaufschlag, 142
Kreditbewertung, 215
Kreditportfoliomodell
   asymptotisches, 199
   CreditMetrics, 190, 195, 209, 222
   CreditPortfolioView, 190
   CreditRisk+, 190, 192, 205, 222
   KMV Portfoliomanager, 190
Kreditrisiko derivativer Produkte, 145
Kreditrisikoaufschlag, 147
Kreditstruktur, endfällige, 52

L

Lag-Operator, 113
Leerverkauf, 55, 87
Lemma (Fatou), 41
Levinson-Durbin-Rekursion, 126
Liabilities, *siehe* Passiva
LIBOR, 51, 62
Life-death-life, 191
Linear proxy, 99
Loan, *siehe* Kredit
Log-Rang-Test, 164
Loss given default, *siehe* Verlust

M

Market risk, *siehe* Risiko
Markovkette, *siehe* Markov-Prozess
Markt
   effizienter, 50
   Sekundärmarkt, 145
Marktwert, 57
Martingal, 18, 33, 74
   lokales, 38
   Submartingal, 18

Supermartingal, 18, 41
Merton-Modell, 182, 195
Mindestanforderungen, 95
Modell ohne Wiedereinbringung, 146
Monte-Carlo-Simulation, 99
Moving-Average-Prozess
   autoregressiv integrierter, 122
   autoregressiver, 120
   invertierbar autoregressiver, 121

N

Netting, *siehe* Risiko
Nominal, 52, 62, 137
   Methode der fiktiven Nominale, 63
Notional, *siehe* Nominal

O

Obligo, *siehe* Engagement
Observational study, *siehe* Beobachtungsstudie
Odds Ratio, *siehe* Risiko
Option
   Aktien, 67
   europäische, 67
   Kauf, 67
   Verkauf, 68
Optionspreisbewertung
   Black-Scholes-Formel, 91
   lineare Regression, 77
   stetige, 84, 182

P

Parsimony, *siehe* Sparsamkeit
Passiva, 195
Physical settlement, *siehe* Termingeschäft
Polynom, charakteristisches, 117
Präferenzfreiheit, 73
Pre-settlement risk, *siehe* Risiko
Present value, *siehe* Barwert
Pricing, *siehe* Bewertung
Probability of default (PD), *siehe* Kreditrisiko
Prozess
   allgemein linearer, 26
   autoregressiver, 118
   Brown'sche Bewegung, 85, 195, 204
   Cox, 35

einfacher, 41
Erneuerungsprozess, 32
Intensität, 29, **156**
Itô, 45
Kompensator, 29, 35, 138
Kosten, 78
Markov-Prozess, 16, 32, 150
Martingal, 156, 166
Moving-Average, 113
Poisson-Prozess
    homogener, 34
    inhomogener, 34
Punktprozess, 32
Sprungprozess, 27
stochastischer, 15, 21
Variationsprozess, 166
Wiener, 85
Zählprozess, 32, 197
Put, *siehe* Option

R
Random walk, *siehe* Irrfahrt
Rating, *siehe auch* Ausfallwahrscheinlichkeit, 134, 150, 172, 187
    Klasse, 199, 217
Rauschen, weißes, 22, 23, 25, 108
Rechtszensierung, 150, 152
Recovery, *siehe* Wiedereinbringung
Regression
    lineare, 79, 111
    logistische, 166
Rekursion
    Leibniz-Rekursion, 194
    Panjer, 205
Rendite, 209
Replikation, 53, 144
Replikationsstrategie, 86
Risiko
    Attribution, 213
    averses, 144
    idiosynkratisches, 209
    Kontrahenten, 146
    Kredit, 131, 134
        Portfolio, 190
    Marktpreis, **54**, 85, 182
        Portfolio, 188
    relatives, 167
    systematisches, 209

Wiedereindeckung, 146
Risikotragfähigkeit, 187

S
Satz
    Doob's Optional Stopping, 37
    Fundamentalsatz, 137, 147
    Isometrie, 44
    nach Fubini, 41
    nach Itô, 47, 89
    nach Leibniz, 194
    nach Rebolledo, 166
Schätzer
    Dichte, 161
    Hazardrate, 162
    Kaplan-Meier, 161
    Kern, 163
    markt-impliziter, 181
    Maximum-Likelihood-Schätzer, 128
    Nelson-Aalen-Schätzer, 159, 165
Security, *siehe* Sicherheit
Short selling, *siehe* Leerverkauf
Sicherheit, 87
Simpson-Paradoxon, 170
Sparsamkeit, 121
Spekulation, 54
Stationarität, 32
    Kovarianz, 24
    Mittelwert, 24
    schwache, 24, 25
    strenge, 25
    Varianz, 24
Störkomponente, 108
Stoppzeit, 12, 13, 38
Strike, *siehe* Option
Strip, *siehe* Zerlegung
Studie
    Beobachtungsstudie, 171
    einfache Stichprobe, 150, 167
    Fall-Kontroll-Studie, 167
Subadditivität, 189, 202
Swap
    Basis, 66
    Devisen, 67
    Zins, 62
Swaption, 67

Sachverzeichnis

T
Tenor, *siehe* Termingeschäft
Termingeschäft
    Aktien, **53**, 97
    Devisen, 55, 100
    Waren, 53
    Zins, 56
Transaktionskosten, 50
Transformation
    Fourier-Transformation, 214
    Laplace-Transformation, 214
Trend
    globaler, 108
    lokaler, 108
    polynomialer, 108, 112

U
Überlebenswahrscheinlichkeit, 153
Underlying, 54, 68
Ungleichung
    Berry-Esséen, 198
    Doob, 41
    Hölder, 41
    Jensen, 39
Upside potential, *siehe* Gewinn

V
Value-at-Risk, 95
    Kredit, 198
    zum Niveau Alpha, 97
Varianzanalyse, 220
Variation, quadratische, 21
Variationsprozess, vorhersagbarer, 21, 31
Verlust, *siehe auch* Risiko
    Anzahl, 191, 197
    erwarteter, 131
    Portfolio, 131
    unerwarteter, 187
    Verteilung, 194, 199
Verlustverteilung, 199

Verteilung
    Bernoullie-Verteilung, 191, 218
    Exponentialverteilung, 32, 134, 135
    Gammaverteilung, 204
    Normalverteilung, 166, 195
    Poisson-Verteilung, 7
Volatilität, 72, 85
    Aktien, 72, 85, 217
    Anlage, 217
    implizite, 183
Vorlaufzeit, 56

W
Warrant, *siehe* Garantie
White noise, *siehe* Rauschen, weißes
Wiedereinbringung, 146

Y
Yule-Walker-Schätzer, 124

Z
Zeitreihe, 21
Zeitwert, 49
Zensierung, *siehe* Rechtszensierung
Zensierungszeit, 153
Zerlegung, 58, 63
Zins
    aktueller, 57
    Anlage, 50
    effektiver, 50
    Kredit, 50
    Kreditrisikoaufschlag, 183
    Leibniz-Formel, 51
    nominaler, 50
    risikofreier, 52, 182
    Termin, 57, 147
    variabler, 62
    Zinsderivat, 67
Zinskurve, 51, 52, 56

 springer.com

Willkommen zu den Springer Alerts

Jetzt anmelden!

- Unser Neuerscheinungs-Service für Sie:
  aktuell *** kostenlos *** passgenau *** flexibel

Springer veröffentlicht mehr als 5.500 wissenschaftliche Bücher jährlich in gedruckter Form. Mehr als 2.200 englischsprachige Zeitschriften und mehr als 120.000 eBooks und Referenzwerke sind auf unserer Online Plattform SpringerLink verfügbar. Seit seiner Gründung 1842 arbeitet Springer weltweit mit den hervorragendsten und anerkanntesten Wissenschaftlern zusammen, eine Partnerschaft, die auf Offenheit und gegenseitigem Vertrauen beruht.

Die SpringerAlerts sind der beste Weg, um über Neuentwicklungen im eigenen Fachgebiet auf dem Laufenden zu sein. Sie sind der/die Erste, der/die über neu erschienene Bücher informiert ist oder das Inhaltsverzeichnis des neuesten Zeitschriftenheftes erhält. Unser Service ist kostenlos, schnell und vor allem flexibel. Passen Sie die SpringerAlerts genau an Ihre Interessen und Ihren Bedarf an, um nur diejenigen Information zu erhalten, die Sie wirklich benötigen.

Mehr Infos unter: springer.com/alert

The manufacturer's authorised representative in the EU is Springer Nature Customer Service Centre GmbH, Europaplatz 3, 69115 Heidelberg, Germany. If you have any concerns regarding our products, please contact ProductSafety@springernature.com

Printed and bound by CPI Group (UK) Ltd, Croydon, CR0 4YY

23/03/2026

02076740-0011